知识的温度

专家系统与社会信任研究

卢毅刚◎著

科学出版社
北京

内 容 简 介

本书深入探讨了在网络时代，专家系统在塑造社会信任方面的核心作用及其面临的困境。本书选取公共卫生事件作为研究的切入点，深入分析了专家系统对于风险社会中群体决策和舆论引导的重要性。书中不仅揭示了影响专家系统社会信任的内生和外生因素，而且详细讨论了当这种信任失效风险来临时可能引发的多方面负面效应，包括对媒体信任度、科学知识传播以及社会情感表达的冲击等。

为了应对这些挑战，本书提出了一系列重构专家系统社会信任的策略，旨在为政策制定者、公共卫生领域的专业人士、社会学与传播学的研究者，以及对网络社会信任、风险管理和社会心理学等领域感兴趣的学界同仁、学生和公众提供深刻的理论洞见和实用的行动指南。

图书在版编目（CIP）数据

知识的温度：专家系统与社会信任研究 / 卢毅刚著. -- 北京 ：科学出版社, 2024. 11. -- ISBN 978-7-03-079840-4

Ⅰ. TP182

中国国家版本馆 CIP 数据核字第 2024TE7376 号

责任编辑：王 丹 赵 洁 / 责任校对：贾伟娟
责任印制：徐晓晨 / 封面设计：润一文化

科学出版社出版
北京东黄城根北街 16 号
邮政编码：100717
http://www.sciencep.com
北京建宏印刷有限公司印刷
科学出版社发行 各地新华书店经销
*
2024 年 11 月第 一 版 开本：720×1000 1/16
2025 年 5 月第二次印刷 印张：16 1/2
字数：302 000
定价：98.00 元

前　言

在这个信息爆炸、社会多元化的时代，专家系统作为知识和信任的集合体，在公共卫生事件等社会重大议题中扮演着不可或缺的角色。本书深入探讨了专家系统的社会信任问题，尤其是在公共卫生事件背景下，专家系统如何通过其专业知识和公共角色，影响社会信任的形成与成效，以及这一过程对现代社会治理的深远意义。

在深入剖析专家系统的社会信任状态时，本书采取了一种多维度、系统性的分析方法。首先从理论层面着眼，将风险社会理论的系统环境视角与政治心理学中的群体决策理论相结合，以此构建了一个全面的分析框架。在此基础上，通过实证研究，深入探讨了专家系统的社会信任的内在逻辑和外在表现，以及这些因素如何共同作用于专家系统社会信任的构建过程。

通过系统性的研究，本书揭示了专家系统在社会信任体系中的关键地位，以及在网络公共场域中传播专业知识和形成社会信任的重要性。书中不仅讨论了专家系统失效的社会信任影响，还从制度层面提出了防范和重建社会信任的策略。

笔者在研究过程中广泛吸收了国内外的研究成果，结合了丰富的实证材料，运用了科学的研究方法，力求使本书的分析和论述既具有理论的深度，又贴近社会现实。本书的研究成果，不仅为学术界提供了新的研究视角和理论框架，也为政策制定者和实践者提供了宝贵的参考和指导。

本书的研究成果揭示了专家系统的社会信任不仅受到其自身专业素质、专业操守和社会关怀等内生因素的影响，同时也与时机选择、个体信任和媒体可信度等外生因素紧密相关。这些因素相互作用，构成了专家系统社会信任的复杂网络，影响着公众对专家系统的信任态度和行为反应。

本书进一步分析了专家系统社会信任失效的风险和后果，指出其可能导致社会信任的连锁反应，影响社会稳定和公共决策。为了有效应对这一挑战，在干预层面，本书提出了专家系统的自我调节、公共场域的调整和制度体系的调控三种机制，以形成对专家系统社会信任失效的有效应对。在防范层面，本书强调了准确识别社会需求、把握社会角色期待和对标公共利益三个方面的策略，以构筑坚实的社会信任基础。在重建层面，本书从建立机制、重置路径和重构方法三个维度，提出了具体的建议，以促进专家系统社会信任的长期稳定和发展。

本书的研究不仅丰富了社会信任领域的理论内涵，也为在实践中维护和提升专家系统的社会信任度提供了有益参考。笔者希望通过本书的探讨，为社会信任研究提供新的视角和思路，促进社会信任体系的健康发展，为构建和谐社会贡献智慧和力量。愿本书能够启发更多的思考，促进更广泛的讨论，并为构建一个更加健康、理性、充满信任的社会提供坚实的知识支撑。

目 录

前言

第一章 危机与风险语境下的专家系统与社会信任 ······ 1

第一节 合法性：从专家系统到社会信任的理论建构 ······ 1

一、专家系统的社会信任指向 ······ 1

二、专家系统的社会信任折射社会本体性安全 ······ 3

三、专家系统的社会信任在新传播范式下的解释维度 ······ 4

第二节 合目的性：以专家系统指向社会信任的价值诉求 ······ 6

一、理论价值诉求 ······ 6

二、现实价值诉求 ······ 10

第三节 历时的面向：专家系统与社会信任研究的发展脉络 ······ 12

一、有关网络场域的中外研究 ······ 13

二、有关专家系统的中外研究 ······ 18

三、有关社会信任的中外研究 ······ 23

四、有关公共卫生事件的中外研究 ······ 28

五、对文献回顾的总体述评 ······ 35

第四节 阐释基础：专家系统与社会信任研究的理论依归 ······ 37

一、从意见领袖到专家系统：相关理论的回顾与辨析 ······ 37

二、社会信任的相关理论回顾与辨析 ······ 38

第五节 方法适配：专家系统与社会信任的研究方法选择 ······ 41

第六节 问题析出：专家系统与社会信任的问题导向 ······ 42

第二章 多维、系统与结构：概念界定与分析框架确认 ······ 44

第一节 基本概念的界定 ······ 45

一、社会场域中的专家系统 ······ 45

二、专家系统指向社会信任的分析维度 ······ 54

三、网络场域的行动空间 …… 67
四、公共卫生事件中的风险与时间 …… 76
五、关键概念之间的逻辑联系 …… 79
第二节 专家系统的社会信任及其失效的分析维度 …… 81
一、分析维度的学理基础 …… 82
二、分析维度的构成特征 …… 86
三、分析维度的价值判断 …… 89
第三节 专家系统的社会信任失效风险的多重影响因素 …… 90
一、多重影响因素的系统性和结构性 …… 91
二、公共卫生事件背景下的社会系统影响因素 …… 91
三、专家系统的社会信任与政治因素的相关性 …… 93
四、专家系统的社会信任的特定评价因素 …… 95
本章小结 …… 95
第三章 现象、效果与危机：专家系统的社会信任状态分析 …… 99
第一节 专家系统的社会信任的有效性 …… 99
一、风险应对中的关键节点 …… 100
二、群体决策中的重要力量 …… 102
三、网络舆论引导中的推动因素 …… 103
第二节 专家系统的社会信任的失效表现 …… 104
一、专家系统的影响力减弱 …… 104
二、专家系统的身份异化 …… 113
第三节 专家系统的社会信任失效导致的信任危机 …… 119
一、公共责任危机 …… 120
二、公共价值危机 …… 122
三、公共精神危机 …… 124
本章小结 …… 126
第四章 统合、内生与外生：专家系统的社会信任影响因素的经验性分析 …… 128
第一节 专家系统的社会信任影响因素统合建构 …… 129
一、专家系统的社会信任影响因素的初步确立 …… 129
二、专家系统的社会信任内生影响因素量表设计与检验 …… 132
三、专家系统的社会信任外生影响因素量表设计与检验 …… 136
第二节 专家系统的社会信任内生影响因素 …… 142

一、研究假设、对象与工具 142
二、单因素验证性因子分析及其结果 145
三、模型建立及中介因素分析 149
四、讨论与思考 158
第三节 专家系统的社会信任外生影响因素 163
一、研究假设、对象与工具 163
二、专家系统的社会信任外生影响因素共线性分析 164
三、专家系统的社会信任外生影响因素差异性分析 169
四、讨论与思考 171
本章小结 175
第五章 还原、实然与呈现：专家系统的社会信任失效风险及其后果 177
第一节 专家系统的社会信任失效风险之“次生灾害” 177
一、媒体社会信任的伴随式下沉 178
二、科学信息与智识的传播力降低 179
三、理性的缺失与情感的喧嚣 181
四、有效社会行动的方向迷失 183
第二节 专家系统的社会信任失效风险之社会治理困境 187
一、社会信任危机放大 188
二、现代社会治理压力增加 189
三、整体社会风险应对能力分析 193
第三节 专家系统的社会信任失效风险之再构的艰难 196
一、传播特征为社会信任再构设置了较高门槛 196
二、从社会信任失效向社会信任确立的再转化成本高昂 200
三、专家系统的社会信任缺失与社会信任内卷化、空心化 204
本章小结 208
第六章 微观、中观与宏观：专家系统的社会信任失效风险应对 209
第一节 专家系统的社会信任失效干预手段 209
一、专家系统的调节性干预 211
二、公共场域的调整性干预 213
三、制度体系的调控性干预 216
第二节 专家系统的社会信任失效防范策略 219
一、准确识别社会需求 219

二、准确洞察社会角色期待 221
三、准确对标公共利益 224
第三节 专家系统的社会信任重建思路 226
一、宏观层面的机制重建 229
二、中观层面的路径重置 232
三、微观层面的方法重构 234
本章小结 235
第七章 反思、创新与进路：从专家系统到社会信任的可持续性研究 237
第一节 从研究反思到社会反思 237
第二节 从研究创新到范式创新 240
第三节 从研究不足到研究展望 246
主要参考文献 248

第一章

危机与风险语境下的专家系统与社会信任

第一节 合法性：从专家系统到社会信任的理论建构

在由公共卫生事件尤其是具有危机性的公共卫生事件引发的网络信息传播中，专家系统发挥着不可小觑的作用。特别是那些具有专业知识背景的学者、官员等，他们能够迅速成为公众感知真相、消解情绪和进行行为决断的依赖。当这种依赖被公众在历时的风险应对中不断确认，伴随着信用和信任的产生，具有专业知识背景的人、组织或机构不仅能够获得公共场域中的专家资格，同时也能赢得关于其可信赖的品质和能力的判断与评价。当这种判断与评价并非来自个体或少数社会成员，而是来自多数社会成员的共识时，社会信任便产生了。

一、专家系统的社会信任指向

在新冠疫情这样的公共卫生事件中，公众通过与专家系统建立一种相互作用的关系来共同应对风险。在这种相互作用的关系中，连接公众与专家系统的正是前者对后者的公共性、集体性评价——社会信任水平。社会整体通过一种具有期待性的共同行动来抵御危险，这种具有期待性的共同行动有时能跨越国家、种族、文化、意识形态的界限，以实现共同应对并形成协同性。这时的社会信任水平指向了公众对特定对象是否能够遵守其承诺的社会性判断与评价，基于此得以分析社会信任危机生成的逻辑关系。

公共危机有时不仅损害人们的利益，还会对人们的心理产生负面影响，解构着此前付出艰辛努力建立起来的信任，这不仅包括个体与个体之间的信任，也包括个体与团体、团体与社会甚至是不同社会之间的信任，甚至使得看似已经弥合或修复的信任关系瞬间崩塌。公共危机爆发后，人们对他者的不信任感迅速蔓延，权且不论民族国家之间的舆论战，个体之间、群体之间的情绪失控、激烈争吵、决绝退群、语言暴力后愤而拉黑等现象在社交媒体屡屡发生，舆论传播中意见表达“各自为战”，以往的理性似乎在消失，一种撕裂的社会图景被清晰地呈现出来。当然，危机事件具有时间周期短的特征，危机过后，情绪消退，社会裂痕也许能在一定程度上得以修复，但是信任，特别是社会信任，却往往很难在短时间内复原，就像“破镜原理”一样，即便再次经过时间的淬炼，信任在形制上恢复到之前的样态，但其中的裂痕可能依旧存在，也正如尼克拉斯·卢曼所说的那样，不信任向信任的转化远远要比信任向不信任的滑落困难得多。[①]可以说，信任是我们生活世界中的基本事实，同时也是社会实践、社会交往和社会协同中的关键因素。在对专家系统的社会信任的评价中同样如此，公众基于基础性的社会信任倾听观点、表达意见，并通过共同参与的行动彰显对专家系统的信任，公众对专家系统的信任，是专家系统在历时的社会发展中能够始终作为引导者而存在的根源之一。历史的经验告诉我们，一旦人们对专家系统本身失去信任，那么真正意义上的专家系统的社会信任会消失，基础的社会信任也会被消解，取而代之的是失信造成的集体冷漠。专家系统的社会信任正是社会信任的一种映射，社会信任是维系人类社会运行不可或缺的保障。换句话讲，社会信任（有时表现为程度上的差异）只要存在，就会成为社会沟通、交往和协作的必要条件，大到民族国家之间、群体之间，小到个体之间，一旦社会信任缺失，交往与协同就很难实现，而通过强制手段建立硬性联系，不仅会带来高昂的社会成本，还有可能导致反噬。这一切在专家系统的社会信任中得以再现，即使现代社会的危机传播采用了更先进的传播手段、介质或平台，也并不意味着科学技术就能完全控制危机事件，更不意味着这种控制可以取代人们在危机传播中的信任诉求，应该说，科学技术越是发展，技术的人性化面向越需要借助一切技术催生的界面去赢得社会本体最需要的那些基本社会素质，其中当然包括通过网络技术的应用以专家系统与公众共在的话语方式去获得社会信任的基本需求。正如我们知道，“人们不能期望，科学技术的发展将使事件处于控制之下，用事物的控制权取代作为一种社会机制的信任，因而使后者没有必要。相反，人们应当期望，作为忍受技术生

① [德]尼克拉斯·卢曼：《信任：一个社会复杂性的简化机制》，瞿铁鹏、李强译，上海：上海人民出版社，2005年，第100页。

成的未来复杂性的一种手段，对信任的需求与日俱增”[①]。

二、专家系统的社会信任折射社会本体性安全

在当下专家系统的社会信任致效/失效问题上，媒介因素固然重要，技术媒介的进步使得传统的专家系统更多地转向网络平台发挥作用，但同时不能忽视其主体的现代社会特征，比如专家系统的个体化及其表现出的多元价值观，比如专家系统的社会信任赖以实现的社会关系的现代性，比如以抽离和再嵌入的方式形成事实层面关系重构的意义载体的文本的现代性，比如当专家系统的意见文本在人际互动中传播时，非语言符号的非逻辑、非理性意义可能大于语言符号的事实、逻辑意义。泛媒介化的研究旨趣可能会让我们对上述问题不以为意，认为其不过是媒介化的必然结果，或均可以将其媒介化后进行解释，但是当我们将包括人在内的任何事物过度媒介化，也就意味着我们可能变得僵化，成为被中介化了的、被抹杀个体差异的传播介质，那些指向个体内心和思想深处的灵魂与智慧将无处寄宿，这实际上是“我”和“我是谁”之间的一种撕裂，我们可能再也无法回答“我是谁”，这难道不是真正意义上的风险社会中的风险吗？

在公共卫生事件中，当危险激活本体性安全时，公众本能的反应是借助作为同感者的专家系统的集体呼唤应对风险，并通过群体的力量提升抵御风险的能力，这正是当下应对公共卫生事件时的一种普遍的社会心态，这也需要社会为专家系统提供集体呼唤所需要的信任环境，而信任在公众对专家系统的集合性评价与判断中显现，并指向对如何满足社会本体性安全感的反思。更需要面对和深思的是，不能仅在媒介化风险社会视域下检视诸如专家系统的社会信任危机等问题，还应该看到媒介的变迁，特别是技术引导下的媒介变迁始终与社会的现代化进程息息相关。现代化进程具有双重面向，与传统社会相比，现代化进程推动了社会制度的革新，这些制度因其可被学习和借鉴的特性而成为不同社会的共有媒介，并创造了富有安全感和成就感的生活世界、社会世界。但是随着现代化进程的加速，当前社会发展也面临着由现代化所固有的暗面而引发的断裂风险。总体上看，经典社会学所重视的现代化进程的机会方面并不能完全遮掩现代化进程的暗面特质，并且，于当下时代而言，这种遮掩似乎已

① [德]尼克拉斯·卢曼：《信任：一个社会复杂性的简化机制》，瞿铁鹏、李强译，上海：上海人民出版社，2005年，第22页。

显得有些力不从心。我们并不否认从马克思到埃米尔·涂尔干的现代化进程能为社会带来更加积极和有益的变化等观点的正确性，但即便是马克思和涂尔干也都承认现代化进程存在着负面效应。马克斯·韦伯将现代世界看作一个矛盾体，他认为物质的进步与个体创造性被摧毁、自主性官僚体制的扩张之间具有不可调和的矛盾。在现代化进程的后期发展阶段，对现代化进程暗面的预期远超人们的想象，具有前现代特征的专制主义频繁出现使人们意识到，极权主义并未被现代化进程所取代，而是包含于其中。上述对于现代化进程双重面向的简单分析并不是单纯的社会哲学式的反思，况且就反思而言也显得过于单薄，其目的只是提醒笔者在以网络场域的专家系统的社会信任为命题进行研究时，应清晰地认识到这一研究是在社会现代化进程的语境下展开的，因而也需要始终保持一种客观冷静的辩证思维，并且要尽可能全面地去揭示所要研究的命题。

三、专家系统的社会信任在新传播范式下的解释维度

意义的分享在信息传播的交换中实现。在这一过程中，技术、传者和受者的特征、被编码的文化、共享的传播协议以及传播所需要的时间与空间均为重要的影响因素。与此同时，任何信息的传播都依靠一定的社会关系来维系，在关系作为背景的条件下，意义或许才能被更好地理解。在当前全球网络社会情境中，信息的传播过程及其范围开始被重新审视。互联网技术构建的新型网络社会催生了新型的交互式传播方式，这种方式既区别于人际传播和大众传播，又在技术上整合并升华了这两者的功能，它表现为对时间媒介的重新划分，形成了多对多和点对点的信息传播形式，在此情境下，传播的时间和空间范畴受到了带有预期特征的目的性传播实践活动的影响。曼纽尔·卡斯特将“这种具有历史意义的传播新形式称为大众自传播”[①]。在触达性上，大众自传播拥有大众传播属性；在自主性上，大众自传播又拥有人际传播属性。大众自传播并非替代或取消大众传播和人际传播，而是与后两者形成互补的局面。尽管大众自传播形式的出现尚不能被视为一种时代特征（与之形成对比的是曾经人们可以宣告大众传播时代的到来），但这种新形式在诸多研究和年轻一代的生活世界中得到确认，并展现出具有一定历史意义的新颖性，即传播的融合

① [美]曼纽尔·卡斯特：《传播力》，汤景泰、星辰译，北京：社会科学文献出版社，2018 年，第 44 页。

将一种由更密织的复合性、更频繁的互动性建构起来的“数字超文本”展示出来，并通过多样化的互动表达方式催生了重组的新传播语境。其典型的特征可以被归纳为互动性和自我性，互动体现了由技术变革带来的交往的便利性、实时性和复杂性，自我体现了对信息的生产、编辑、表达和传播的自组织性，在大众自传播形式下，互动和自我嵌套在公众的行动中，并由此在公众心目中建构出独特意义。

由于新传播形式的出现，将自身的表意镌刻在公共传播语境中的专家系统的形成、发展和赢得社会信任的机制也产生了深刻的变化。基于互联网技术建立的不仅仅有信息平台，还有专家系统的意见表达平台和意见聚合平台。当互联网生活已经成为个人生活中重要的组成部分时，在网络空间所建立起的超越血缘的新型社会关系以社群的方式部落化；不论是大众媒体还是自媒体，其对传播议题的选择具有更高的自我性；意见表达时的“分区自制”、“抱团取暖”和“巴尔干化”的舆情分布都表现出新传播形式中自我性和互动性的现实回应。

更为重要的事实是，网络场域催生了新的权力结构模式。网络场域中的知识多元化、关系再造带来的赋权赋能使得公众在诸多经由网络场域发酵的公共性事件中，不再按照传统的行动方式和在相对单一的话语空间中去感知、理解和命名公共场域的权力及其结构。具体而言，网络场域中的信息和知识的传播力不断提升，分布式社会结构与大众传播时代的社会结构迥异，公众获取信息、表达意见的渠道和接近“真相”的模式超出了原有新闻理念的框架，在越来越显著的圈层化传播中，圈层自身的参照意义、信息茧房的自激效果、非理性和非逻辑因素在社会沟通中与达成社会共识时所产生的决定性作用已然发生变化，这导致在网络场域中公众对权力的认识、权力的生产和再生产方式、权力的命名方式和由谁来行使权力等发生变化，呈现出新的社会运作方式。当网络场域中全新的权力运行模式具体指向某一公共事件时，谁能够成为专家系统的一员，并拥有相应的权力，变得尤为重要。应该看到，网络场域中所出现的专家权力的再分配不仅体现了网络场域权力生产的典型特质，同时也成为当前社会治理中需要重新思考和面对的问题，这不仅需要在宏观层面考虑政府治理理念如何与时俱进，更需要在中观和微观层面考虑政府的治理理念如何借助有效方式落地。

综上所述，网络场域不仅为研究专家系统及其社会信任问题提供了背景，同时也为在新的传播范式形成、新的社会权力结构形成条件下进行有效社会治理提供了实验场所。这对于当下中国社会的发展以及网络社会治理诸多问题的解决而言，具有重要意义。

第二节　合目的性：以专家系统指向社会信任的价值诉求

一、理论价值诉求

（一）拓宽了有关专家系统研究的视域

公众对专家系统之需求与日俱增，公众期待通过专家系统感知真相，希望借助专家系统获得安全感，需要以一种更科学的方式指导自身的生活实践。在公共卫生事件中，专家系统通过与公众的相互作用关系赢得社会信任，而这种相互作用关系正是由上述公众的需求和专家系统对需求的满足所维系的，公众在对专家系统的信用评价过程中实现了社会信任的再生产。传统的专家系统研究在传播学中被视为二级传播的致效因素而存在，其主要是从功能论的角度去阐释专家系统如何形成影响力。在网络场域中，传统意义上的较为单一的专家系统构成机制被消解，转而形成了多元建构机制。时至今日，尽管一些流量网红、网络大V等仍然在公共场域中拥有一定影响力，但其影响力并不能转化为社会信任，甚至某些影响力会成为撕裂社会信任的助推器。基于上述内容，本书对专家系统的社会信任的分析和界定在一定程度上弥补了传统专家系统研究的缺憾。

另外，公共卫生事件本身所涉及的事件、时间与空间的综合性影响，使专家系统在其中的行动方式，以及公众对专家系统行动意义的解释诉求呈现出一定的特殊性。从观念的发生学角度看，随着社会现代化进程的加速，公共卫生事件中的公共性将始终是探讨该类事件及事件发生过程中各种关联性主体的核心因素。正是由于现代化进程触发了公共性，疾病在人的活动范围扩大的同时也更容易大暴发。从公共卫生事件的历史脉络中可以看出，人类社会现代化程度越高，活动半径越大，疾病暴发的频率也越高，传播范围也越广。当疾病的传播不只危及个体而是面向更大社会群体并形成社会性危机时，相应的应对策略与处置手段也进一步推动了公共理念与社会治理的发展。

可以说，正是在对“疾病的文化现象”的观照下，公共卫生事件中的专家系统的社会信任问题才凸显出特殊而重要的价值，其不仅是有关现代性研究中的一环，也是现代社会治理中的关键性因素。无疑，这使人们可以意识到专家系统在公共卫生事件中的中介化特质，这种特质将有关专家系统的研究引向政治学、管理学、传播学等多学科共同解释的范式下，而不是单纯地依靠某一个学科的知识去建构，这就大大拓展与提升了健康传播的面向与效能，有助于其信息及管理风险的防控。

基于专家系统概念中的新特质，公共场域中愈发专业化的活跃者的认知图式从一个侧面也折射出了现代社会中凸显的现代性意识。社会分工的进一步细化、专业知识领域的细分都是社会现代性的体现，现代性与流动性息息相关，流动性并不只是单纯的人口流动和阶层流动，同时也体现为频繁和规模巨大的信息流动、关系流动和信任流动。总之，现代性使各种事物出现不断变动的特征，没有哪一种事物能够始终以一成不变的方式在现代社会中自处。经常的变动也使变动本身作为现代性特征被置于一种辩证的认识之下。一方面，变动带来了未知性，并成为事物发展过程中的某种动力因素，人们探究未知，对未知事物的好奇、猎奇等不断驱动探索性的行为的发生，这客观上激活了科学的发展、智识的生产和技术的进步。另一方面，未知性也带来了风险，从传统社会中的脱域过程到现代社会中的再嵌入阶段，这一转变中难免出现撕裂与断裂、盲目与迷失，认知焦虑、情感焦虑乃至行动焦虑均可在某种程度上被视为未知性带来的现代性风险，随着风险的出现和加剧，在风险感知与风险应对中，社会也需要多元且更为专业化的知识传播，以实现风险抵御和做出相关决策。因而，今天对专家系统的认识如果仍囿于传统的传播学范式，显然不够全面和深刻。在人类社会集体应对现代性风险的过程中，专家系统在传播系统中具有中介作用，在社会系统中具有调适与引导功能，我们需要对此进行由表及里、由浅入深的分析与研究。对本书而言，上述问题在专家系统的社会信任失效层面的意义同样重要，其观照的正是当下公共卫生事件中专家系统深层次参与社会系统运作时产生的问题，本书将专家系统的社会信任失效作为命题并非将某种结论主观或片面地预置，而是指向对现代性风险的关切与理解。

需要进一步阐明的是，关于专家系统的社会信任及其失效问题的讨论，其背后暗藏着的且无法回避的是对公共性这一命题的观照。网络场域在折射甚至部分还原线下现实世界的同时，也进一步拓展了公共领域本身。尽管网络场域在当下表现出了社群主义特征，但这并不是对公共领域的解构，在某种意义上讲，这是一种再建构。网络场域为更多个体参与公共事务提供了可能，个人世界、生活世界和社会世界在网络场域中的界限变得更加模糊，甚至“很多个人的就是公共的”[①]。就这种现实而言，公共性本身就是在网络场域中支撑网络社会世界形成和发展的基本逻辑。专家系统地位的形成实际上是一种权力关系的表达，这种关系并不是个体关系和人际关系，而是公共关系。因而专家系统这一概念的内涵应当包括关于公共性的理解，即只有具备公共性的专家系统才能配得上这个称呼，并能有效承载和行使相应的权力。公共性作为一个抽象概念，在专家系统的社会信任中是如何体现的，正是本书所要探究的问题之一，即公共性作为专家系统的社会信任的内生动力，其通过何种结构性运动来实现。就中国社会而言，从林语堂提及的“公共精神”到李金铨所言的“报人报国”，中国知识分子表现出的公共性犹如源远流长的中华文明一样，从未断裂过，但这种公共性也绝非简单地指向“知识就是力量”，其中包含着道德范式和社会关怀，它们与专业能力一道诠释了中国知识分子的公共性，并培育了当下社会发展所需要的专家系统。

（二）揭示了专家系统的社会信任失效的相关因素

公众信任专家系统，是因为在运用专业知识指导生活实践方面，专家系统能给出较为科学和合理的解释，公众在接收这些解释的同时，可能会运用其中的方式、方法来消解危机中的情绪，并引导生活中的行动。[②]联系现实，在新冠疫情这样的公共卫生事件中，钟南山、张文宏等专家基于公共卫生领域、疾病传播领域的知识提出的对疫情趋势的总体判断和在抗疫期间所采用的方式方法，受到了公众的认可，这些专家自身社会信任的确认与提升也是建立在公众对其专业知识、专业能力认可的基础上的。与此同时，公共卫生事件涉及公众切身的利益，这使得无论处于哪个阶层或身处哪种文化的人都会对其给予高度关注。[③]专家系统扮演广大社会成员的代言人角色，是公共卫生事件尤其是处于危机状态的公共卫生事件中的公众所期待的，公众不仅希望专家系统能凭借其专业能力传播专业知识，更希望专家系统能凭借高度的社会责任感积极采取行动，并在行动过程中流露出对普通人的深切关爱与亲和力。因而具有一定的责任感和人文关怀精神是专家系统能够在公共场域中立身的根本，也是其能

---

① [美]曼纽尔·卡斯特：《传播力》，汤景泰、星辰译，北京：社会科学文献出版社，2018 年，第 129 页。

② 周晶晶：《网络意见领袖的分类、形成与反思》，《今传媒》2019 年第 5 期，第 42-44 页。

③ 田世海、孙美琪、张家毓：《基于改进 SIR 模型的网络舆情情绪演变研究》，《情报与科学》2019 年第 2 期，第 52-57，64 页。

够形成社会信任的关键。换句话讲，缺乏足够的责任感和人文关怀精神将会使专家系统的社会信任失效。还应该看到，专家系统的专业操守作为其个人道德修养的重要组成部分，也是值得关注的方面。尤其是在经济利益面前，专家系统是否能够保持专业操守，不通过自身的专业地位和影响力形成与经济利益的共谋，这一点至关重要。[①]在现实的评价中，不论是学者还是普通大众都有提到，如果专家系统在发表专业意见指导社会行动的过程中植入广告、推荐产品，不论此前他在公众心目中占据何等重要的地位，其社会信任都会被瞬间拉低，甚至可能让好不容易建立起来的社会信任灰飞烟灭，最终走向社会信任失效的窘境。在网络场域中，新型人际关系网的形成，使得很多传统的线下人际交往形式被成功地迁移至线上。以往线下的人际沟通逐渐转化为线上的媒介沟通，并体现出独特的沟通技巧。毋庸置疑的是，当下专家系统产生影响和形成社会信任已经无法离开网络场域所提供的媒介化因素。专家系统如果不能具备一定的媒介沟通技巧，同样有可能出现社会信任失效的风险。[②]上述这些问题是否会成为导致专家系统的社会信任失效的因素，本书将给予充分的回应，力求清晰准确地探求专家系统的社会信任失效因素可能存在的结构性特征以及具体因素的影响权重。

（三）为相关学科提供新的研究依据

专家系统的研究本身涉及传播学、舆论学、管理学、营销学和政治学等多个学科。以舆论学为例，专家系统的社会信任致效/失效这一一体两面的问题与当下网络舆论形成背后的集体生活方式的易变模式息息相关。传统的习俗、风尚具有在地性和集中性，往往内嵌于社会中，并与维系日常生活惯习的社会规范形成对应关系。进入现代社会，传统生活方式的概念和形式逐渐失去了原有的意义，现代生活方式的选择不仅对日常生活产生建构意义，同时也受到舆论场中诸如专家系统的影响。从此意义上讲，当我们将网络舆论传播作为一种现代生活方式，那么它既是日常性的，也是与来自舆论场中的某种影响因素相互适应的过程。从本质上讲，在当下频繁变动的生活世界中，整个组织机构如果脱离了对传统的依赖，那就必然会去依靠“具有潜在的不稳定性的信任

---

① 宋春艳：《网络意见领袖公信力的批判与重建》，《湖南师范大学社会科学学报》2016 年第 4 期，第 5-9 页。

② 吴隆文、傅慧芳：《虚拟社会中地方政府公信力流变机理与建构策略：基于微传播时代背景的分析》，《求实》2019 年第 4 期，第 44-53，110 页。

机制”[①]。当这种信任机制在舆论中表现为专家系统的社会信任失效时，其本身便会造成公众对具有群体性共鸣特征的舆论传播的不信任，并同时指向对生产社会智识的专家系统的不信任。网络改变了我们的生活方式，那些在网络舆论传播中扮演关键角色的专家系统也有可能发生深刻的裂变，而且其失信的风险也会陡然增加。这正是网络舆论传播与传统舆论传播在面向现代社会时所形成的差异。

二、现实价值诉求

（一）为进一步发挥我国社会主义制度的优越性添砖加瓦

在抗击新冠疫情的过程中，我国社会主义制度的优越性得到了充分体现。在制度的保障下，我国成功遏制了疫情蔓延，这一摆在眼前的事实证明了我国社会主义制度具有强大的生命力和创造力，这是毋庸置疑的。从另一方面讲，我国社会主义制度之所以能够发挥其优越性，正是因为其能与时俱进，不断完善自身。新冠疫情的出现以及后疫情时代的到来，对于任何一个社会而言都是前所未有的新局面和新挑战，因而也必然需要在制度层面做出相应的调整和完善。应该看到，在类似于新冠疫情这样的公共卫生事件中，公众对相关专业知识的渴求和对专家系统的期待已经不是在危机状态下的短期诉求，随着互联网时代公共卫生事件的全景式展示，上述渴求和期待已经变成一种长期的需求。这也意味着，此前处理短期危机的理念和制度应面向常态化危机而进行适应性调整。在常态化的危机管理中，专家系统的作用将会越来越凸显，其是否能通过赢得公众的信任而保持良好的社会信任水平？社会是否能很好地利用专家系统的社会信任来满足公众的现实诉求？这些问题不仅回应了我国常态化危机管理的能力建设，也指向了如何进一步完善相关制度以适应新环境带来的变化。更为重要的是，在我国的现实语境下，专家系统社会信任度的高低，在本质上体现了公众对政府的信任程度和社会的信任程度。因而，对专家系统的社会信任致效/失效的研究，在指向政府社会信任和社会信任建设的同时，也是为更好地发挥我国社会主义制度优越性建言献策。

历史的经验提醒我们：在现代社会治理语境下，不应也无法要求政府实

---

① [德]乌尔里希·贝克、[英]安东尼·吉登斯、[英]斯科特·拉什：《自反性现代化：现代社会秩序中的政治、传统与美学》，赵文书译，北京：商务印书馆，2014 年，第 114 页。

现全面的直接治理，因为直接治理所带来的现代性风险远远大于其预期收益，而在专业领域的专业人士协助下实现的间接治理，既是一种简化机制，也是风险规避机制。笔者认为，现代社会治理语境下的专家系统的社会信任失效，同时指向政府和社会的信任问题，从某种程度上讲，也是对政府和社会信任如何建设的回应。这也凸显了在现代社会治理的间接化与媒介化路径中，研究专家系统的社会信任失效问题的重要性和必要性，专家系统的社会信任的构建与提升本身也是现代社会治理体系中的重要推动力量。

（二）使通过专家系统的社会信任建设实现正确的社会舆论引导更具可操作性

近年来，我国网络场域出现了一些新的发展趋势。公众自我性更突出，其有选择性地关注事件并可能使之成为舆论事件。社交网络的个性化与社群重构融合了线上与线下、数字空间与现实空间的互动，在这个过程中，个体的凸显成为关键环节，而网络化则是由这些个体共同塑造的结构形式。就网络化的社会环境而言，其社交特性显示出明显的个性化倾向。网络化的形式是复杂的，它包括线上和线下的社会网络，以及既有的社会网络与运动期间形成的网络。社交网络个性化趋势中的多元化特征日益凸显，这种多元化使个人在社会舆论传播等运动中的参与度提高，同时也降低了外部的压力与风险。在网络场域中，意见空间包括互联网与无线通信网络空间，也包括被占领的站点空间与标志性建筑、数字空间与城市空间相融合形成的自治空间，并且自治空间成为网络舆论形成的新场所，从某种意义上讲，在网络场域，公众结合人际传播、大众传播、组织传播的特征建构了新的公共空间。上述这些问题成为当前我国网络舆论治理和引导工作必须面对的重要方面。尽管网络舆论传播中个体能量得到了释放，但是在重大社会事件和需要社会整体应对的社会风险中，专家系统是无法被取代的，其调节认知、疏导情绪、提供行动策略、进行政策解读、参与群体决策的能力使其在风险治理中占有举足轻重的地位。

在我国网络场域中，发展与治理始终是并存的关系。随着我国经济社会的发展和媒介技术的不断进步，网络场域逐步进入移动互联时代和智能时代，这也同步带来了如何正确引导网络舆论与怎样保障网络意识形态安全的新问题。专家系统在网络场域中所产生的影响，在网络舆论的推动下不仅可能形成汹涌的网络舆情，也可能带来网络意识形态安全风险。因而，高度关注与深入研究网络场域中专家系统的社会信任致效/失效的过程，也是对当下我国网络意识形态安全的切实观照与科学探因。也就是说，正确并充分认识我国网络场域发展与治理相结合的理念，科学厘清专家系统的社会信任失效的现象、原因及后果，可以进一步促使专家系统做出科学决策，从而实现趋利避害，营造风清气正的网络舆论环境，并保障网络意识形态安全。

总之，专家系统的社会信任致效/失效的研究，不仅是我国舆论治理和舆论引导工作中的关键因素与重要内容，也是贯彻落实习近平总书记在党的二十大报告中提出的“牢牢掌握党对意识形态工作领导权”[①]这一指示的重要路径。

（三）依据科学逻辑对专家系统的社会信任失效进行干预、防范并重建社会信任

在公共事件，尤其是公共卫生事件中，专家系统的社会信任失效问题不容忽视，因而研究失效的现象、成因和后果并提出相关对策和建议是十分必要的。从另一方面讲，一项研究所提出的对策与建议不仅要有科学性，还要进一步追求完整性，如果研究的结论不能与社会实践相结合，其意义和价值会大打折扣。本书在对专家系统的社会信任失效的现象、成因和后果进行梳理和分析后，将提出三个问题以回应社会实践：其一，专家系统的社会信任失效该如何干预？这是一种在行动层面上的操作；其二，专家系统的社会信任失效该如何防范？这是在观念层面上的设计；其三，专家系统的社会信任如何实现重建？为了使对这一问题的回应不仅仅停留在理论构想层面，而是能转化为实践动能，可以从宏观的机制重建、中观的路径重置和微观的方法重构三个层面进行思考，以期实现观念与行动的统一、理论与实践的结合。

第三节　历时的面向：专家系统与社会信任研究的发展脉络

本书选题为“专家系统与社会信任研究”，同时以公共卫生事件为研究语境，因而围绕网络场域、专家系统、社会信任（“社会信任失效”“专家系

① 习近平：《高举中国特色社会主义伟大旗帜　为全面建设社会主义现代化国家而团结奋斗——在中国共产党第二十次全国代表大会上的报告》，http://www.gov.cn/xinwen/2022-10-25/content_5721685.htm(2022-10-25)[2024-10-11].

统的社会信任”）、公共卫生事件这 4 个主题，对 2016—2023 年国内外相关研究情况进行分析。

一、有关网络场域的中外研究

（一）国内研究

在中国知网（CNKI）中，国内这一主题的研究主要包括以青年、大学生为样本论述网络场域、网络场域下舆论相关研究、网络场域下的话语权研究等方面。

在以青年、大学生为样本论述网络场域的相关研究中，邓志强[①]认为时间与空间是青年研究者一直比较关注的主题，也是青年研究理论的基本视角和青年研究方法中的重要工具。随着网络社会的发展，青年研究的主要课题发生了时空变化，因此，有必要对青年研究进行学术反思，从现实社会场域转向网络场域，修正青年研究的理论研究范式。文章采用内容分析法，选取了具有代表性的网络期刊作为研究样本，在对文章进行编码和统计分析的基础上，论述了青年研究的网络场域的转向和网络场域未来的发展趋势。

李庆真[②]认为我们在互联网中的自我形象管理是网络场域的重要内容，也是网络社会中人际交往方式发生变化的一种表现。当代青年的思想和行为有别于以往任何一代人，多元化的价值观塑造了他们多样、灵活的行为方式，具有这个时代特有的群体特征。青年在网络社会中戏剧化的表达方式会在很大程度上对他人产生影响，并逐渐成为一种被大家认可的网络行为。因此，我们有必要了解青年个人网络行为的逻辑，以此适应网络社会中发生的新变化，同时探讨网络场域效应的特点及其影响。

姜楠、闫玉荣[③]以皮埃尔·布尔迪厄（也译作皮埃尔·布迪厄）提出的场域理论为基础进行研究，认为随着社会形态的变化，青年与社会之间的信息互动的逻辑和运行的方式也发生了相应的变化，作者以不同的社会形态下青年与

---

① 邓志强：《网络场域：青年研究的时空转向：基于五种青年研究期刊的内容分析》，《中国青年研究》2019 年第 10 期，第 98-105 页。

② 李庆真：《场域论视角下的青年网络行为拟剧化分析》，《学习与实践》2017 年第 8 期，第 132-140 页。

③ 姜楠、闫玉荣：《场域转换与文化反哺：青年群体与变迁社会的信息互动》，《当代青年研究》2020 年第 2 期，第 39-45 页。

社会的信息互动行为为切入点，分析青年与社会的信息互动是在何种场域内进行的。从农业社会一直到现在的互联网信息社会，青年与社会的信息互动场域变得多元，逐渐从家庭和学校等实体空间扩展到了网络的虚拟空间。因此在信息社会语境下，一方面要构建互动主体之间的“理解与信任”的对话关系；另一方面，青年要尊重文化传统，在现实秩序基础上充分发挥主动性和创造性，在继承和发扬民族文化的同时树立文化自信，推进文化创新，完成自我认同。

周宣辰、王延隆[①]认为网络场域的“个体化”极大地释放了青年个体的影响力，它在青年网络社群的样态中表现为以自媒体为中心、“表达-吸引”式的社群建构新模式。在自媒体语境下，青年作为社群中的个体概念，一方面其价值、审美的塑造受到网络社群多元文化、多元主义、多元话语发酵和碰撞的影响；另一方面又能以凝聚社群力量的方式作用于社群参与者的自我建构与自我呈现过程，极易造成青年网络社群结构的不稳定性，以及青年个体化与单向度默从的自我矛盾。应当以“社会化”为尺度，通过个体化和社会化的功能耦合，发挥青年主体的自主性、能动性、创造性，培养网络场域青年个体的理性批判意识，促使青年群体为社会发展作出积极贡献。

在网络场域下舆论的相关研究中，刘栢慧[②]从“场域”这一概念的缘起谈及网络场域的兴起和舆论的特性，通过分析场域、资本和惯习对网络舆论的影响，指出网络场域是网络舆论产生的主要空间，网络场域中的舆论主体主要是普通大众、新闻媒体和专家系统等。网络场域中的舆论是有圈层的，这是因为网络场域中存在各种各样的“圈子”，普通大众根据兴趣爱好、职业等因素分成不同的“圈子”，从而形成了多样的社交化圈层。网络场域中的每个单独的圈子都是一个小的场域，即“子场域”，人们在其中发表观点时深受关系的影响。网络舆论在产生的过程中，不仅在很大程度上受到其内部“子场域”的影响，同时也会受到外部其他场域的影响。

在网络场域下的话语权研究中，郝良华、许晓[③]认为，切实维护和保障网络意识形态安全，应从提升话语主体权威性、增强话语传播效能性、强化话语解释精准性、永葆话语表达鲜活性四个方面耦合发力，最终实现网络场域主流

---

① 周宣辰、王延隆：《“个体化”网络场域中青年社群的样态、风险与进路：以 B 站为考察对象》，《中国青年社会科学》2021 年第 4 期，第 63-73 页。

② 刘栢慧：《网络场域中舆论生成的影响因素研究》，《声屏世界》2019 年第 9 期，第 91-92 页。

③ 郝良华、许晓：《网络场域主流意识形态话语权的理性审视》，《理论学刊》2021 年第 6 期，第 130-139 页。

意识形态话语权的优化与提升。

周彬[①]以马克思主义理论为指导，基于布尔迪厄提出的场域理论和相关语言学的理论，论述网络场域具有的特性，同时对网络场域中的话语权问题进行了深入的论述。作者认为，互联网时代是以互联网技术为支撑的新时代，网络社会是仅次于人类现实社会的最大社会空间，网络社会具有很强的舆论传播性质，网络社会的话语权问题是人们迫切需要深入研究的问题。同时我们也应该承认网络语言和社会语言一样具有“双刃性”，我们不能全然否定和禁止，但是任其自由发展，必然会导致网络场域中秩序的混乱，造成极其恶劣的后果，这在很大程度上将会影响公众在网络空间中的健康生存。鉴于此，我们需要站在意识形态的高度去看待网络场域的话语权问题。作者认为，在网络场域中，网络语言是网民自己创造的一种语言，和自媒体时代的新闻信息一样，具有碎片化、大众化、多元化的特点，因此掌握话语权成了网络时代一项新的研究内容。

于江[②]认为，在当前社会环境下，网络意识形态场域发生了很大的变化：各种意识形态在网络上泛起；信息发布的主体趋向多元化；随着互联网技术的发展，网络新媒体在人们的生活、工作和学习中变得尤为重要；在当下网络场域中，主流意识形态受到一定程度的挤压。作者同时分析了影响网络主流意识形态主导权构建的因素，并从四个方面深入分析和阐释了构建主流意识形态网络场域主导权的路径，提出加强互联网科技建设、建构主流意识形态特色话语体系等策略。

（二）国外研究

外文文献来源于科学引文索引数据库 Web of Science 核心合集，国外网络场域主题的研究主要涉及的热点关键词包括：convolutional neural network（卷积神经网络）、neural netwok（神经网络）、classification（分类）、deep learning（深度学习）、architecture（体系结构）、model（模型）等。通过聚类发现，有些主题明显与本书研究无关，因而在之后更为细致的文献分析中予以剔除。

---

① 周彬：《网络场域：网络语言、符号暴力与话语权掌控》，《东岳论丛》2018 年第 8 期，第 48-54 页。

② 于江：《论当下主流意识形态网络场域主导权的构建》，《江南论坛》2015 年第 10 期，第 21-23 页。

张子柯等①认为万维网的持续快速发展使从异构个人到各种系统的有效传输信息量大大增加。广泛的信息传播研究由社会学家、计算机学家、物理学家和跨学科研究人员等引入，尽管进行了大量的理论和实证研究，但仍缺乏对不同理论和方法的统一和比较，这阻碍了研究的进一步发展。作者在文中回顾了信息传播研究的最新进展并讨论了面临的主要挑战，同时比较和评估了可用的模型和算法，并分别调查了其物理作用和优化设计方法，讨论了潜在影响和未来发展方向。

卡普尔等②认为社交媒体包括社交网站，社交网站促使来自不同背景的用户建立联系，从而形成了多样化的社交结构。社交媒体与多方利益相关者紧密联系，引起了包括信息系统研究在内的各领域研究人员的广泛关注。作者在文中分析探讨了 1997—2017 年在社交媒体平台和社交网络上发表的 132 篇关于社交媒体和社交网络的论文。大多数论文都研究了社交媒体的用户行为，并进行评论和提出了相关建议，还探讨了如何将这些元素整合起来以实现组织目标。此外，许多研究调查了在线社区或者社交媒体作为营销媒介的可行性，探索了社交媒体的各个方面，包括使用社交媒体的风险、社交媒体所创造的价值意义以及在工作场所内产生的消极影响。在先前的研究中，已经有使用社交媒体在重大事件期间共享信息以及寻求帮助的相关内容，另外还有政治和公共管理，以及传统媒体和社交媒体之间的比较等内容。卡普尔的这一研究加深了我们对社交媒体研究进展的理解。

卡洛斯等③认为网络和服务管理已经成为计算机网络的一般研究领域，但是直到 2016 年，该领域尚未被纳入术语和主题的完整列表。作者在文中介绍了一种针对网络和服务管理的分类法，通过这种分类法，我们可以更好地了解研究领域，并对未来可能出现的挑战和机遇做出合理推理。除了分类法本身以外，作者还根据调研地区主要会议上的论文提交与被接受记录，以及对该地区进行的现场调查的结果，对网络和服务管理领域的过去、现在和未来进行了初步分析。

---

① Zhang Z K, Liu C, Zhan X X, et al., “Dynamics of Information Diffusion and its Applications On Complex Networks”, *Physics Reports*, 2016(651): 1-34.

② Kapoor K K, Tamilmani K, Rana N P, et al., “Advances in Social Media Research: Past, Present and Future”, *Information Systems Frontiers*, 2018(20): 531-558.

③ dos Santos C R P, Famaey J, Schönwälder J, et al., “Taxonomy for the Network and Service Management Research Field”, *Journal of Network and Managment*, 2016(24): 764-787.

马尔采娃和巴塔盖利[①]在文中对1970—2018年Web of Science核心合集和社交网络分析（Social Network Analysis，SNA）领域主要期刊中关于“社交网络分析”的文章所使用的关键字进行分析。该文从70792篇作品中获取了32409个关键字，并进行了完整的描述，提供了最常用的关键字列表，列举了相互关联的关键字子组，将关键字放置在选定的作者和期刊组的上下文中，使用时间分析法来深入探究某些关键字的用法。从2010年开始，关键字类型和数量随时间的推移呈现出快速增长的趋势，即使最常用的关键字是平凡的或笼统的关键字。

李承翰和孙英俊[②]在文中提到，在诸如在线业务、营销和金融等领域中，对社交网络中人类行为的建模和分析是至关重要的。但是，由于个人之间的决策结构不同，因此建构一个针对人类行为的通用决策框架是一件很困难的事。于是作者提出要建构一个新的决策框架，作者将待学习的决策领域理论（decision field theory with learning）融入其中，并总结出影响行为偏好演变的三个因素，即以前的经验、当前的评估以及邻居的偏好。在独立且均匀分布的权重条件下，该框架内社交网络的平衡状态可通过显式公式获得。这有助于识别限制的期望偏好值和协方差矩阵，作者进行模拟分析和真实网络的应用分析，以验证决策领域理论框架并证明其与原始决策领域理论（Decision Field Theory，DFT）相比的效率。该研究证实了决策领域理论内的扩散过程在随机网络中传播最快，在环格网络中传播最慢。同时还表明，人与人之间的互动会影响决策领域理论中的代理决策，并进一步凸显嵌入的社会特征，这有助于分析不规则行为。

特恩布尔等[③]认为当前大学的科学、技术、工程和数学教育中存在明显的性别差异，女生在物理学中的代表性不强，但在生命科学（例如生物学、医学）中的代表性较强。要分析这些趋势，重要的是要了解学生在何种情况下做

① Maltseva D, Batagelj V, “Towards a Systematic Description of the Field Using Keywords Analysis: Main Topics in Social Networks”, *Scientometrics*, 2020, 123(1): 357-382.

② Lee S, Son Y J, “Extended Decision Field Theory with Social-Learning for Long-Term Decision-Making Processes in Social Networks”, *Information Sciences*, 2020, 512: 1293-1307.

③ Turnbull S M, Locke K, Vanholsbeeck F, et al., “Bourdieu, Networks, and Movements: Using the Concepts of Habitus, Field and Capital to Understand a Network Analysis of Gender Differences in Undergraduate Physics”, *PLoS One*, 2019, 14(9): e0222357.

出选择大学专业的决定。该文旨在通过一种独特的方法来研究 STEM[①]中的性别差异，将对学生入学数据的网络分析与解释性研究相结合，并基于布尔迪厄的社会学理论，构建了一个大约 9000 名物理本科生（2009—2014 年）参加的课程网络，以量化布尔迪厄的“场域”概念。通过构建加权的共同招生网络并识别其中的社区来确定物理专业学生所参与的领域，使用优势比来揭示不同学术领域之间横向运动中的性别差异，使用非参数测试来评估纵向运动中的性别差异（一个领域中不同性别学生的成绩排名变化）。研究结果显示，大学物理专业在吸引高成就学生，尤其是高成就女学生方面做得很差。在大学物理专业中，与男生相比，那些在高中阶段成绩较低和中等的女生在大学第一年的相对排名可能还会降低，而且成绩不佳的女生在第一年后也可能会放弃继续学习物理。布尔迪厄的“场域”理论和先前的研究讨论了相关结果和含义，作者认为，为了消除对女生学习选择的限制，物理学领域需要营造一种让所有学生都觉得自己是其中的一分子的文化。

综上所述，国内外关于“网络场域”的研究，都将网络场域看作与新媒体时代相匹配的大的网络环境，而且网络场域是分圈层的，大的网络场域中又有很多小的子场域。国内对于网络场域这一主题的研究主要包括以青年、大学生为样本分析网络场域对该群体产生的影响，分析网络场域下的舆论情况，以及探讨网络场域下的话语权问题等方面；国外的研究多集中于社交网络等方面，多使用量化研究进行实验论证。总体而言，国内外网络场域的研究揭示了网络场域具有的同场性、同时性、共在性和互动性的特点。

二、有关专家系统的中外研究

（一）国内研究

“专家系统”作为一个学术概念尚缺乏足够的重视和讨论，但不可否认的是专家系统在公共卫生事件中所展现出的网络舆论影响力是显著的，同样，这种网络舆论影响力也为揭示专家系统的特质提供了一种可操作的逻辑，即专家系统作为具备专业知识背景的网络意见领袖而存在。在此意义上，专家系统和网络中的意见领袖应当具有等效性。在 CNKI 中，这一主题的文献主要有以

---

① 指科学（Science）、技术（Technology）、工程（Engineering）、数学（Mathematics）四个学术领域。

下几种类型。

其一，网络舆论中专家系统的研究。

刘迪、张会来①认为在当下网络舆情的治理过程中，最需要关注的是意见领袖，其在舆情传播和舆论引导过程中发挥着极其重要的作用。作者在文中基于文献计量学的分析方法，运用 CiteSpace 5.6.R2 版本，将在 CNKI 中检索得出的 159 篇文献作为样本，时间节点选取 2008—2019 年，从时间、主要研究方向、被引文献等方面，分析了网络舆情治理过程中意见领袖对于舆论的引导作用。通过对被引文献的名词术语、高频关键词共现图谱、聚类和时间顺序的研究，得出网络舆情治理过程中意见领袖舆论引导研究的热点和前沿问题。事实上，在社会场域中具有巨大影响力和号召力本身就是成为专家系统一员的重要条件。二人关于意见领袖的研究表明，在突发事件的网络舆情演变中，专家系统引导舆论的过程和方式是当前研究的热点。

王晰巍等②利用知识图谱构建大数据驱动的社会网络舆情事件主题图，是网络舆论学界和业界比较关注的新话题，作者在理论阐释的基础上构建了校园突发网络舆情事件当中的实体、关系和过程模型，并结合“北京交通大学实验室爆炸”这一网络舆论事件进行可视化分析，有助于推动我国社交网络的舆情监控功能的发展。作者由此得出结论，即可以从“官方事件”和“官方舆论导向”两个方面对舆情事件进行可视化分析，高校网络舆论事件的移动传播媒介与非移动传播媒介并没有显著差异，舆论在夜间的传播频率和活跃度高于白天。

王晰巍等③认为，在大数据驱动的社会化网络舆情传播过程中，网络谣言关系路径主题图谱可视化分析可以助力相关管理部门有效监督和正确引导社交网络舆论。作者把通过网络爬虫抓取的社交网络舆情传播中的网络谣言话题作为数据样本，构建了基于意见领袖话题图谱的实体与用户之间的关系。以微博上“重庆公交坠江・非女司机逆行导致”这一话题为案例进行分析，运用 Neo4j 软件构建数据主题图，同时运用 Cypher 语言分类分析意见领袖的沟通效率、沟通路径和影响力。结合王晰巍等的研究进行分析，专家系统在微博网

---

① 刘迪、张会来：《网络舆情治理中意见领袖舆论引导的研究热点和前沿探析》，《现代情报》2020 年第 9 期，第 144-155 页。

② 王晰巍、贾若男、韦雅楠等：《社交网络舆情事件主题图谱构建及可视化研究：以校园突发事件话题为例》，《情报理论与实践》2020 年第 3 期，第 17-23 页。

③ 王晰巍、张柳、韦雅楠等：《社交网络舆情中意见领袖主题图谱构建及关系路径研究：基于网络谣言话题的分析》，《情报资料工作》2020 年第 2 期，第 47-55 页。

络谣言传播中有很强的影响力，普通用户的传播非常容易受到专家系统的影响。同时，社交网络舆情知识图谱是一个二级传播的模式，单一的专家系统影响谣言传播的能力是不足的，随着网络谣言引发的舆论的不断传播，专家系统与普通用户之间的隔阂会在一定程度上被弱化，进而使得舆论倾向于以一种更扁平和无序的方式继续传播。

谭轶涵[①]认为，针对某一领域话题或某一社会热点话题，微博意见领袖有自己独特的看法，其看法会对很多公众产生影响，与此同时，他们也在微博这一社交平台上的信息传播和交流过程中担任重要角色，其发表的言论一般会受到大多数公众的追捧和认同。在此过程中，微博意见领袖扮演了专家系统的角色。作者以一人物在网络中迅速走红的现象为案例，深入考察了微博中的专家系统对该现象所产生的影响，探讨了微博中的专家系统在舆论引导方面的作用、存在的问题，以及对策。

其二，主流意识形态与专家系统的研究。

杨静娴[②]在论述如何丰富马克思主义意识形态的网络传播渠道这一问题时，谈到要重视网络中的意见领袖在马克思主义意识形态传播过程中的价值和意义。作者认为，网络意见领袖是指在网络平台上活跃度较高且“粉丝”较多，能得到公众普遍认可，能够引导网络舆论走向的公众人物。有时候也称这些人为“网络大 V”。有学者认为，“粉丝”数量≥50 万的网络公众人物才能被称为“网络大 V”。结合杨静娴的讨论，可以认为网络中的专家系统由于具有庞大的“粉丝”数量，在舆论面前可以做到“一呼百应”。当面对有误的舆论时，他们很可能会成为错误和风险的“放大镜”，在很大程度上会对主流意识形态造成冲击；当面对正确的舆论时，他们也可以成为传播马克思主义意识形态的关键人物。因此，如何对其进行引导是关键。

凡欣[③]认为互联网技术的快速发展在很大程度上推动了网络舆论场的发展，网络舆论场所涉及的传播内容很广，包括社会政治、经济、文化、道德及价值观等方方面面。当前一些西方国家的强势网络话语权对我国网络舆论场造成了一定的威胁，我国主流意识形态建设面临严峻挑战。一些西方国家在网络

---

① 谭轶涵：《微博意见领袖的舆论引导作用探究》，《传媒》2019 年第 14 期，第 88-91 页。

② 杨静娴：《网络时代马克思主义意识形态有效传播的路径分析》，《新闻爱好者》2019 年第 7 期，第 20-25 页。

③ 凡欣：《网络舆论场中我国主流意识形态建设研究》，《思想政治教育研究》2019 年第 4 期，第 84-88 页。

舆论场培养各种代理人和专家系统，利用一些特殊的信息传播渠道和网络霸权对中国进行妖魔化宣传，并单方面制造各种对我国不利的信息，试图以一些无中生有、胡编乱造的说辞削弱我国政府的公信力。在这种情况下，一些不明真相的网民很容易被虚假信息所煽动。因此，我国网络舆论场迫切需要那些能够代表主流意识形态的网络人才，以融入网络中的专家系统。网络舆论领域中的专家系统，应成为该领域中的"标杆"，要树立高度的自信心，准确无误地引导网络舆论的走向。

其三，专业性与专家系统的研究。

黄清源[①]认为社交媒体最大的特点在于信息的发布者和接收者之间的界限越来越模糊，每个人都能完全参与到信息生产、传播和接收这一完整的过程中，这也导致"把关"力度减弱、大量虚假信息充斥网络空间等现象出现，很多时候所谓的"专家"往往是"砖家"。鉴于此，作者认为专业型意见领袖需要担负起一定的社会责任。黄清源讨论中的"专业型意见领袖"可以指向"专家系统"，专家系统需要有丰富的科学知识储备，看待问题要有前瞻性和批判性，在公众被各种信息扰乱之前要对信息进行甄别，最大限度地消除或检举虚假信息，推动政府相关部门适时调整并优化相关政策。专家系统还需要在当下新媒体语境中掌握高效的对话策略，利用社交媒体的特点，在自己的专业领域和公众的话题之间找到最合适的切入点，以最大限度地贴近公众，进而提高公众的接受度和认可度。

（二）国外研究

在 Web of Science 核心合集中，国外这一主题的研究涉及的热点关键词包括：social network（社交网络）、management（管理）、impact（影响力）、behavior（行为）、education（教育）、health care（医疗卫生）、quality（品质）等。

赵依依等[②]从意见动态理论（opinion dynamics theory）的视角出发，研究了电子商务社区（或社交网络）中一群自治主体之间的互动机制，以及意见领

---

① 黄清源：《专业型意见领袖的责任担当与话题策略》，《新闻前哨》2016 年第 8 期，第 44-45 页。

② Zhao Y Y, Kou G, Peng Y,et al., "Understanding Influence Power of Opinion Leaders in Ecommerce Networks: An Opinion Dynamics Theory Perspective", *Information Sciences*, 2018, 426: 131-147.

袖在群体意见形成过程中的影响力。作者根据意见的更新方式和影响力，将社交网络中的社会主体分为两个子类：意见领袖和意见追随者，之后为意见领袖和追随者建立了一个新的基于有界置信度的动态模型，以用于模拟意见领袖和追随者之间的意见演变情况。通过数值模拟，进一步研究群体意见的演变机理，以及意见领袖的影响力与以下三个因素之间的关系：意见领袖子群的比例、意见追随者的置信度以及对意见领袖的信任度。模拟结果表明，为了最大限度地发挥意见领袖在社交网络中的影响力，提高其信誉是至关重要的。

赵依依等[①]认为意见动态是一种集体决策的过程，其重点是研究人类社会中意见的演变和形成。文章将环境不确定性因素纳入意见形成过程中，并称之为“环境噪音”，以高斯随机过程为模型，假定所有代理具有不同的置信度，分析意见领袖和环境噪音对意见追随者最终意见的影响，最后给出模拟结果，详细阐述了在无专家系统、单专家系统和多专家系统三种情境下集体意见的演变过程。

安德森等[②]旨在探究公众舆论与欧洲可再生能源政策产出的关联性。尽管越来越多的研究致力于寻求模拟舆论与环境政策之间的联系，但经验证据主要局限于美国这一单一案例。这种情况限制了调查结果的可推广性，因此，作者主张对公众舆论如何在另一背景下推动环境政策的实施和改进进行系统、定量的研究。作者展示了 1974—2015 年欧洲公众对环境的态度和可再生能源政策产出的数据。数据表明，欧洲各国政府对可再生能源政策产出率有积极影响，这使得公众越来越重视环境这一因素。作者还对其他国家和地区的环境政策进行了系统、定量研究，证明引入可再生能源政策的机制与欧洲各国的主要发展趋势相一致。

孙庚新、盛斌[③]认为在线社交网络中的意见领袖对于舆论传播、营销管理、科学发展乃至政治等各个领域而言都非常重要。在线社交网络中通常存在多种关系，根据其中任何一种关系来检测和识别专家系统都是不准确的。作者构建了多种关系的社交网络模型，分析了相关特征和指令，提出了新的意见领

① Zhao Y Y, Zhang L, Tang M, et al., “Bounded Confidence Opinion Dynamics with Opinion Leaders and Environmental Noises”, *Computers & Operations Research*, 2016, 74: 205-213.

② Anderson B, Böhmelt T, Ward H, “Public Opinion and Environmental Policy Output: A Cross-National Analysis of Energy Policies in Europe”, *Environmental Research Letters*, 2017, 12(11): 114011.

③ Sun G X, Bin S, “A New Opinion Leaders Detecting Algorithm in Multi-Relationship Online Social Networks”, *Multimedia Tools and Applications*, 2018, 77(4): 4295-4307.

袖检测方法，并通过实验验证了这一检测方法的有效性。

杨力等[①]认为在社交网络中，一些有影响力的意见领袖对于加速正面信息的传播和抑制谣言的传播具有重要作用，如果这些意见领袖可以被及时且准确地识别出来，将有助于引导大众舆论。为了评估在线社交网络中非相邻节点之间信息传递的影响，文章提出了分析每个用户之间关联度的算法，即可以根据节点的交互时间及其跳数的延迟来计算出相邻节点与非相邻节点之间的接近度。此外，文章还对算法进行了优化，优化的算法考虑了社交网络中节点之间的紧密度，有助于更准确、有效地识别意见领袖节点。最后，作者进行了最大限度的传播实验，将所提出的算法与其他基于独立级联模型的识别意见领袖的方法进行了比较，实验结果表明该算法具有实用价值和意义。

综上所述，国内外对于"专家系统"的研究涉及领域较广。国内对于这一主题的研究主要包括网络舆论中的专家系统研究、主流意识形态与专家系统之间的关联研究、专业性与专家系统研究。国外学者大多基于西方国家的政治、经济、文化特色，采用量化方法进行研究，论述各国政府在各种决策、公共事件中如何扮演专家系统的角色，以及在新媒体时代，特别是在社交媒体平台上，如何进行有效的舆论引导等。

三、有关社会信任的中外研究

（一）国内研究

社会信任这一概念通常指涉个体或集体对他人、群体或社会制度的预期可靠性和诚信的信任感。在高度依赖公共机构和社会组织可信度的场合中，其与"公信力"概念相互依存，而且在很大程度上可互换。因为它们共同支撑了公众对社会关键机构的整体信心和依赖。在此意义上，"社会信任"与"公信力"具有等效性。在 CNKI 中，国内这一主题的相关研究主要包括：政府的社会信任研究，新闻媒体的社会信任研究，专家的社会信任研究。

其一，政府的社会信任研究。

宁德鹏[②]认为，政府公信力的基础是公共权力的合法行使，是政府施政最

---

① Yang L, Qiao Y F, Liu Z, et al., "Identifying Opinion Leader Nodes in Online Social Networks with a New Closeness Evaluation Algorithm", *Soft Computing*, 2018, 22(2): 453-464.

② 宁德鹏：《新时代中国城市治理中政府公信力问题的几点思考》，《中国行政管理》2020 年第 6 期，第 157-159 页。

重要的权威性指标，政府在施政过程中充分彰显了公共性和权威性，施政效果的优劣直接影响政府及相关部门公信力的高低。政府公信力与我们常说的“信用”“诚信”有关联，但同时又有其自身独特的优势，从政治伦理的角度来讲，政府公信力是指政府及有关部门通过施政行为来获取公众的信任和支持的一种治理能力。作者论述了在新时代背景下，政府如何在城市治理方面增强其公信力，提出了坚持走党的群众路线、深化城市治理的变革、健全依法治理和决策的体制机制、提高政府公职人员的素质、提升政府的施政绩效等一系列措施。

金飞[①]以网络舆情与地方政府公信力之间的联系和实际情况为出发点，以政府与群众之间的关系为核心，旨在从思想理念、相关制度和实际操作三个方面建构网络舆情与地方政府公信力之间的良性关系，进一步完善对于网络舆情的引导机制，增强地方政府的公信力和执行力。作者认为网络舆情是反映社会公众意见的“风向标”，在很大程度上考验着地方政府及相关部门的行政能力，进而直接影响公众对于地方政府的评价和态度。政府公信力不仅是政府行政能力的客观成果，也显示了人民群众的主观评价。地方政府最基本的责任是及时回应并妥善处理公众的各种诉求，由于地方政府处于与网络舆情最接近的区域，经常面临各种具体矛盾，因此其施政行为往往会成为网络舆情的发端和焦点。地方政府依法行政必然会减少部分网络舆情的产生，有助于提高公信力；地方政府不作为或行政违法，无疑会加快网络舆情的发展，从而削弱公信力。总而言之，地方政府的公信力与网络舆情之间存在着很强的内在关系。

王新才等[②]认为政府的社交媒体平台是政府信息发布和公开、提供服务并履行职责、加强与公众沟通互动的一个空间，该平台在很大程度上强化了政府公信力的建设。作者在文献综述的基础上提出评价政府公信力的三个维度，分别是政府的相关制度设置、政府的行政理念、政府的实际作为。文章以上海市人民政府新闻办公室的官方微信公众号——“上海发布”为例，深入探讨了政府微信公众号的具体运营模式和发展路径，提出应以公众真正的需求为目标，加强政府微信公众号的开发设计和运营，在运用当下高速发展的新媒体技术的同时，也要加强对于运营团队的培养，使其具有专业性、高效性、科学性，为

① 金飞：《网络舆情与地方政府公信力互动关系研究》，《理论月刊》2018 年第 3 期，第 173-177 页。

② 王新才、郭熠程、王宁：《政府公信力视域下的政务微信公众平台发展策略研究：维度解析、现状透视与路径探索》，《信息资源管理学报》2019 年第 2 期，第 94-102 页。

公众提供更加全面、权威的信息服务，从而提升地方政府的公信力。

其二，新闻媒体的社会信任研究。

常江[①]认为，在当下新媒体语境下，需要对新闻的信息源进行严格监督和管理，抵御网络新闻传播的“时效”诱惑，有必要要求主流媒体回归新闻的基本常识。作者提到，新冠疫情期间，某些信息传播现象反映出传统的新闻媒体在使用新媒体技术工具进行新闻信息内容生产和传播的过程中存在各种专业性欠佳问题。这些问题在以前并非未曾引发过讨论，但当发生重大公共卫生事件时，这些问题产生的社会影响会以更加突出的方式进入公众的视野，同时也更容易激发矛盾。

李京[②]认为，新闻传播学界对媒介公信力的研究大多专注于对媒介信度进行测量，很少以“公信力”为出发点进行溯源。媒体的公信力不仅包括媒体信息的可信度，还包括公众对于媒体的信任度，媒体信任属于社会信任范畴。作者在文中将传播学和社会学的研究方法结合起来，总结出媒体公信力研究的理论基础和实践逻辑。公众是媒体公信力的评价主体，但公众自身信任的形成机制常常被忽略。公众主要通过大众媒介这一渠道认识客观现实，对于公众来说，基于信任并通过大众媒介这一渠道形成的对现实的主观判断就是客观现实。如果单纯将媒介可信度的测量指标变量作为媒介公信力的评价变量，就会忽视宏观层面的因素，也就无法解释媒介公信力在媒介发展过程中的影响。诸多学者探讨了媒体公信力下降的原因，指出媒介自查改革是提高媒体公信力的必要举措，但忽视了信任主体对信任客体的感知。随着媒体技术的飞速发展，大众媒介已不再是公众心目中的“宠儿”，人们不再把媒介看得极其神圣，而是将其看作普通的社会单位，这将会是媒介公信力研究的一个新的方向。

刘扬[③]以新冠疫情这一公共卫生事件为例，论述了武汉广播电视台新闻综合频道、“央视频”移动客户端、人民视频等媒体如何运用不同的形式为公众展示当时各方面的工作安排情况。作者认为媒体只有通过融合发展，才能提升自身的公信力。从历史发展角度看，媒体的公信力是在不断地适应社会的发展变化过程中逐渐形成的，公信力建设是一个迎难而上、自我提升和完善的过

① 常江：《互联网时代新闻媒体的公信力问题》，《青年记者》2020 年第 10 期，第 93 页。

② 李京：《媒体公信力：历史根基、理论渊源与现实逻辑》，《编辑之友》2018 年第 5 期，第 55-60 页。

③ 刘扬：《疫情中媒体传播公信力的提升与挑战》，《青年记者》2020 年第 12 期，第 18-20 页。

程。新冠疫情成为考验媒体公信力的重要事件，媒体应该针对不同问题，深入思考解决策略，在发展中不断提升自身的公信力。

何国永、单滨新[①]认为，在全媒体时代，重大突发事件的舆论场非常复杂，主流媒体在巩固其权威性的同时要掌握舆论场的话语权，继续完善和创新舆论引导机制，重塑其公信力。作者以新冠疫情事件中绍兴市新闻传媒中心的新闻报道为例进行分析，指出绍兴市新闻传媒中心充分发挥了报刊与广播电视一体化的优势，增强了新闻报道的专业性、真实性和有效性，聚焦于传播公众最关心的核心信息，成功构建了透明、公开的舆论场。其报道内容和形式与公众关心的问题和政府关注的焦点高度契合，充分彰显了人文情怀，并在引导舆论方面发挥了重要作用。

其三，专家的社会信任研究。

甘莅豪[②]根据韦伯提出的工具理性和价值理性理论，提出大数据时代存在技术理性型和价值理性型两类专家。这里所说的技术理性型专家指的是只关注专业技术是否有效，而不关注技术的合理性的数据专家；价值理性型专家指的是在价值、思想和意识形态等方面为人们提供帮助的数据专家。但是我们不得不说，无论哪种类型的专家，为了能在公共舆论场域中获得公众的支持和信任，他们都试图以“客观”、“权威”和“理性”的形象定义自己，同时还会将正义、公正、幸福等人类一直向往和追求的价值标准作为他们的学术目标。

（二）国外研究

在 Web of Science 核心合集中，国外这一主题的研究主要涉及的热点关键词包括：perspective（观点）、legitimacy（合法性）、dementia（精神错乱）、qualitative research（定性研究）、heterogeneity（异质性）等。

孙中良等[③]认为在公共卫生事件发生时，中老年人在谣言面前很容易沦为边缘人群，并且容易反复传播谣言，对流行病预防和社会心理产生了负面影响，这在很大程度上是因为中老年人的媒体素养不足。为了进一步阐明影响中

① 何国永、单滨新：《再塑重大突发事件舆论场的主流媒体公信力：以绍兴市新闻传媒中心战疫报道为例》，《中国广播电视学刊》2020 年第 5 期，第 38-41 页。

② 甘莅豪：《大数据时代专家在舆论场中的公信力分析》，《北京理工大学学报（社会科学版）》2019 年第 4 期，第 181-188 页。

③ Sun Z G, Cheng X, Zhang R, et al., “Factors Influencing Rumour Re-Spreading in a Public Health Crisis by the Middle-Aged and Elderly Populations”, *International Journal of Environmental Research and Public Health*, 2020, 17(18): 6542.

老年人行为的因素，作者以 556 位中国人为样本进行了问卷调查，并使用多元线性回归和方差分析探讨了新冠疫情期间这些因素的作用。研究发现，首先，在新冠疫情期间，中老年人重新传播谣言的意愿与他们对谣言的相信程度和个人焦虑程度呈正相关，与他们对谣言的辨别能力和对谣言传播严重后果的感知程度呈负相关。其次，中老年人相信谣言的程度在其重新传播谣言的意愿中起中介作用，在焦虑对行为的影响中起部分中介作用，这表明，焦虑的人即使对谣言没有强烈的信念，也会散布谣言。最后，与大众传播相比，中老年人在人际传播中重新传播谣言的意愿更强，这表明提升公众专业知识水平和缓解公众恐慌情绪的重要性，这对未来公共卫生政策的设计也具有重要意义。

詹金斯等[①]针对当前营养科学面临的公众对其信誉认知的问题，探讨了社交媒体的影响者日益成为高参与度的营养相关信息重要来源的现象。信息来源的可信度和真实性在市场营销和传播领域已经得到了广泛研究，然而在营养或健康传播中，尚未得到充分考量。作者以此为研究背景，探讨了影响信息来源可信度的因素和社交媒体平台上关于信息真实性的判断，以更好地指导营养科学在社交媒体中实现最优质的交流实践。作者检索了 6 个跨学科数据库，筛选出 22 篇相关论文，涵盖了 25 项研究，其中脸书和推特是最常被调查的社交媒体平台。根据研究结论，影响信息来源可信度和真实性的因素包括在线使用的语言、专业知识和社会潮流。

韦茅斯·罗伯特等[②]强调拥有高水平公信力的政府在解决复杂问题时，必须深刻认识到主流可持续发展议程的重要性。然而，数十年来，西方国家对于公信力的重视度持续下降，这不仅破坏了政府的合法性，还阻碍了政策的实施和长期可持续规划的推进。作者假设公信力下降的一个重要原因是公众对当前参与治理形式的失望，并提出可以通过将公众与政府的关系从简单的咨询与告知转变为合作伙伴来扭转这一局面。作者以西澳大利亚州的案例为研究样本，调查了通过小型公共协商和参与性预算建立伙伴关系的干预措施是否会提升政府公信力以及是否有助于推进可持续规划。研究结果显示，这些措施确实提升了政府公信力，并为可持续规划的实施提供了有力的理论和实

① Jenkins E L, Ilicic J, Barklamb A M, et al., "Assessing the Credibility and Authenticity of Social Media Content for Applications in Health Communication: Scoping Review", *Journal of Medical Internet Research*, 2020, 22(7): e17296.

② Weymouth R, Hartz-Karp J, Marinova D, "Repairing Political Trust for Practical Sustainability", *Sustainability*, 2020, 12(17): 7055.

践支持。

林在勇、文国京[1]认为气候变化和环境污染威胁着可持续发展和人类的生活，为了缓解此类威胁，世界各国政府均需大量的财政资源作为支撑。因此，作者着重探究哪些因素与个人支持环境税收的行为相关联，同时特别重视公民道德水平和政府公信力的直接影响。问卷结果表明，公民道德水平的高低与个人对环境税收的支持程度呈正相关关系，同时，政府公信力的运作方式也遵循类似的规律。更为重要的是，政府公信力能够加强并深化公民道德与支持环境税收之间的联系，这表明政府公信力可以成为政府推动环境保护的有力工具。

综上所述，国内外对于"社会信任"的研究涉及社会生活的方方面面。国内就"社会信任"这一主题进行的研究主要包括政府的社会信任、新闻媒体的社会信任，尤其是以某一公共卫生事件为案例，展开分析政府和新闻媒体如何在事件中保持和提升自身的社会信任。另外，还涉及"专家社会信任"这一主题，但相关研究较少，未涉及"社会信任失效""专家系统的社会信任"等主题。国外对于"社会信任"的研究涉及医学、政治、环境等方面，多以某次公共卫生事件为案例，论述政府、新闻媒体在这一过程中如何保持和提升自身的社会信任。

四、有关公共卫生事件的中外研究

（一）国内研究

在 CNKI 中，国内这一主题的研究主要围绕以下几个方面展开。

其一，公共卫生事件中的舆情研究。

何天秀[2]基于网络舆情的特点，论述突发公共卫生事件对于网络舆情治理所产生的冲击，认为应将法治延伸至网络舆情层面。部分地方政府未能充分意识到政府微博不仅是信息的发布和传播平台，更是民意处理和为人民群众提供在线服务的平台。政府引导网络舆论时，应遵守各项法律法规，秉持公开公正

---

① Lim J Y, Moon K K, "Examining the Moderation Effect of Political Trust on the Linkage Between Civic Morality and Support for Environmental Taxation", *International Journal of Environmental Research and Public Health*, 2020, 17(12): 4476.

② 何天秀：《公共卫生事件网络舆情治理与法律规制》，《青年记者》2020 年第 26 期，第 9-10 页。

原则，规范网络环境秩序，以促进网络舆论健康发展。

马续补等[①]以新冠疫情期间的“双黄连事件”为例，对微博原话题和话题下的帖子、转发和评论的数据进行挖掘，通过统计分析和情感分析，探讨这类信息报道的热度和公众的态度。研究结果表明，公众对科研信息报道关注度较高，且相较于其他类型的信息报道，公众的情绪反应表现出较大的差异，与此同时，官方新闻媒体和某些专家的回应影响着事件的热度，对公众的情绪也会产生影响。因此作者认为，官方媒体在成为公众获取信息的主要平台的同时，需要构建与公众和专家的三方面协调控制机制，在突发公共卫生事件信息报道中正确引导网络舆论。

陈璟浩等[②]通过分析新冠疫情期间的微博热搜榜，以及每天新增病例的描述性统计数据，发现在疫情初期，媒体的报道引起了大量网民的关注，随着疫情的加重，网民的关注度与每天的新增病例呈同步增长趋势。在媒体报道疫情初期，网民对疫情的关注度较高，其中，有五个主题最为突出，即提倡捐款，提出建议，表扬医护工作者、志愿者，提出疫情防范措施，鼓励患者。网民对于主流媒体发布的微博最为关注，每天的热点舆论关注度会随着变异系数、病例数等的变化而发生变化。单个微博的关注度和相关话题的总数、博主拥有的粉丝数量紧密相关。作者认为，以新冠疫情的网络舆情数据为例，研究我国网民对突发公共卫生事件的关注度，将有助于提高政府提供信息的效率，满足更多公众的需求，在一定程度上为政府的决策提供支持。

李楠、杨阳[③]利用 CiteSpace 5.6.R 软件，系统地回顾了 CSSCI 数据库中关于“舆情传播”的研究文献，深入分析了研究“舆情传播”的常用方法的优缺点，建立了以公众、新闻媒体和政府为主体的“舆情传播”理论模型，剖析了“舆情传播”的成因，梳理了对“舆情传播”产生影响的主要因素，构建了基于 SEIR（Susceptible-Exposed-Infectious-Recovered，易感—暴露—传染—恢复）流行病模型的“舆情传播”控制机制。

其二，基于风险理论的公共卫生事件研究。

---

① 马续补、陈颖、秦春秀：《突发公共卫生事件科研信息报道的网络舆情特征分析及应对策略》，《现代情报》2020 年第 10 期，第 3-10，61 页。

② 陈璟浩、陈美合、曾桢：《突发公共卫生事件中中国网民关注度分析：基于新冠肺炎网络舆情数据》，《现代情报》2020 年第 10 期，第 11-21 页。

③ 李楠、杨阳：《重大公共卫生突发事件背景下舆情传播的研究回溯与控制机制的构建》，《管理现代化》2020 年第 5 期，第 95-98 页。

张成岗[1]认为，新冠疫情对我国风险管理的水平和能力都提出了较高的要求，在防疫工作中，风险化解和管理的基本原则是公平，在风险社会，应该超越表面的目标，按照公平原则有目的地办事。风险不受时间和空间的限制，面对风险唯一的选择就是共同参与到风险管理中，构建以合作方式治理风险的机制，弥补应急管理中的法律方面的缺失，提高机制建设中的法律保障水平。要注重预防风险伦理建设，为风险管理提供坚实的理论支撑。风险社会的伦理规范应该以对风险恐惧的探索为指导。人们需要认识到风险情境的不确定性和不规则性，不能高估自己的力量和去除偶然性的计划。人们面对风险，不应该放弃治理，更不能忽略风险、自我麻醉。在未来，人们需要在风险理论规范的引导下，以更加理性和科学的方式对待风险，与风险共生。

吕鹏、刘芳[2]认为我国已进入"风险社会"，风险呈现出突发性和常态化。新冠疫情折射出了人们对于风险认知的差异。作者通过访谈发现，家庭中个体风险认知和行为差异主要存在于代际之间。在疫情初始阶段，子女对于疫情的敏感和警惕与父母的回避形成强烈对比；在扩散阶段，子女开始强化父母对于风险的认知，父母试图认知和评估风险；在平衡阶段，子女与父母对风险的认知态度基本一致，但仍有部分父母选择排斥。在风险的认知和共识建构过程中，有三种互动模式：传统意义上的自上而下的互动模式、互联网环境中的自下而上的互动模式、基于主体性的双向互动模式。前两种是单向的互动模式，容易引发对抗和冲突；第三种模式兼顾两代人的角色定位，能有效缓解冲突，同时以信任关系优化风险沟通方式，通过信息解码提高风险沟通效率，以强弱互补增强政府权威信息的可信度。

郭红欣[3]认为风险监管使得国家的部分工作从对危险的防范变成对风险的防范。预警机制是建立在对风险的确定性判断基础之上的，而且预警机制的运行过程比较复杂，很难实现及时发现风险并予以警示。预警机制在风险防范中的功能定位应该是风险沟通。对于疫情风险的识别是相关专业人员的任务，同样预警机制也应该由专业人员负责，预警机制是独立于整个预案而存在的。

其三，公共卫生事件应对策略研究。

---

① 张成岗：《"风险均等"：走向以责任为核心的合作式治理》，《探索与争鸣》2020年第4期，第33-35页。

② 吕鹏、刘芳：《疫情风险认知过程与代际互动模式研究》，《中南大学学报（社会科学版）》2020年第3期，第11-23页。

③ 郭红欣：《基于风险预防的疫情预警机制反思》，《中国政法大学学报》2020年第4期，第131-143，208页。

张世政[1]认为作为政策工具选择的根本原则，工具理性的核心在于根据每一项政策工具的基本特征，在特定的问题情境下确定实现既定目标的最佳治理手段，进而寻求适配性运用方式，最大限度地发挥工具效能。基于地方政府新冠疫情防控案例的分析表明，政策工具的强制性有助于提升应急管理有效性，间接促成了应急管理的社会化应对，自主性和可见性有助于满足公共价值需求。同时，政策工具特征缺陷产生的效用偏差也可能导致政策合法性困境、工具与目标的背离、工具的“条件-效果”相悖性等问题。为此，应明确政策工具的适用性条件，避免单一性选择偏差，要优化工具结构体系，提升应急管理工具的应用成效。

程豪[2]认为生命教育不是一个平面化的概念，而是一个包括思维、生理机能和社会价值的立体结构。生命教育在与社会的互动中得以实现。如果社会对生命教育不重视，人们缺乏对生命和生命教育的认识和思考，学校对于生命教育单纯进行知识化定位，生命教育就会式微。重大突发公共卫生事件引发人的生命危机，这种情况下生命教育显得尤为重要。我们需要提升后疫情时代生命教育的质量，必须深化人在疫情中对于生命的反思，增加学校课堂教学中生命教育的资源，尽力开发生命教育与生命发展过程相互交融的优质课程。

姜玉红[3]认为建立公共体育在线教学机制是高校应对突发公共卫生事件的有效措施，对学校人才培养工作有很大的保障。作者通过采用归纳、调查统计等研究方法对主要的在线慕课平台上的体育课程进行了统计分析，同时利用其所在单位在疫情防控期间对 13838 名学生和 643 名教师对于 11 种主要在线教学平台（泛雅、中国大学 MOOC、学银在线、雨课堂、智慧树、学堂在线、学习通、腾讯课堂、钉钉、QQ 群、微信群）的满意度调查数据，以及对 30 多名教师的在线教学适应性调查结果，探讨网络教学的意义，深入分析我国高校公共体育课在线教学存在的问题，从整个课程的体系建设、网络技术的支持、教师的管理和培训等方面归纳建立公共体育课在线教学机制的维度和路径。

① 张世政：《工具特征如何影响应急管理目标实现？：突发公共卫生事件应对的“工具理性”分析》，《天津行政学院学报》2023 年第 6 期，第 16-26 页。

② 程豪：《生命教育：内涵解构、现实困顿及破解之道：由重大突发公共卫生事件引发的思考》，《中国教育科学（中英文）》2020 年第 5 期，第 92-102 页。

③ 姜玉红：《突发公共卫生事件情境下高校公共体育在线教学机制研究》，《西南师范大学学报（自然科学版）》2020 年第 6 期，第 141-146 页。

（二）国外研究

在 Web of Science 核心合集中，国外这一主题的研究主要涉及的热点关键词包括：depression（抑郁症）、education（教育）、guideline（指导原则）、framework（框架）、mechanism（机制）、socioeconomic status（社会经济地位）、dependence（依赖）、cohort study（队列研究法）、inflammation（炎症）等。

李娟等[①]认为中国的公共卫生应急管理体系在应对新冠疫情方面发挥了至关重要的作用，得到世界卫生组织和一些国家的赞赏。因此，有必要对中国公共卫生应急管理体系的发展进行全面的分析。这可以为学者提供参考，帮助他们了解具体的情况并揭示新的研究主题。作者从 Web of Science 核心合集中收集了 2247 篇国际文章，并从 CNKI 中收集了 959 篇中文文章，使用文献计量学和知识领域映射的分析方法进行时间分布分析、合作网络分析和共词网络分析。结果显示，该研究领域的第一篇国际文章发表于 1991 年，而第一篇中文文章发表于 2005 年，进行相关研究的机构主要是大学和卫生组织。总体而言，在世界范围内发达国家发表的文章数量最多，在我国，东部地区发表的文章数量最多。国际研究主要聚焦于应急准备和对公共卫生事件的监测，而中国研究则侧重于对公共卫生事件的处置。国际研究较为关注恐怖主义，尤其是生物恐怖主义的威胁，并针对灾难规划、应急准备，以及流行病和传染病等相关主题进行深入探讨。中国研究往往以严重急性呼吸综合征（severe acute respiratory syndrome，SARS）为背景，以法治建设为起点，探讨机制、结构、制度等方面的内容，同时也涉及国外公共卫生应急管理培训。

韩雪华等[②]通过分析新冠疫情初期新浪微博中公众的意见内容，探讨了一小时间隔内疫情相关微博文本的发布时间变化和空间分布情况。作者基于潜在狄利克雷分配模型和随机森林算法，开发了主题提取和分类模型，从微博文本中分层识别出 7 个与新冠疫情相关的主题和 13 个子主题。结果表明，与新冠疫情的不同发展阶段相对应的不同主题和子主题的微博文本数量随着时间的推

---

① Li J, Zhu Y H, Feng J N, et al., "A Comparative Study of International and Chinese Public Health Emergency Management from the Perspective of Knowledge Domains Mapping", *Environmental Health and Preventive Medicine*, 2020(25): 1-15.

② Han X H, Wang J L, Zhang M, et al., "Using Social Media to Mine and Analyze Public Opinion Related to COVID-19 in China", *International Journal of Environmental Research and Public Health*, 2020, 17(8): 2788.

移而发生变化，在空间上，相关微博的发布地点主要集中在武汉、成渝城市群、京津冀等地。微博中的日常讨论与新冠疫情发展趋势之间存在同步性。公众对疫情的反应非常敏感，特别是在交通便利、人口众多的城市群中。政府及时传播和更新与疫情有关的信息，有助于稳定公众的情绪，同时，政府应加强对公众的反应和意见的关注，根据公众需求制定精准的应对措施，从而加快应急响应速度，并为灾后管理提供支持。

阿尔哈提卜等[①]认为，随着社会、经济和政治的发展，全球很多城市发生了重大事件，这些事件引发了公众的反应，甚至导致骚乱、内乱和暴力行为的发生。在这些事件中，态势感知的关键在于深入理解事件本身及其对公众舆论的影响。专家是具有显著影响力的人物，他们通过有力且富于启发性的观点和立场来塑造社会中其他人的思想。鉴于这些专家对追随者的巨大影响力，分析专家的情绪可以为了解公众情绪提供重要视角。该研究的目的是建立一个专家系统的情绪监测框架，用以辅助政府官员进行决策。作者采用先前提出的专家系统识别算法，以及文本挖掘、文本分类和情感注释方法，从各领域具有影响力的专家的帖子中提取情感信息，以有效分析公众对正在进行中的事件的意见。在 15 个月的时间里，作者利用从 27000 个推特账户收集的数据集来测试所提出的框架。根据能力和知名度，在 5 个领域（经济、政治、卫生、体育和教育）中确定专家系统。此外，使用线性支持向量机分类器以及情感注释法对 43 位专家发布的与重大政治事件相关的推文进行情感分析，并得出结论。作者指出通过分析具有较大影响力的专家在社交媒体发布的内容，能够获取公众的潜在意见。

高德等[②]指出，以往的随机对照试验和药物警戒研究中的药物不良事件的报道不足，研究人员可以从社交媒体中获取相关信息。然而，社交媒体上发布的药物不良事件会涉及患者的报告，其中的伦理问题尚不明确。该研究的目的是探讨使用社交媒体并通过多种方法来监测药物不良事件时所涉及的伦理问题。作者采用了多种研究方法，包括定性半结构化访谈、焦点小组等。最新的

---

① AlKhatib M, AleAhmad A, Barachi M E, et al., "Analysing the Sentiments of Opinion Leaders in Relation to Smart Cities' Major Events", *2019 4th International Conference on Smart and Sustainable Technologies (Splitech)*. 2019, Split, Croatia, IEEE: 1-6.

② Golder S, Scantlebury A, Christmas H, "Understanding Public Attitudes Toward Researchers Using Social Media for Detecting and Monitoring Adverse Events Data: Multi Methods Study", *Journal of Medical Internet Research*, 2019, 21(8): e7081.

关于使用社交媒体监控药物不良事件的系统评价结果为解释研究结果提供了理论框架，揭示了研究的潜在利弊、隐私期望、知情同意和社交媒体平台的观点。知情同意的获取很困难，并且研究者在是否需要寻求同意的问题上存在分歧。研究的潜在益处是影响用户是否同意将其数据用于研究的最关键因素。大多数用户都支持将其社交媒体数据用于药物不良事件的研究，但这种支持是建立在研究的潜在益处之上的，并且需要确保个人不受伤害，当然也有少数用户强烈反对这一做法。对于何时需要用户明确同意使用其社交媒体数据的问题，需要进一步研究和讨论。

侯俊东等[①]认为公众舆论在邻避事件中具有重要的作用。由于受影响的群体和政府之间的相互作用不断冲击着公共关系，公众舆论会使邻避事件出现结构性逆转，这会对社会构成严重威胁。为了探索潜在的机制，作者采用了一种改进的动态模型，该模型综合考虑了不同个体的关注点、社会力量以及政府的能力。实验结果表明，该模型能够精确地描述整个邻避事件的过程，公众舆论推动了事件结构的逆转。如果没有意见领袖关于健康利益的诉求，事件结构的逆转可能会被延误。先前的一些研究表明，在固定规模的群体中，意见领袖的影响力会随着其占比的变化而变化，作者认为当意见领袖的占比增加到大约6%时，他们在推动事件结构逆转所需的时间上并没有表现出显著的差异。此外，作者在政府响应过程中观察到了事件结构逆转的双重阈值效应。这些发现有助于理解和解释公众舆论推动邻避事件发生结构性逆转的过程，有助于推动政府有效引导网络舆论和进行积极响应。

埃多-奥萨吉等[②]发现，在社交媒体，特别是推特中，已经出现了一些关于公共健康的新话题。历史上每项重大技术的出现都对社会行为产生影响，社交媒体开辟了公共交流的新渠道，科学家开始认识到社交媒体数据能够在一定程度上揭示人们的观点和状况。因此，作者审查了推特中关于公共健康的讨论内容，重点介绍了当前研究和实践中的成果，采用范围界定审查方法搜索了卫生、计算机科学和跨学科领域的 4 个领先的数据库，共检索到 755 篇文章，其中 92 篇符合审查标准。作者通过对这些文献进行评议，从 6 个

---

① Hou J D, Yu T, Xiao R, “Structure Reversal of Online Public Opinion for the Heterogeneous Health Concerns under NIMBY Conflict Environmental Mass Events in China”, *Healthcare*, 2020, 8(3): 324.

② Edo-Osagie O, de La Iglesia B, Lake I , et al., “A Scoping Review of the Use of Twitter for Public Health Research”, *Computers in Biology and Medicine*, 2020, 122: 103770.

领域（监督、事件检测、药物警戒、健康预测、疾病追踪、地理识别）进行了公共健康方面的鉴定，分析了不同地域的疾病流行度随时间变化的规律，研究了各种疾病的状况，并探讨了了解每种疾病的不同方法、流行的算法和技术等。

综上所述，国内外对于公共卫生事件的研究涉及范围都很广泛。国内对于该主题的研究主要包括公共卫生事件中的舆情研究、基于风险理论的公共卫生事件研究、公共卫生事件应对策略研究三个方面，且以新冠疫情为案例的研究较多。国外对于该主题的研究，主要以某一次重大突发公共卫生事件为案例，结合量化研究方法和文本分析法，分析事件发展的过程，主要涉及医学、生物学、环境学等领域，很少从舆论、政府角度出发进行深入论述。

五、对文献回顾的总体述评

本书对“网络场域”、“专家系统”、“社会信任”和“公共卫生事件”四个主题的文献进行全面梳理后，依据文献的中心性进行聚类分析，筛选出重要文献进行深入阅读和分析，并形成以下几个方面的总体述评。

（1）国内外关于网络场域的研究除了分别检视了网络场域的特征、网络场域的结构、网络场域的互动性、网络场域的亚文化传播、网络场域对相关产业形成的影响外，在不同程度上认同网络场域不断提高了公众自我认知的水平，使得个体化特征愈发明显。与此同时，由于网络场域存在同场性、同时性、同感性和交互性特征，网络场域中的公众对其所关心的人物、事件呈现出较高的社群化特质。于本书的研究而言，专家系统是网络场域中公众的关注对象和评价对象，从公众个体信任的角度出发形成对专家系统的社会信任的评价显得尤为重要。

（2）国内外关于专家系统的相关研究中多次提到，当代专家系统在公共场域中发挥作用、施加影响时，专业化知识的传播和专业化倾向愈发明显，也就是说，在参与公共事件的过程中，专家系统的身份和背景越来越明显地体现出专业化的特征，这些相关的论述为本书进一步界定专家系统概念提供了学理上的支持。

（3）在关于社会信任的相关研究中，国内学者更关注两个方面，其一是媒体的社会信任，其二是政府式微社会信任。学者们普遍通过推演和界定社会信任与信赖和信用之间的关系，将研究视角引向社会信任层面。与此同时，一些学者也开始注意到，无论是媒体的社会信任还是政府的社会信任，其都会通过专家系统形成社会信任的共建，媒体在特定事件中引用专家系统的意见和观点，政府在应对公共危机事件时借助专家系统的态度来体现其制度的科学性。但是，专家不仅仅是在各自领域拥有专业知识背景的个体，他们也是普通的社会成员。在网络场域中，专家能够自主发表观点和意见，这就使得某些专家的身份并非由媒体或政府选择和确认，这种情况很可能导致某些专家与特殊利益形成共谋，获取收益，这种做法损害了专家系统的信誉度。另外，媒体和政府在选择专家系统中的成员并使其成为新的独立的专家系统时，选择标准往往只是局限于职称、职务、头衔等专业能力层面的指标，而某些专家在传播环境中并未因专业能力而获得更高的社会信任。这些问题的呈现为本书的研究提供了进一步思考的空间。

（4）在关于公共卫生事件的研究中，国内的研究主要关注公共卫生事件在传播环境中产生何种影响、造成什么后果以及如何应对不良后果等方面，最终聚焦于对网络舆情的分析和引导上。国外的研究往往探究公共卫生事件的发生机制、发生过程，并在效果层面上探讨如何规避风险。本书的研究既要基于我国本土化实践的特征，去关注公共卫生事件中可能出现的传播偏向并形成相应的思考，又要批判性地借鉴国外相关研究中的风险社会理论，以期形成对研究问题更为全面的解释。

（5）通过文献回顾，我们进一步厘清了本书的研究问题和阐述框架，即专家系统的社会信任不能也无法只在一个孤立的系统下进行分析，其研究范式也不能仅依赖传播学，研究的系统性和全面性必然要求整合相关学科的理论和方法资源去建构新的范式。本书引入政治心理学和风险社会学的相关理论，将其与传播学理论结合，以构建系统的阐释框架，从而有效地指导研究方向并推动创新。这使得本书不仅遵循传播学的研究范式，也进一步借助政治学、社会学和管理学等方面的相关知识形成解释研究主题的新维度。从方法论上讲，作为本书研究核心的专家系统的社会信任问题，在国内外相关研究中尚未形成专题，缺乏更为深入的分析，尽管很多学者在文献中已经认识到并提到了专家系统的专业化、专家系统在网络场域中的新特征、专业型专家系统的信任等问题，但是，所运用的方法要么偏重思辨式的论证而缺乏统计学意义上的支撑，要么完全基于量化研究的数据分析来呈现问题，缺少对数据结论背后深层次的社会意义的阐释。因此，将两者有机结合进行更为科学和具有深度的分析成为本书希望达到和实现的目标。

第四节　阐释基础：专家系统与社会信任研究的理论依归

一、从意见领袖到专家系统：相关理论的回顾与辨析

自拉扎斯菲尔德于20世纪40年代在《人民的选择》中提出意见领袖概念开始，围绕意见领袖形成的相关概念和理论在历时的研究中逐渐丰富起来。

（1）二级传播理论。二级传播理论与意见领袖的发现具有很强的伴随性。意见领袖的出现和二级传播理论共同否定了早期传播学中的“魔弹论”。二级传播理论认为，在复杂的传播效果产生过程中，信息按照大众媒体到意见领袖再到接受者的二级甚至更多级路径实现流动，可以看出，意见领袖作为一个相对的概念是与接受者或政治传播视域中的追随者相伴而生的。随着对意见领袖在整个传播过程中的进一步识别和判断，一些学者提出意见领袖也可以是机构或组织[①]，这与拉扎斯菲尔德将意见领袖视为自然人并将其限定在接受者群体中有所不同，这一新的认识使得意见领袖开始进入传播者群体中。我国学者曾从本土化视角出发，认为与拉扎斯菲尔德提出意见领袖概念同时代的我国社会中的文化英雄实际上就是意见领袖。

（2）社会地位论与意见影响流。早期的意见领袖研究基于社会背景、受教育程度等人口统计学指标展开，这些指标在标记社会地位的同时，也显著地揭示了意见领袖与普通社会成员之间的差异。[②]迪卡徒认为应该将意见影响流作为一个更重要的方面去分析意见领袖，其理由是：第一，意见领袖自身也会受到其他意见的干预和影响；第二，意见领袖的影响力并非能覆盖全社会，而往往与事件和主题相关；第三，意见领袖之所以能在社群中发挥影响力，是因为其本身与社群共享着某种文化。从社会地位论到意见影响流，可以看到关于意见领袖的研究在不断进行修正和演进。

（3）意见领袖的专业化趋向。一些学者在各个领域进行检验，检验结果表明，意见领袖存在于社会生活的不同领域，如政治、经济、艺术等。另外一

① 宋海燕：《“意见领袖”新探》，《沈阳师范大学学报（社会科学版）》2003年第4期，第45-47页。

② Hamilton H, “Dimensions of Self-Designated Opinion Leadership and Their Correlates”, *Public Opinion Quarterly*, 1971, 35(2): 266-274.

些学者还通过研究检视了意见领袖与专家的关系，以期确认意见领袖是单个领域的专家还是可以同时在多个领域产生影响的专家。但不论怎样，大多数学者在历时的研究中逐渐达成了共识[①]，即意见领袖在传播信息和对社会形成影响的过程中存在一种明显的专业化趋向。

（4）网络场域中的意见领袖。随着互联网在社会生活各个领域中的广泛应用，公众开始借助网络进行话题讨论、沟通交流和参与公共事务。这使得在网络场域中，网络意见领袖逐渐成为一支显化的力量影响着网络舆论甚至是社会舆论，其影响力可能形成从线上到线下的渗透。在这一背景下，学者们陆续提出了一些关于网络意见领袖的研究结论，如网络意见领袖的作用是非权力型的[②]；网络意见领袖会形成议程设定并建构探讨框架[③]；在品牌危机管理中，对网络意见领袖的管理是决定信息是否会进一步扩散的关键因素。[④]从总体上看，网络意见领袖的研究并没有形成一些特定的理论，尽管仍然是基于此前线下意见领袖的相关理论来进行分析，但是已有的研究足以证明网络场域中意见领袖的行动特征以及产生影响的机制与线下不同。

从我国的社会历史环境来看，意见领袖原生特质中的较强影响力、较高社会地位以及较大话语权，在发生专业化转变的同时，也与我国重视知识和尊敬知识分子的优良传统相结合。意见领袖的专业化，实际上指向了在社会场域中表现为专业意见领袖样态的专家系统，其研究视野获得了合法性解释。经济的快速发展带来了社会面貌的巨变，而互联网的快速普及，使得网络社会在一定程度上成为意见的自由市场，网络场域中的意见领袖发挥作用的热情空前高涨，由此明确了本书的核心概念群体——网络中的专家系统。

二、社会信任的相关理论回顾与辨析

就社会信任的研究而言，其不仅涉及信任、信用等方面的问题，也同时

---

① Goldsmith R E, Hofacker C F, “Measuring Consumer Innovativeness”, *Journal of the Academy of Marketing Science*, 1991 (3): 209-221 .

② 邓丽：《QQ 传播中舆论领袖的消解》，《新闻爱好者》2009 年第 12 期，第 63-64 页。

③ 周裕琼：《网络世界中的意见领袖：以强国论坛“十大网友”为例》，《当代传播》2006 年第 3 期，第 49-51 页。

④ 薛可、陈晞、王韧：《基于社会网络的品牌危机传播“意见领袖”研究》，《新闻界》2009 年第 4 期，第 30-32 页。

需要观照个体层面和群体层面的信任。

（1）信任理论是社会信任研究的逻辑起点。从最具代表性的信任结构理论来看，信任通常与时间和空间中的“不在场”相关。[①]在大多数情境中，信任并不总是发生在亲密的社会关系中，陌生性是现代社会关系中的常态。[②]在与非亲密的社会关系相遇时，包含着专家系统和象征标志的抽象体系的作用就显得尤为重要。在现代社会中，不论是日常事件的突发性还是由知识组织社会实践所展现的反思性，均构成了开放的未来体系。这种反事实且面向未来的现代性特征是通过抽象体系中那些已经产生社会渗透并被确立的专业知识的可信任性建构起来的。社会普通公众对专家系统的信赖一方面和传统社会一样，借此从各种彼此孤立的事件所具有的既定普遍性中获得安全感；另一方面，通过反思性地运用专业知识来计算自身的利害得失。上述两种结果的共存使得现代社会中任何人都可能置身于抽象体系之中。在原则上和实践上，人们一旦进入抽象体系，对专业知识的接收与运用将势在必行。在抽象体系的入口，一种切实的可信任性或诚实性是连接非专业人士和信任的纽带，并表现为当面承诺。尽管信任存在于抽象体系中，而非依赖特定情境下的某一个人，但是抽象体系入口又在提醒我们信任的操作者正是那些真实的人，因而当面承诺所能够映射出的信任程度是由抽象体系，尤其是体系中的专家系统的道德品行所决定的。基于以上分析，我们可以得出以下结论：其一，在现代社会中，时间与空间的扩展、脱域和再嵌入循环发生，信任关系始终是与其相关联的基础；其二，知识运作通常是专业人士与非专业人士之间的壁垒，因而普通公众对抽象体系的信任是以当面承诺的形式出现的，他们对维系信赖的专业知识如何生产和运作并不知晓；其三，对个人的信任而言，当面承诺非常重要，它可以提供衡量诚实程度的指标，比如人际传播中的某些非语言代码及印象形成功能；其四，再嵌入的过程往往也是当面承诺的在场与不在场的转换过程，并由前者所维系；其五，抽象体系入口是非专业性的个体或团体与抽象体系建立联系的基点，同时也是与抽象体系中专家系统、象征标志相联系的基点。在这一点上，抽象体系的信任机制可能存在失信的风险，但同时又是信任得以维系或建立的关键点。在当前社会中，社会学家们也普遍认识到个体信任与系统信任之间存在着

① [英]安东尼·吉登斯：《现代性的后果》，田禾译，南京：译林出版社，2011 年，第 30 页。

② [德]尼克拉斯·卢曼：《信任：一个社会复杂性的简化机制》，瞿铁鹏、李强译，上海：上海人民出版社，2005 年，第 52 页。

相互影响的关系，正如郑也夫所提到的那样，对于社会中引起人们不安的那些信任缺失或者信任危机问题，如果仅仅从个人角度去分析是不够的，应该说，很多个体的信任是无法脱离系统信任而单独存在的。①

另外，需要说明的是，不论是安东尼·吉登斯的信任结构理论，还是卢曼将信任视为社会复杂性的简化机制，这些理论都是基于西方社会政治、经济、文化发展的轨迹形成的科学认知逻辑。然而，这些理论是否适用于我国，特别是能否为我国当前的社会实践提供指导，需要我们辩证地看待，应结合我国社会实践进行批判式的借鉴，而不能盲目照搬或原样复制。

（2）期待理论是社会信任研究的逻辑线索。专家系统社会信任的研究需要了解和认识公众对专家系统的期待。可以将公众对专家系统的期待作为衡量专家系统社会信任的准则。基于专家系统在公共场域中的表现，公众对专家系统的期待可能存在三种情况，即无法满足预期、符合预期和超出预期。这三种情况会导致公众对专家系统的社会信任形成不同评价。当公众的期待得到满足，他们会对专家系统的社会信任形成较为正面的影响；当公众的期待没有得到满足，他们会对专家系统的社会信任产生负面影响；当专家系统的表现能够超出公众的预期时，专家系统的社会信任也会呈现出显著提升的态势。

（3）大众自传播理论是社会信任研究的解释背景。在信息时代，大众媒体的传播形式与其他传播形式之间的界限变得模糊，互联网已经深入人们的生活，涵盖了工作、学习、娱乐和沟通等各个方面。在这种情况下，与传统传播形式不同，人们不再仅仅被动地“观看”或“阅读”网络上的内容，而是将网络深度融合视为自身生活不可或缺的一部分。在新的信息环境中，人们广泛地进行着多任务处理，以至于很难区分出个体在互联网生活中专门从事娱乐活动或阅读新闻的独立时间段，也很难与个体使用大众媒体的时间进行比较。从另一个角度看，互联网无疑已经改变了传统媒体的内容生产和信息传播形式。尽管电视仍然是一种大众媒介，但其内容传播形式已发生改变。这种情况不只是在电视媒体中存在，依然作为大众媒介的报纸在互联网崛起之后同样改变了其传播平台，互联网技术已经改变了传统报纸媒体的工作方式和工作过程，报纸日益成为一种内部联网的组织并与全球信息网络进行联通，与此同时，传统报纸新闻的在线传播形式促进了其他传播形式中的新闻及其背后组织机构与报纸的互联与协同。以往仅被视为虚拟社区的在线社区已经在网络社会中得到飞速发展，并在日常生活中与其他传播形式产生交互，从而转化为真正的实体，更

① 郑也夫：《信任论》，北京：中国广播电视出版社，2001 年，第 143 页。

为重要的是，在这一实体中，个体通过在线社群化的生活方式表达自我和实现自我，个体在一个线上社区的参与度越高、认同感越强，越能够在其中展示自我。大众自传播形式的出现，是对当前数字时代、网络时代下同时存在的人际传播和大众传播的一种补充。大众自传播形式不仅可以用来观照大众传播的转型，还可以用来研究和分析人际传播在新的时空环境、技术条件和文化转型中的变化根源。大众自传播的形式特征进一步将自我与交互的个人中心性和社群面向展示出来，这些特征对于研究当下互联网生活中专家系统的意见表达与演化，以及其驱动舆论形成的动力机制，具有重要价值。

第五节　方法适配：专家系统与社会信任的研究方法选择

（一）深度访谈法

本书通过文献梳理进行前期观察，从专家系统的社会信任失效的表现、原因、后果，公众对专家系统的期待，以及专家系统的社会信任如何重建等方面设计相关问题。通过对访谈对象回答内容的分析和整理，确定了问卷、量表中的因素指标。此外，访谈内容还可以进一步支撑、解释和修正实证研究中存在的不足，使所得结论能够更加符合实际并接近真相。

（二）问卷调查法

为了科学有效地探究社会群体对专家系统社会信任失效影响因素的认知状态，本书通过问卷调查收集了一手数据，并运用结构方程模型、回归分析、因子分析等方法，对影响专家系统社会信任失效的各个变量之间的因果关系、中介效用、共线性等问题进行了探索和解释。在具体的操作方法中，结构方程模型（Structural Equation Modeling，SEM）是一种较为有力的统计方法，在一定层面上代表了技术发展的先进水平，其允许研究者在多种情境下探究因果关系和中介效用，其结合了测量模型和结构模型，可以更合理地形成因果关系的拟合作用，并指向实际存在的结构状态。结合本书的研究，首先，需要对影响专家系统的社会信任的内部结构因素做出整体性判断；其次，通过结构方程模型中的中介效用分析，可以探究专家系统的社会信任内部结构中各因素的作用路径。与此同时，本书需要对影响专家系统的社会信任的外生因素进行回归分析，拟采用两种技术手段进行分析，以实现相互验证，确保结论的科学性。首先，利用 AMOS 23.0 进行回归分析，并通过拉相关来解释外生变量之间可能存在的相关性。理论上，如果外生变量会对内生变量产生影响的话，这些外生变量之间一般会存在一定的相关性，如果不拉相关会导致卡方值增大。这有助于验证专家系统的社会信任外在影响因素是否存在共线性。其次，利用 SPSS 23.0 中的多元线性回归对各个外生因素对专家系统的社会信任的影响进行深入分析和评估，以期更准确地揭示共线性的存在，以及每个因素在影响中所占的比例。

（三）案例分析法

为了更全面地展现专家系统社会信任失效在具体事件中的表现，本书选取公共卫生事件进行深入且详尽的案例分析，有助于揭示在实然状态下研究主题的存在性、客观性和代表性。另外，采用案例分析方法也有助于本书在研究过程中通过摆事实、讲道理的方式进行较为全面的分析和论点的呈现。

第六节　问题析出：专家系统与社会信任的问题导向

结合以往社会信任研究所遵循的范式和针对性的命题结构以及要回应的社会现实，本书将专家系统的社会信任问题置于网络场域的传播环境和公共卫生事件的具体情境下进行分析。将公共卫生事件的发生和发展视为一种社会性风险实在，可以进一步揭示其在风险语境和决策语境中的特征。通过运用风险社会理论的系统环境视角和政治心理学中的群体决策理论，我们可以开启对专家系统社会信任的分析，并探讨一旦这种社会信任失效，它将如何影响公众的风险感知，此外，还可探究这种社会信任失效如何可能使群体决策陷入由不确定性引发的困境。本书沿着专家系统的社会信任在特定系统环境中该如何运行—专家系统的社会信任失效的系统性成因—专家系统的社会信任失效加剧风险及应对风险的社会成本—专家系统的社会信任如何重建的总体思路和基本框架这一路径展开分析与论证。具体内容包括：在风险语境和决策语境下，网络场域中的公共卫生事件发生时，专家系统的社会信任发挥作用的应然逻辑；专家系统的社会信任失效的实然状况和导致其失效的因素；判断和分析专家系统的社会信任失效所引发的社会性后果；专家系统的社会信任如何基于现行制度有效发挥作用。这些研究内容与总体思路的对应关系体现在以下方面。

第一，对风险语境和决策语境下公共卫生事件爆发并在网络场域中传播时，专家系统的社会信任发挥作用的应然逻辑的分析主要回答了专家系统的社会信任在特定系统环境中如何运行的问题。通过对这一问题的表述，呈现出专家系统的社会信任在特定系统环境中的位置、作用及其应有的价值。同时印证专家系统的社会信任失效可能造成的认识落差。在风险社会理论系统环境视角和政治心理学群体决策理论的观照下，首先，对专家系统及其概念进行科学的厘定；其次，社会信任研究的相关理论大多来自西方科学界的阐释，但是这些理论框架是否适用于我国当下的社会现实，需要进行辩证分析。最后，通过对专家系统概念的形成过程和社会信任理论框架的梳理，最终形成专家系统的社会信任概念及其失效问题的分析框架，为之后的研究奠定基础。

第二，对专家系统的社会信任失效的实然状况和导致其失效的因素的分析主要对应专家系统的社会信任失效的系统性成因这一环节。本书首先从现象入手，分析我国当前公共卫生事件中专家系统的社会信任失效的表现。通过探讨专家系统在公共领域影响力的减弱、身份的异化，以及信任危机的表现形式，来揭示和识别专家系统的社会信任失效可能存在的影响因素。其次，借助混合研究法，即将量化和质性研究相结合，进一步分析影响专家系统的社会信任的内生和外生因素，这不仅有助于揭示影响专家系统的社会信任各因素的结构特征和共现特征，同时也解释了专家系统社会信任失效是这些因素相互作用的结果。

第三，判断和分析专家系统的社会信任失效所引发的社会性后果主要对应专家系统的社会信任失效加剧风险及应对风险的社会成本这一环节。本书的第五章结合相关因素的考察对专家系统的社会信任失效的后果进行了阐述。目的是剖析专家系统的社会信任在特定系统环境、公共场域、社会信任中的坐标和位置。专家系统的社会信任失效所导致的次生灾害、引发的社会风险和专家系统的社会信任重建的困局三个方面的讨论，将使我们对后果问题的认识更加深刻，并为当前对专家系统的社会信任进行深入思考的迫切需求提供了充分的理由。

第四，专家系统的社会信任如何基于现行制度有效发挥作用回答了专家系统的社会信任如何重建的问题。这一问题也是本书最终的落脚点，第六章探讨了如何干预、防范专家系统的社会信任失效，以及如何重建专家系统的社会信任，从行动、观念和思想层面整体回应了我国当下专家系统的社会信任建设问题。

第二章

多维、系统与结构：概念界定与分析框架确认

将专家系统的社会信任研究置于公共卫生事件的具体情境和网络场域的空间中进行分析，是将抽象的社会信任问题还原到实际的社会现象中进行考察，其目的是使专家系统的社会信任研究不只是停留在理论层面的梳理上，更是深入实践层面进行解读。本章旨在建立关于专家系统的社会信任的理论结合实践的分析框架，这一框架的建立对进一步识别和阐释专家系统的社会信任失效问题同样具有重要意义，而失效问题本身就是一种实践结果。基于此，本章需要回应三方面的问题。其一，对一项研究而言，如果没有对所研究问题中的相关概念进行清晰准确的界定，那么后期研究的科学性如何保证？如果没有建构研究所需要的分析框架，后期的研究将如何展现出严密的逻辑性？当前，专家系统及其社会信任的研究缺乏可以有效支撑的概念，因此，首先需要对相关的概念进行审定和厘清，对其内涵和外延的指向意义进行分析。与此同时，本书所涉及的几个关键概念，即网络场域、专家系统、社会信任和公共卫生事件，应该形成一种怎样的逻辑关系，需要进行因果链式的确认。其二，如何分析专家系统的社会信任及其失效问题？这种分析在理论上又该如何解释？本章尝试将风险社会理论的系统环境视角和政治心理学的群体决策理论作为支撑，对以上问题进行分析。其三，专家系统的社会信任及其失效问题具体的分析内容是什么？有何特征和规律？这些特征与规律在公共卫生事件的情境下和网络场域中又呈现出怎样的价值和意义？针对上述三方面的问题，本章分三节展开讨论：基本概念的界定、专家系统的社会信任及其失效的分析维度、专家系统的社会信任失效风险的多重影响因素。

第一节　基本概念的界定

专家系统与意见领袖联系紧密，尤其是在社会舆论环境中进行考量时，必须认识到专家系统在某种意义上就体现为意见领袖。意见领袖的概念雏形可追溯至 1922 年沃尔特·李普曼的《舆论学》一书，他认为“身外世界与受众脑海图景”存在区隔，受众的亲身实践不能完成“脑海图景”与“身外世界的连接”，受众还需要通过中介来构建其脑海图景，其中既包括大众媒介本身，也包括对大众媒介信息进行解读并对公众施加影响的领袖人物。可以说，李普曼的这一论述为后续意见领袖概念的明确做了铺垫。

一、社会场域中的专家系统

在社会场域中，专家系统在很大程度上发挥着意见领袖的作用。事实上，意见领袖的专业化最终指向了社会场域中的专家系统，专家系统在社会场域中的存在样态往往是具有专业知识背景的意见领袖。拉扎斯菲尔德在 20 世纪 40 年代出版的《人民的选择》一书中提出了二级传播理论。拉扎斯菲尔德为研究大众媒介与选举行为之间的关系，于 1940 年美国总统大选时在俄亥俄州的伊里县开展了著名的“伊里调查”。该调查意外地发现了人际传播的重要性，相较于大众媒体，选民的投票选择主要受到人际传播的影响。有一部分人对另一部分人的投票行为施加了个人影响。“这部分人（意见领袖）接触了大量的竞选信息，而那部分媒介接触度、知识水平和兴趣度较低的人，则会从意见领袖这里获得信息和建议。”[①]因而，大众媒体传播的信息并非直接“流”向受众，而是通过意见领袖这个中介进行信息处理，形成了“大众媒体—意见领袖—一般受众”的传播路径，这就是二级传播理论。由此，“意见领袖”概念得以明确。拉扎斯菲尔德对意见领袖的解释与李普曼关于中介的阐释一脉相承。1955 年，拉扎斯菲尔德与传播学家伊莱休·卡茨又进行了后续研究，证明了意见领袖不仅存在于政治选举中，还广泛存在于流行时尚、市场营销、公共事务、电影文化等多个领域；明确了意见领袖存在的根本原因在于受众对信

① [美]希伦·A. 洛厄里、[美]梅尔文·L. 德弗勒：《大众传播效果研究的里程碑》，刘海龙译，北京：中国人民大学出版社，2009 年，第 32-33 页。

息整合和观点解读的需求；总结了意见领袖的三个特征，分别是“价值观的人格化体现”“专业能力”“可利用的社会位置”[①]；指出了意见领袖介入传播过程，加速信息传播的同时，也扩大了信息影响力，这也印证了意见领袖的信息分享功能和观点传播功能；发现了意见领袖的人际传播效果要优于大众传播效果，研究报告《人际影响：个人在大众传播中的作用》颠覆了当时人们对大众传播效果的认知。二级传播理论和意见领袖概念的提出反驳了以“魔弹论”为主的夸大大众传播效果的理论，充分重视人际传播，开启了与大众传播相关的人际传播的研究，这也标志着传播学进入了“有限效果论”阶段。

在拉扎斯菲尔德等人的研究基础上，埃弗雷特·M. 罗杰斯于 1962 年发表了《创新与普及》，对二级传播理论做了进一步的补充与修正。他在研究中发现大众传播过程可以分为“信息流”和“影响流”，二者的传达路径有异。“信息流”即媒介信息的传播过程，是媒介将信息直接无差别传给受者，是“一级的”；“影响流”则是指效果或影响产生和波及的过程，是以人际传播为中介间接发布信息，是“多级的”，这中间存在多个意见领袖，所以意见领袖的影响力主要体现在“影响流”中。罗杰斯将二级传播发展成为“多级传播”或“N 级传播”模式。[②]罗杰斯按照受众接受新事物的速度将他们分为革新者、早期采用者、早期追随者、晚期追随者和落后者，并指出革新者、早期采用者、早期追随者都可能是意见领袖，后两者更多是意见领袖的追随者。以上研究揭示了由于存在大量的中间环节与制约因素，大众传播效果的产生呈现出复杂性，正是基于此，二级传播模式发展成为多级传播模式。

在这些经典的研究之后，有更多的学者对二级传播理论与意见领袖理论进行了完善。1967 年，查理·赖特和穆里尔·坎托两位学者对意见领袖的追随者展开了研究，他们发现追随者可分为活跃者和沉默者。活跃者通过积极参与话题讨论试图成为影响他人的意见探求者，而那些受到意见领袖影响的追随者则被视为沉默者。相反，没有主动寻求意见领袖意见的人则被视为逃避者。沉默者与逃避者的差异点在于对某个话题的感兴趣程度。[③]

大卫·蒙哥马利和阿尔文·休克 1971 年的研究支持了这个论点，他们发

---

① [美]伊莱休·卡茨、[美]保罗·F. 拉扎斯菲尔德：《人际影响：个人在大众传播中的作用》，张宁译，北京：中国人民大学出版社，2016 年，第 18-27 页。

② Rogers E, Shoemaker F, *Diffusion of Innovations*, New York: Free Press, 1962, p.39.

③ Wright C R, Cantor M, “The Opinion Seeker and Avoider: Steps beyond the Opinion Leader Concept”, *The Pacific Sociological Review*, 1967, 10(1): 33-43.

现相较于专业的意见，受众更容易受到意见领袖的影响，原因在于意见领袖与追随者之间有共同的兴趣及高度相关的共有利益。[①]

2003 年以后，国外意见领袖研究的视域更加广泛，涵盖了政治选举、市场运营、公共决策、公共事务、政策执行、旅游管理、卫生医疗、家庭、农业等多个领域。至今，仍有大量学者对意见领袖的研究保持热情。

意见领袖的概念最初源于政治传播的研究范畴，但经典的研究主要集中在传播学领域，该领域的意见领袖概念大多是基于意见领袖在信息传播中的功能来定义的。卡茨、拉扎斯菲尔德认为意见领袖是能提供意见并施加影响的人，这些人在人际传播网络中活跃性较高，且拥有专业能力，身处社交网络的中心位置，是价值的表达者。[②]罗杰斯、卡塔诺认为意见领袖是给他人提供意见和信息的人，指出了意见领袖在创新扩散中的作用。[③]卡茨指出意见领袖是拥有专业知识和能力，处在社会网络中心的人，他们是思想和观点的表达者。[④]阿迪特将意见领袖定义为较多接触媒介信息的人，会对媒介信息做筛选并进行再次传播。[⑤]科里对意见领袖的界定是受团体成员信任并且消息灵通的人。[⑥]几位学者的定义均有非常明确的方向性，在传统大众传播时代，信息总是单向地从媒体流向受众。现阶段国外意见领袖的研究多见于市场营销与电子商务领域。

意见领袖的概念引入中国后，学界对其认识指向在群体中热衷传播消息和表达意见的人，他们或比同伴更多地接触媒介或消息源，或同时是某一方面的专家，他们的意见往往左右周围的人。如刘建明认为，“提出指导性见解、具有广泛社会影响的人，叫意见领袖，又称舆论领袖，是结成社会精英的群

① Montgomery D B, Silk A J, “Clusters of Consumer Interests and Opinion Leader’ Spheres of Influence”, *Journal of Marketing Research*, 1971, 8(3): 317-321.

② [美]伊莱休·卡茨、[美]保罗·F. 拉扎斯菲尔德：《人际影响：个人在大众传播中的作用》，张宁译，北京：中国人民大学出版社，2016 年，第 35-37 页。

③ Rogers E M, Cartano D G, “Methods of Measuring Opinion Leadership”, *Public Opinion Quarterly*, 1962, 26(3): 435-441.

④ Katz E, “The Two-Step Flow of Communication: An Up-to-Date Report on a Hypothesis”, *Public Opinion Quarterly*, 1957, 21(1): 61-78.

⑤ Arndt J. “Role of Product-related Conversations in the Diffusion of a New Product”, *Journal of Marketing Research*, 1967, 4(3): 291-295.

⑥ Corey L G, “People Who claim to be Opinion LeaDers: Identifying their Characteristics by Self-report”, *The Journa of Marketing*, 1971,35(4): 48-53.

体。他们不断发表有重大影响的意见，鼓动并引导公众认识社会问题”[①]。梦非指出，意见领袖是在人际传播网络中活跃度较高且具备某些领域的专业知识或经验的人，他们会通过媒介手段以口碑交流的形式去影响他人的态度和行为。[②]

尽管目前尚未有一个学界统一认可的定义，但是综合意见领袖的理论缘起与各领域学者的定义来看，意见领袖有以下共性。第一，意见领袖与其影响对象属于同一团体、爱好相近，意见领袖影响力呈水平流动，主要的影响对象为与其社会秩序相近的人。第二，能干或见多识广的人。第三，有较多活跃的社交活动，有较多可利用的社会关系。第四，意见领袖的媒介接触率很高，尤其是与其影响范围有关的媒介。[③]

基于此，结合专业知识背景，对专家系统这一概念的解释也就易于理解了。

韦伯早就预见到现代理性社会的发展越来越依靠于各种专业知识，观念系统化的专家理性和活动科层化的法理组织必将导致专家政治的胜利。[④]韦伯将文化的理性化过程划分为科学、艺术与道德三个领域，哈贝马斯认为三个领域都按各自的轨迹自律地发展，其共性在于由专家来承担形式理性法则。不管是认知-工具、道德-实践还是审美表现方面，都是由更精通其中知识和逻辑的专家来掌控。三个领域都向着专家文化的方向发展，与大众的日常生活逐渐脱离关系。专家文化与大众文化分离正是文化现代性的表现之一，这种分离带来的后果是专家文化对社会的整合能力减弱，可能会导致大众的思考能力下降，因为每个领域都存在精通知识、技术的专家，大众可能会觉得没必要深度思考或学习法律、政治、伦理等问题或知识。专家系统就是具备专家文化的杰出个人或组织，大众通过媒介平台获取他们所传递的知识与观点，以形成自己对某个问题的理解与认知，这是形成理性和构建社会系统的有机组成部分。大众如果缺乏反思能力，对专家系统传递的信息缺乏鉴别与判断能力，就可能盲目迷信专家系统的意见，并因此产生各种盲从行为，如抢醋、抢板蓝根、抢双

---

① 刘建明：《舆论传播》，北京：清华大学出版社，2001 年，第 76 页。

② 梦非：《社会化商务环境下意见领袖对购买意愿的影响研究》，南京大学博士学位论文，2012 年。

③ 丁汉青、王亚萍：《SNS 网络空间中“意见领袖”特征之分析：以豆瓣网为例》，《新闻与传播》2010 年第 3 期，第 82-91，111 页。

④ 沈湘平：《现代性视野中的专家系统》，《学习与探索》2007 年第 2 期，第 43-47，237 页。

黄连等。

法国学者布尔迪厄提出社会是一个大场域，由经济场域、政治场域、艺术场域以及科学场域等相对自主的子场域构成。场域并非实体系统，是各种位置之间存在的客观关系的网络（network）或构型（configuration）[①]，即由各种权力和资本的占有率，以及以此为基础所形成的一系列客观的历史关系构成。在科学场域中，拥有最多科学资本的人也拥有最多的话语权，进而影响拥有较少科学资本的行动者。科学资本指的是“行动者投身科学领域所完成的认识和确认行为的产物，也是他们所占有的全部知识产权”[②]。布尔迪厄强调人们通常会忽视科学资本的属性，认为科学资本只是能得到社会承认的权威。实际上，科学资本属于象征资本，是阶层意识较强的概念，行动者在拥有这些资本以后，就获得了该领域的话语权。这些拥有最多科学资本的人即为专家系统，他们获得了教育体制等方面的权威认可，借助媒介传递专业知识，而且其传递专业知识的能力得到了大众的广泛认可。不同专家系统拥有的经济、文化、教育等资本数量不同，会表现出不同的实践倾向，不同位置的行动者会有不同的“科学的习性”。专家系统在科学场域中的位置由其背后隐藏的资本分配与权力关系来决定。专家系统所拥有的科学资本能获得同行的认可、追随者的信任，同时也能让自己按照科学场域内的原则行事，在一定程度上维护科学场域的自主性。专家系统作为科学行动者既有科学性也有社会性，其科学资本也分为权威性资本和权力资本，前者是科学自律性的表现，而后者则是制度化的结果。后者既有纯科学资本的转换，如名校名门、科学声望等，也存在以不当的手段来获取科学资本的问题。

乌尔里希·贝克谈到，信任是现代社会的特点，大众从对个人层面的信任转向对社会体系层面的信任，其中对各领域的专家体系的信任尤为明显，专家所掌握的专业知识是大众安全感的来源之一。[③]但这种信任面临着现代风险的不确定性挑战，因为某些专家在面对新科学新技术时，往往会强调科学的贡献性，而忽略或隐瞒其副作用，这便为大众的跟风使用埋下了风险的种子。就如

---

① [法]皮埃尔·布迪厄、[美]华康德：《实践与反思：反思社会学导引》，李猛、李康译，北京：中央编译出版社，1998 年，第 134 页。

② [法]皮埃尔·布尔迪厄：《科学之科学与反观性：法兰西学院专题讲座（2000—2001 学年）》，陈圣生、涂释文、梁亚红等译，桂林：广西师范大学出版社，2006 年，第 109 页。

③ 章国锋：《反思的现代化与风险社会：乌尔里希·贝克对西方现代化理论的研究》，《马克思主义与现实》2006 年第 1 期，第 130-135 页。

贝克强调的那样，科学技术是现代性知识的核心，科学技术为人类带来巨大利益的同时，也对人类的生存基础产生了巨大的负面影响。贝克在《风险社会：新的现代性之路》中提到过度专业化的科学成果转变了人们的学习方式，以前的被动接受转变成为主动地学习，这一点非常符合网络场域中专家系统的知识传递与追随者的学习状态，网络场域中的追随者会主动关注专家系统的微博或微信公众号，习惯性地接受其传递的知识和信息，也有通过网络主动搜索某些领域的专业知识的情形，受众完成了一场自发的知识构建运动。贝克认为随着科学化进程的不断推进，科学的权威光环逐渐丧失，专家与普通人之间的差距逐渐缩小，而专家之间的竞争越来越激烈。这也证明了各领域的专家系统在现代性社会出现的合法性，有更多的具有专业知识的普通人通过网络媒介平台发声，成为专家系统传播知识，从而让大众更加接近科学知识。①

将专业性置于意见领袖的概念中，最早仍见于拉扎斯菲尔德与卡茨的二级传播理论研究中。20 世纪 40 年代，《人民的选择》一书将意见领袖定义为信息传播过程中，具有改变个体或团体思想和行为的特殊影响力的人。意见领袖是行业精英、社会资源拥有者或名声显赫人物，身份多元。权利和职责并非其影响力的来源，他们具有超越职位的影响力。②罗杰斯和帕梅拉·休梅克认为每个群体都有其内部意见领袖，他们未必是大人物，可能是受众生活中的熟人，他们与追随者之间是横向传播的关系，所以说服力更强。意见领袖又分为单型意见领袖和多型意见领袖两种类型。单一领域中的权威人物称为单型意见领袖，在多个领域具有广泛影响力的权威人物则称为多型意见领袖。同时，拉扎斯菲尔德发现，不存在横跨购物、时尚、电影、时事 4 个领域的意见领袖，只有 3.1%的意见领袖的影响力能够覆盖三个领域，而有 10.3%的意见领袖能够跨越两个领域，超过 25%的意见领袖仅在一个领域内具有影响力。由此可知，意见领袖的影响力具有单一性，即一个人很难在多个领域同时成为意见领袖。③

陈建尼、米斯拉强调意见领袖要具备专业化知识，要高度熟悉产品，同时指出公众个性也是一个重要的影响因素。④马歇尔以实证的方式对来自 8 种

① [德]乌尔里希·贝克：《风险社会：新的现代性之路》，张文杰、何博闻译，南京：译林出版社，2018 年，第 121 页。

② Katz E, “The Two-Step Flow of Communication: An Up-to-date Report on an Hypothesis”, *Public Opinion Quarterly*, 1957, 21(1): 61-78.

③ Merton R K, *Social Theory and Social Structure*, Glencoe: Free Press, 1957, p.32.

④ Chan K K, Misra S, “Characteristics of the Opinion Leader: A New Dimension”, *Journal of Advertising*, 1990, 19(3): 53.

不同文化背景的意见领袖进行研究，发现差异主要体现在专业知识、富有程度与社会能力等方面。[①]格雷瓦尔等发现拥有专业知识是成为意见领袖的基础条件，除此之外，社会认同功能与创新也是重要的变量。[②]葛里姆肖等从专业性、社会关系、经验等方面对意见领袖的特征进行验证，发现在某些领域表现出色的人以及学术界的权威人士更有可能成为意见领袖，他们接受和使用先进技术的可能性更大。[③]戴维斯对美国图书馆领域的意见领袖进行研究，发现其是具有明显专业特征的精英群体。[④]麦克肯尼认为进行信息筛选并给公众提供专业性信息是公共政策领域的意见领袖的功能之一。[⑤]卡朋特、谢尔比诺认为，卫生专业领域需要专业意见领袖提供持续的、权威的医学教育。这个领域的专业意见领袖要有很高的临床社会信任以及完善的人际社会网络，而且要能接纳创新者。[⑥]赫法克提到网络意见领袖通过频繁的网络互动给追随者提供专业、可信的信息，以推动公共议题的讨论。[⑦]李峰、提蒙·杜等人将个性层次框架引入意见领袖的研究体系中，发现意见领袖的影响力体现在专业领域和广泛领域两方面，在专业领域中，意见领袖主要通过其拥有的关于特定产品的知识、人格特质、知识分子式的参与以及一般自我效能感来施展影响力。[⑧]

蔡骐、曹慧丹指出，意见领袖多为某些特定领域的专家，他们能够为大

---

① Marshall R, Gitosudarmo I, "Variation in the Characteristics of Opinion Leaders Across Cultural Borders", *Journal of International Consumer Marketing*, 1995,8(1): 5-22.

② Grewal R, Mehta R, Kardes F R, "The Role of the Social-Identity Function of Attitudes in Consumer Innovativeness and Opinion Leadership", *Journal of Economic Psychology*, 2000, 21(3): 233-252.

③ Grimshaw J M, Eccles M P, Greener J, et al., "Is the Involvement of Opinion Leaders in the Implementation of Research Findings a Feasible Strategy?", *Implementation Science*, 2006 (1): 3.

④ Davis S E, "Identifying Opinion Leaders and Elites: A Longitudinal Design", *Library Trends*, 2006, 55(1): 140-157.

⑤ McKenna L, "Reporters Review the Bloggers: Freaks, Geeks, or Parasites", *Presented at the Annual Meeting of the American Political Science Association*, 2007: 1-27.

⑥ Carpenter C R, Sherbino J, "Key Questions for Training and Practice: How Does an 'Opinion Leader' Influence my Practice", *Cjem Canadian Journal of Emergency Medicine*, 2010, 12(5): 431-434.

⑦ Huffaker D, "Dimensions of Leadership and Social Influence in Online Communities", *Human Communication Research*, 2010, 36(4): 593-617.

⑧ Li F, Du T C, "Who is Talking? An Ontology-Based Opinion Leader Identification Framework for Word-of-Mouth Marketing in Online Social Blogs", *Decision Support Systems*, 2011, 51(1): 190-197.

众提供值得信任与认可的专业性知识。[①]翁铁慧认为，从2003年开始到微博出现之前，我国出现了一批技术-专业型意见领袖，由于互联网的准入门槛降低，大量的专业技术人员如传统媒体从业人员、律师等逐渐进入互联网，他们在互联网空间发布专业信息，以博客的形式系统阐述并传递其个人主张。[②]聂静虹、常力轩指出健康科普领域具有专业背景的意见领袖应大胆采用流行的叙事技巧、运用大众化的语言进行表达，同时注重帖子主题和传播内容，他们还指出了作为意见领袖的专家在新媒体时代传播语境中的劣势。[③]谢新洲、安静在进行第二次互联网影响力调查中发现，网络论坛的发展对网络意见领袖的专业性提出了更高的要求，鉴于网络话题日益多元化、细分化，用户针对话题的讨论呈现专业化趋势，因而要求网络意见领袖专攻某一特定领域，具体包括法律、医学、时尚、时事、公共话题等领域，而且专业意见领袖拥有更强大的舆论影响力。[④]宋石男认为，意见领袖的解码、译码能力较强，在网络时代意见领袖最好是某个领域的专家，能针对一些专门问题进行专业研究，在人人都有分工的现代社会，受众更倾向于听从专家的建议。[⑤]相关讨论事实上强调了网络场域中的意见领袖是具有学术背景和专业素质的知识者，同时进一步明确了意见领袖功能指向的专家系统概念。比如在新冠疫情期间，复旦大学附属华山医院感染科主任张文宏作为专家系统的一员，其公开发表的言论有着巨大的舆论号召力，他以贴近生活的话语将自己对疫情发展的专业判断传递给大众，以一名职业医生的形象赢得了大众的信任，用自己的医学专业知识引导大众采取科学合理的方法抗疫。“丁香医生”作为一个专业的医学类公众号，是以团体形式存在的专家系统，大量专业医生在此平台上撰写医学类科普文章，其目的在于传播健康信息，希望提高公众预防疾病的能力。许小年和郎咸平等人是在经济领域具有较大影响力的专家。他们通过大众媒体及自媒体发表自己对于房

---

① 蔡骐、曹慧丹：《何种意见？何种领袖？：对网络意见领袖的几点思考》，《新闻记者》2014年第8期，第21-25页。

② 翁铁慧：《网络群体性事件与政府执政能力提升》，《中共中央党校学报》2013年第1期，第57-62页。

③ 聂静虹、常力轩：《在线健康社区意见领袖内容传播力的影响因素：以丁香园“丁香达人”帖子为中心》，《新闻与传播评论》2022年第4期，第61-73页。

④ 谢新洲、安静：《网络意见领袖的多维视角分析》，《新闻与写作》2013年第9期，第39-42页。

⑤ 宋石男：《互联网与公共领域构建：以Web2.0时代的网络意见领袖为例》，《四川大学学报（哲学社会科学版）》2010年第3期，第70-74页。

地产政策以及与民生相关的经济问题的专业见解，从而影响大众的经济行为。在法律界也有诸多具有理性精神的专家向大众传递专业的法律知识，他们以直播、分析案件的方式让大众获知更多的法律信息，从而更好地维护和保障自己的权益。这些专业人才，借助互联网的传播规律将自己习得的某一领域的专业知识进行有效传播，以影响他者的观点、态度与行为。

另外，在当前信息传播环境下，网络中的专家系统逐渐形成。许多在网络中活跃的知名博主，往往也是现实中各个领域的学者和专家。涂凌波对知识型网络社区进行了研究，认为豆瓣、知乎、果壳、维基百科和百度知道等网络平台培育了一批专家型网络意见领袖，即互联网知识专家。互联网技术的不断发展为人类带来了全新的专家网络，专家网络中有互联网知识专家提供的专业意见、开放的链接、透明的数据，这不仅改变了人类的知识形态，也催生了大量的意见专家。[①]王秀丽对知乎社区中的意见领袖进行分类，第一类为卓越人才、名人、学者等，第二类为拥有专业知识的普通用户。拥有某个领域或多个领域的专业知识和专业特长是第二类用户成为意见领袖的必要条件，大众会根据意见领袖所提供答案的专业性与准确性，来决定是否给予其支持。[②]

由此可见，专家系统在社会场域中具有意见领袖的影响力，同时也应当看到，专业化带来的权威地位使专家系统更具有认知和观念层面的引导力。

综上所述，国内外学者在对意见领袖的概念、特征进行描述时就已经涉及专家系统的范畴，本书在文献梳理的基础上试图对专家系统的概念进行界定，认为专家系统是指：在相关专业领域具备一定的专业知识、获得较高的专业评价，在参与公共事件时能在公共场域形成一定的影响力，并对他者的观念、态度、行动产生影响的个体、组织或团体。在大众传播时代，专家系统通常通过与媒体的合作确立其在公共场域中的地位。与此同时，专家系统地位的获取还与其在公共场域行动后公众的评价息息相关，而公众的评价有时并不单纯指向专家系统的专业能力，也同时指向对其道德或社会责任的评判。从概念从属的角度看，专家系统仍然是意见领袖的一个有机组成部分，其在传播领域中的位置并没有发生变化，只是由于专家系统更为强调的是以专业能力作为一种权力资源来实现其在公共领域中的角色扮演，因而其在传播环境中的具体坐标可能与其他类型的意见领袖略有不同。

---

① 涂凌波：《草根，公知与网红：中国网络意见领袖二十年变迁阐释》，《当代传播》2016年第5期，第84-88页。

② 王秀丽：《网络社区意见领袖影响机制研究：以社会化问答社区“知乎”为例》，《国际新闻界》2014年第9期，第47-57页。

二、专家系统指向社会信任的分析维度

随着全球化浪潮的兴起和资本主义的迅速发展，人类社会面临着无法回避的风险现实。现代化与工业化社会到来后，社会各方面的发展更新速度迅速提升，人类常常对现在的生活状况和生活方式感到不安和焦虑。人类以往的经验和认识很难再成为建立信任的前提和保证。人类社会发展史同时也是一部充满风险并不断与之抗衡的历史，如今人类所面临的风险与以往有所不同，以往的风险主要源于自然因素，而现代社会所面临的风险更多是来自人类自身，如今由人类行为引发的现代社会风险成为风险的主要形式。人类的日常生活交往、发明并应用的技术和各种社会活动就可能引发各种风险，这种风险的影响力是大于自然风险的。在西方社会学理论著作和文章中，在对社会形态进行细致划分时，现代社会风险被列为其中一类，社会学家们迫切希望建立一套成熟的信任机制来保证人类社会的安全和正常运转，因而产生了一系列相关论述。现代性与传统性之间并不具有连续性，人类社会生活的现代化意味着和过去传统社会的告别，生活方式和社会运行机制都发生了质的改变，人们视此为一个全新的开始，但这一新的开始也带来了生活的不确定性，引发了人们对现代性生活的焦虑和不安。在人们刚进入现代性生活的一段时间内，这样的心理感受不会立刻凸显，因为在这一时间段，人们对现代性社会充满好奇，感受到前所未有的新鲜和刺激，而且这种心理感受会持续存在一段时间，并左右人们的意识。随着时间的推移，人们开始抱怨现代性生活的种种不足，但是人们更加不愿意提起以往的传统社会生活，毕竟现代性社会的物质成果难以割舍。再经过比较漫长的一段时间，现代性社会进入平稳发展阶段，现代性文明也已浸入人们的意识当中，人们对现代性社会的新鲜感逐渐消失，好奇心不复存在，不安[①]出现了。为何会出现不安呢？当不确定的风险因素出现，不安随之而来。无论人们是否愿意接受，现代性社会带来的负面影响，如社会复杂性和各种不确定性风险的增加，都是不可避免的。

（一）信任问题研究的发生逻辑

20 世纪 70 年代，德国社会学家卢曼对人类社会系统内部运行的稳定性和协调性产生怀疑。卢曼凭借其作为社会学家的敏锐洞察力意识到，若欲深入探

① [法]达尼洛·马尔图切利：《现代性社会学》，姜志辉译，南京：译林出版社，2007 年，第 143 页。

究人类社会系统的协调性与稳定性，不应仅仅局限于社会结构的视角，而应更多地从社会意义的角度出发进行考量。从这个角度出发进行探讨就不能仅仅像结构功能主义那样简单地做理论化的认识，而是应该回到人类社会系统当中，让当事人探讨自身与其他人发生互动的概率。这一过程又涉及了人类社会系统中个体的经验、认识与熟悉，进而“信任”这一主题就出现了。卢曼认为，经验、认识和熟悉是信任的必要前提。经验与认识源自长期的实践积累，代表着人类社会系统中个体的过去和现在。在一个熟悉的环境当中，人们拥有相似的世界观，进行相同的社会活动，连相识的方式都具有类似的特征。随着现代性社会的到来，人类在历史上所构建的各种关系正面临前所未有的挑战，难以仅凭努力便完全适应新型社会的需求。现代性社会需要一种信任机制来包容社会的复杂性、不确定性以及“不安”。专家系统的社会信任本身就是充满风险的，而且某些专家会放弃自己所了解的一些专业知识或者社会信息，并且要对社会信任所产生的结果进行控制，风险很大，后果未知。卢曼对“信任”的解释在一定程度上影响了后来吉登斯对信任的理解和解读。在吉登斯看来，风险与信任往往是相伴而生的。[①]现代性的表现是与过去传统地域性的决裂，人们在传统社会生活中的习惯、思维和所获得的知识无法在现代性社会生活中发挥正常作用。人类社会的变化与突如其来的社会事件让人们无时无刻不处在一种风险当中，人们在应对这些变化时所运用的常识是“不完全的归纳性知识”，这时人们完全信任的科学也不再是一种不变的真理存在。既然这种现代性社会的风险是不可回避的，那么化解这一风险的办法便是使用和构建信任。在现代性社会中，人们已不再仅仅依赖生活情境获得信任，脱离了生活情境而获取的信任会走向虚拟时空，也就是在一种脱域的机制中建立起社会机制中的信任。脱域机制当中的信任包含象征标志和专家系统两种。吉登斯的“抽象体系”理论由此产生。

“抽象体系”这一概念是吉登斯在分析和理解他所谓的现代制度风险时的核心概念，在吉登斯看来，一系列的制度性抽象体系支撑着整个现代性社会的运转，但其引发的一系列风险也在很大程度上威胁着人类的生活。吉登斯针对此现象提出了“现代性的断裂”这一概念，他认为传统社会是由一系列的“具象体系”所支撑运转的，包括传统的习俗、文化亲缘关系等，这与费孝通在《乡土中国》中提到的“差序格局”有很多相似之处，越是底部的社会圈层

---

① [英]安东尼・吉登斯：《现代性的后果》，田禾译，南京：译林出版社，2011 年，第 57 页。

越依靠传统格局，而吉登斯认为现代社会很难仅靠传统的具象体系来支撑其运转，这些体系也越来越难以满足人们的欲望和要求。

象征标志也被称为符号系统，现代性社会中符号的异化现象会给制度性抽象体系带来风险，符号系统最初是承载人们表达意义、情感的载体，是一种工具，但是在越来越网络化、媒介化的现代性社会中，符号的作用发生了变化，符号被赋予更多的意义，且与以往有很大不同。某些话事者采用非常规手段驱使大众媒介创造出更多新的、为他们所用的符号意义，导致人们对象征符号的信任度越来越低，由此产生了信任危机。普遍来说，这里的信任已经不只是认知上的理解了，更多的是人们对信任导致的结果的信任，也就是说包含在现代性机制当中的信任，就其性质而言，是真正建立在对“知识基础”[①]的片面解读之上的。

专家系统同样如此。专家系统“指的是由技术成就和专业队伍所组成的体系，正是这些体系编织着我们生活于其中的物质和社会环境的博大范围”[②]。专家系统也会给抽象体系带来风险，一旦专家系统出现类似失信的问题，风险便会产生。专家系统创造的某项技术或做出的某个决策如果在应对实际问题时并没有发挥预期的效果，那么普通大众对专家系统的期望就会逐渐减弱，信任度就会降低。但我们不得不说，某些情况下，专家系统在决策过程中会受到理想化倾向和利益化倾向的影响，很难针对实际问题做到实事求是。人类社会日常生活的方方面面都依赖各领域专家，有了专家的参与，人们往往感觉做事有理有据，减少了出错的可能性，相较于普通人而言，专家在处理事务时往往展现出更高的稳妥性。人们在居所中感到安心舒适，这种信任源自对专业房屋设计者和建造者的深厚信任。这种信任基于一个坚定的信念：由专业人士精心设计和筑造的房屋，结构稳固，能有效预防突发坍塌等安全事故的发生。人们认为在家中使用厨具电器时，先阅读说明书再进行操作就能有效避免大部分问题，这种信任源自对说明书内容的准确性和指导性的认可。当人们遇到专业性问题时，如果有人提及某位专家曾针对类似问题提出过解决方案，那么这个方案就会成为人们解决问题的途径之一。所以说人们在不经意间其实就已经进入了专家系统机制中，与其说是相信专家系统，倒不如说是信任专家系统所拥有的专

---

① [英]安东尼·吉登斯：《现代性的后果》，田禾译，南京：译林出版社，2011 年，第 69 页。

② [英]安东尼·吉登斯：《现代性的后果》，田禾译，南京：译林出版社，2011 年，第 93 页。

业知识。

吉登斯认为，专业知识成了现代性社会重塑人际关系的非常重要的媒介，人们凭借经验、认识，相信这一系统会按照预期那般运转，虽然知道在运转过程中也会有突发性事故和风险，但是人们还是相信专家们已经将这些风险降到最低了。专家系统作为一种脱域机制，让人类社会从传统地域性中完全分离，走向虚拟的时间和空间，这样一来，现代性社会的信任便是建立在现代脱域性之上的。

根据上文所述可知，现代性社会的信任是以抽象体系——象征标志和专家系统为基础的。二者作为主要的抽象体系，构建了现代性人类社会日常生活的基本环境。在这一大环境之下，一般人由于无法获取或不了解某些专业知识，往往会选择完全信任抽象体系。当这种抽象体系出现了各种不确定问题或者风险时，人们往往感到束手无策，难以找到权威的途径来解决这些问题，这时就形成了信任无法获得确定回报这一局面，因而说现代性社会的抽象体系也具有高风险性。现代性社会中的人在信任和怀疑技术理性之间不断徘徊，这种矛盾和纠结使得他们越来越感到“不安”。一方面，现代性社会的信任现象普遍存在，人们乐观地相信现在与未来的关系，并认为在这一机制下，信任是获得专业知识的重要保障。传统的教条已被打破，人们不断寻求专业知识和更多的理性，以期在现代性社会中过上美好且充满安全感的生活。另一方面，现代性社会信任关系从熟悉、认识的地域性转向陌生的脱域性，进而风险来源也会从自然因素转向人类自身知识与技术理论化的因素。现代性社会信任危机主要源于人类自身对技术理性的滥用，由此产生的结果和风险也可能没有办法再通过人类自身的技术理性去改变或者控制。在现代性社会关系中，信任问题已成为核心社会问题之一，这一问题联结着人类自身的信任、人们对抽象体系的信任，更加关系到人的生活状态和生活方式。

（二）信任问题研究中的经验范式

在现代性社会，处处可见象征标志和专家系统，无意见的活动便已经是赋予抽象体系以信任。面对复杂多样的抽象体系，人们在现代性社会中逐渐建立起信任，这种信任是社会正常运转不可或缺的保证，一旦信任缺失，人们的行为很可能失去理性，进而导致社会秩序动荡不安。值得注意的是，无论是象征标志还是专家系统，它们都是通过各自的代言人与普通民众建立联系，代言人能使普通民众通过当面承诺的方式进入现代抽象体系当中。另外，由于代言人的专业素养、技术水准和个人品行不同，抽象体系的信任的协调性和稳定性都会受到影响。

“信任是社会交往主体在社会交往过程中孕育、产生、增强与扩展的，是社会交往的产物。信任是社会交往主体双方中的一方对另一方的信任，体现了社会交往主体之间的一种社会交往关系或联系。因此，信任不是一种纯粹个人的或私人的心理行为或心理现象，而是一种极为重要的社会行为或社会现象。”[①]简单地说，脱域机制中的信任是从熟悉的社会走向陌生化的社会，此外，信任的基本形式由具象的人际关系信任转向抽象体系的信任。在吉登斯看来，信任危机和抽象体系的出现是现代性产生的一个重要信号。在传统地域性社会中，时间和空间紧密相连，共同构成了人类社会日常生活的稳定框架，这显然体现了一种传统的在场式生活方式。然而，随着社会的飞速发展和信息传递方式的多样化，人们逐渐减少了面对面的交流，开始摆脱那些具有明确时间和空间界限的生活情境或熟悉的场景，转向虚拟情境之中。吉登斯强调，这是一种极其深刻和重要的历史变化，时间与空间出现分离，便产生了现代性最重要的脱域机制，吉登斯将“脱域”定义为人类社会关系通过对不确定时间的无限穿越，从传统地域性社会关系中“脱离出来”。[②]现代性的脱域机制将信任从传统地域性的具体社会情境中解放出来，使其得以向无限的时间与空间不断伸延。从某种意义上说，信任从传统地域性到现代脱域性的转变也成为衡量现代性发展程度的一个重要的核心指标。然而，脱域机制下的信任需要依托现代性社会中全新的运行机制和模式来取代传统地域机制下的信任。同样的，现代性社会作为刚刚摆脱传统经验和熟悉时空情境的社会形态，迫切地需要构建适应其生存与发展的环境。基于这一认识，吉登斯指出，为了确保脱域机制下的人类社会能够正常且稳定地运行，必须运用知识理性化的抽象体系进行再嵌入[③]，从而塑造出理性化的人类生活环境和社会运行制度。这一再嵌入过程的核心，正是脱域机制下信任所构建的知识理性抽象体系。

象征标志表现为人类社会相互交流的各种媒介，如身份证件、货币、银行卡、股票等，专家系统则表现为各种专业知识人员，如医生、律师、教师、数据专家等所组成的团队或者体系。抽象体系也因此成为现代性社会人类的基

---

① 董才生：《社会信任的基础：一种制度的解释》，吉林大学博士学位论文，2004 年。

② [英]安东尼 · 吉登斯：《现代性的后果》，田禾译，南京：译林出版社，2011 年，第 134 页。

③ 所谓“再嵌入”，指的是重新转移或重新构造已脱域的社会关系，以便这些关系（不论是局部性的或暂时性的）与地域性的时空条件相契合。参见[英]安东尼 · 吉登斯：《现代性的后果》，田禾译，南京：译林出版社，2011 年，第 124 页。

本生存环境。社会学家吉登斯在他的论述中同样列出了最具普遍性和代表性的理性化的抽象体系，比如最为典型的例子是以货币符号为代表的象征标志，以及在现代性社会中的经济、政治、建筑、人文等各个领域中随处可见的专家系统。现代性社会的理性化的制度体系和知识文化体系基本上是在（脱域机制下的）信任的抽象体系中形成的。吉登斯认为，现代性社会的信任具有一项极为特殊的功能：应对随着现代性而产生的不确定性和风险的泛化等后果。

吉登斯在《现代性与自我认同：现代晚期的自我与社会》一书中提到，日常生活的诸多方面会自然而然地给人类带来安全感，这是一种好现象，然而，这一进步的态势也让人类社会遭受了巨大的损失。抽象体系并不直接提供个人化信任所蕴含的详尽信息，也缺乏那些在传统生活场景中自然而然形成的道德框架所能给予的道德慰藉与回报。吉登斯指出，抽象体系无形地进入我们日常生活的方方面面，这一过程不可避免地孕育了令人不知所措的风险，而这些风险之中往往潜藏着导致严重后果的高危因素。[①]在《社会学》一书中，吉登斯提到了随着时代的进步，传统地域性的社会逐步瓦解。在传统地域性社会当中，人们对他人的信任基本建立在当地团体的基础之上。但是，我们现在生活在一个被全球化浪潮卷席的时代，有很多陌生人，甚至是离我们很遥远的人影响着我们。吉登斯认为，现代性社会的信任就意味着对“抽象体系”的信赖。[②]

张展在《读吉登斯的〈现代性的后果〉》中对吉登斯关于脱域机制，尤其是专家系统的观点进行了解读，并结合当代中国凸显的专家系统问题进行了反思，试图提出相应的解决问题的方法。[③]前几年，网上流传的“砖家叫兽”[④]这一说法备受争议，人们对专家系统的信任度下降。在吉登斯的理论视野下，专家系统是现代性社会信任存在的重要脱域机制，没有专家系统，人们便无所适从。关于专业知识理论化的新闻报道逐渐增多，其影响亦逐步扩大。从人类社会日常生活中的衣食住行到国家经济、政治和军事，各个领域的专家系统逐渐

① [英]安东尼 · 吉登斯：《现代性与自我认同：现代晚期的自我与社会》，赵旭东、方文译，北京：生活 · 读书 · 新知三联书店，1998 年，第 56 页。

② [英]安东尼 · 吉登斯：《社会学（第 4 版）》，赵旭东等译，北京：北京大学出版社，2003 年，第 77 页。

③ 张展：《读吉登斯的〈现代性的后果〉》，《学理论》2013 年第 25 期，第 138-139 页。

④ 《专家如何成“砖家”，教授为何变“叫兽”》，https://edu.sina.com.cn/l/2011-04-28/1355201757.shtml(2011-04-28)[2024-05-20].

显现，但其中的问题也随之暴露。专家系统的大量负面信息被曝光，这增加了人们对专家系统可靠性的焦虑，这时人们在现代性社会采取的适应性行为往往是被动的。

文中指出，专家问题应该得到重视和警惕，应恢复人类在日常生活中对专家系统的信任。这不仅有助于人类自身安全感的获得，也有助于社会的稳定运行和发展。对于专家系统问题的解决，文中也给出了几点建设性意见，作者从不同的主体入手进行分析，以此逐渐引导专家系统良性发展。

鲍磊在《现代性反思中的风险：评吉登斯的社会风险理论》一文中较详细地论述了人们对于专家系统的信任。[①]在现代性社会中，对特定领域内的风险进行专业思考，对于少数非专业人士和专家系统团队成员来说，已经成为一种常规训练。对于那些已经深入人类日常生活的专家系统中的大部分人来说，其他社会成员都属于普通人。现代性社会对专业知识的细化使得专家系统变得更加专业化，领域范围也越来越窄，以至于在任何特定领域稍有成就的个人都可能自称为专家。专家也是有血有肉的人，也会犯错误，他们有时也会和普通人一样出现意识不一致问题，他们自己也会发现这些问题，他们在专业领域中也会面临选择。大部分专家系统并不具备终极权威，系统中的最高信念也可能随时被修正。在现代性社会，授权是现代性的反思性的一部分，普通人通常能为外行人所获得，但是这种权威是如何被翻译成信任并付诸行动的，目前还存在很多问题。

针对上述问题，吉登斯以核发电的例子作了详细的说明，核发电领域的专家们存在着很严重的分歧，这种分歧是每位专家根本观念上的分歧，但对普通人来说，他们并没有办法确定哪位专家的观点是正确的，因为在他们眼中，专家的建议都具有权威性。因而吉登斯认为，这正是人们信赖专门知识的窘境：人们在许多问题上无法找到比专家系统更权威的求助对象。因此，在我们生活的不同领域中，许多人可能自诩为专家，但在真正的权威面前只是外行。但在某些问题上，人们必须做出决策，否则便无人求助。以上论述都来自吉登斯对抽象体系的经验之谈。

（三）对已有信任问题研究中风险性的辩证认识

第一，缺乏对深层实践论的批判性反思。不得不承认，相较于其他风险

① 鲍磊：《现代性反思中的风险：评吉登斯的社会风险理论》，《社会科学评论》2007年第2期，第84-88页。

理论学家，吉登斯运用结构化理论分析现代社会风险问题具有一定的开创性意义，但是也须指出的是，其对风险的实践性分析，存在较大局限性，缺乏更深层次的形而上的存在论反思。换言之，吉登斯过于强调科技行动和制度体系所造成的意外后果，忽略了社会中占据主导地位的资本主义逐利行径。历史发展的经验表明，现代社会中诸多风险的酝酿、爆发、蔓延都离不开人为因素，更无法摆脱资本的影响。

具体来讲，全球风险社会的生成与发展，是政治、经济、文化等多重因素联合作用的结果，笼统地将这些因素归为一类难免失之偏颇。当资本过度逐利，一味地追求经济利益和生产效率时，便会打破人与自然、自由与实践间的平衡，导致诸多怨怼、不满、愤慨等情绪产生，带来极大的不确定性、不可控性和危机感，而且犹如一颗定时炸弹，一旦遇到能够触发公众情绪的点，很有可能会造成不可想象的后果。我们无法回避的事实是，吉登斯利用结构化理论剖析现代社会中的风险，认为现代风险是一种“人为制造的风险”，这一论断具有丰富的理论价值和现实意义，但是，这并不能掩盖其研究的弊端与不足。其一，作为研究社会问题和社会现象的学者，吉登斯在提出自己的观点和得出相应论断之际，没有采用科学的研究方法和严谨的治学态度来印证观点，仅仅停留在描述性分析和理论阐释阶段，显然不具有说服力和普遍性。其二，尽管吉登斯通过理性探讨和深入观察后认为，风险具有社会化和个体化两个面向，并创造性地提出“脱域”概念，且利用“时空分离”来阐释风险的形成过程，但是他未能触碰到问题的核心，即制度分化背后所蕴含的政治力量和资本力量。当然，由于个人视野所限和历史发展进程的制约，吉登斯未能意识到资本在现代风险社会中的作用也是可以理解的。总而言之，吉登斯对现代社会风险的分析和判断只是聚焦于时空层面，而未能从形而上的哲学视角加以透视。

第二，缺乏对风险结构性困境的文化维度反思。从文化研究的角度来看，吉登斯抽象体系理论还存在致命的缺点，即未能将文化因素纳入风险生成的制约因素中。一系列研究结果表明，缺乏以文化、观念、伦理等为代表的意识因素规制，将会导致社会矛盾的滋生和社会冲突的加剧。[①]诚然，许多研究者通常认为，由文化缺位或素养低下导致的科技与人文、工具理性与价值理性的失衡是社会风险产生的原因之一。吉登斯在分析社会风险的过程中并未将文化作为一种可能性因素加以阐述，其仅是一味强调人的主观能动性对社会和制度的影响。例如，在吉登斯看来，资本主义、工业主义、监督、军事力量是现

① 山小琪：《现代性的制度之维》，复旦大学博士学位论文，2005年。

代性的四个制度性维度，支撑着社会的可持续运行，这四个维度任意一个崩塌都会带来致命性后果。我们暂且不论这种论断正确与否，仅从这四个维度来看，其并未包含文化这一关键性因素。文化元素的缺失进一步影响了吉登斯理论的科学性和严谨性。可以想象的是，当个体的能动性失去制度性制约，不断增强，不断扩张，风险必然接踵而至，到那时，社会不知将会呈现怎样的混乱场面。不得不承认的是，个体的自我反思在应对现代社会风险的结构性困境方面具有一定的可行性和可操作性，然而不容忽视的是这种反思能力并非所有行动者都具备，通常只存在于那些具有文化修养或知识素养的部分人身上。退一步讲，在面对主体性失控时，假设人人都能反思、人人都会反思，这种缺乏文化参与的自省也必定是不完整的、有缺陷的。遵照不完善的反思调节自我行为，又会产生另一种风险，陷入另一个结构性困境，久而久之就形成了风险悖论。需要指出的是，文化能够促使人们从人性和理性相结合的角度看待和处理问题，进而找寻到最佳方案，实现价值最大化。反之，没有文化参与的反思仅仅是一种表面的、经不起推敲和检验的泛泛而思，其不但不会触及问题的核心，更不会产生实质性的解决方案。因此，在应对和处理现代性风险时，必须要考量文化因素，唯有如此才能避免陷入结构性困境。

（四）作为社会信任概念逻辑起点的信任

信任是一种期望或信念，是人与人沟通、交流并建立关系的不可或缺的组成部分，信任是确保社会发展的连续性和可持续性的前提。在传统社会，人们基于地缘、血缘、业缘建立的以信任为核心的关系体系，维持着社会的稳定和谐。诚如吉登斯所言，这种信任并不是对某一个个体的完全信赖与不质疑，而是对支撑现代社会运转的制度体系和专家系统的信心与信念。[①]

社会信任是使公众信任的力量，同时也是信任汇聚在一起所产生的一种影响力、引导力。从学术角度来讲，社会信任是指在社会生态中，政府、机构、组织、法律等制度体系以及专家系统在调节社会公共生活中的时间差序、公众交往、利益交换等方面所体现出的信任力。[②]社会信任既彰显了公众对社会系统的信任，同时也体现了公众对制度体系和专家系统的公共权威的认可与

---

① [英]安东尼·吉登斯：《现代性的后果》，田禾译，南京：译林出版社，2011 年，第 67 页。

② 孙凤兰、邢冬梅：《现代性中信任问题论衡：基于吉登斯信任理论的思考》，《北方论丛》2016 年 5 期，第 156-159 页。

支持。

首先，信任是社会信任的基石。在生产生活实践中，信任是人与人之间建立和维护关系的前提。唯有借助信任，政府、机构、组织、专家、学者之间才有形成对话的可能。这意味着，无论是制度体系还是专家系统都需要赢得公众的信任才能建立社会信任，进而在推动社会发展中发挥作用。尽管情感对于维系关系也至关重要，但不应忽视的是情感属于一种心理本能，这种本能被激发的前提也是双方的真诚交往和坦诚相待，虚假和伪善注定不能赢得对方的尊重和信赖。诚然，建立在情感基础上的信任是维护和发展纯粹关系的基础，这种纯粹关系一旦建立又会反哺以情感为核心的信任，进而造就一种新式团结。

作为人类最重要的道德品质之一，信任历来是诸多先哲圣人探讨的焦点。在经济社会中，信任就像加速器，它能够有效促进社会成员间的物质交往和商品交换。买方和卖方在商品交换过程中会出现时间差，而金融系统和信用制度的建立，能够有效降低这种时间差导致的不确定性，进而为交易提供保障，促使交易安全、迅捷地达成。在诸多经济发展水平较为落后的地方，人与人之间的信任程度是很低的，不安全感和危机感会使人们产生极其强烈的戒备和防范心理，盲目排斥外部环境，拒绝与外界进行沟通交流，同时丧失了商品交换和利益共创的动力。信任缺失不仅会导致社会的低效率运转，更为可怕的是，还会造成严重的社会隐患和风险叠加。这是因为，信任不足导致的猜忌和质疑使得人与人之间的关系恶化，冲突和矛盾滋生蔓延，进而威胁社会的稳定和谐。由此可见，信任发挥自身的调节作用和黏合功能，能够较大程度地降低社会的不确定性和不可控性，也能够通过简化现代社会系统的复杂性，推动制度的完善和社会的和谐发展。从这个层面上来看，无论是制度体系还是专家系统，都理应致力于履行好自身职责、维护好自身信誉、赢得公众的信任和支持，进而建立自身的社会信任，其所带来的好处是显而易见的。

在当下的中国，各种社会思潮和境外非法势力不断冲击和挑战着作为信任核心的政府信任和作为社会信任最后一道屏障的专家系统信任。从政府信任角度来看，作为政府和公众间的一种契约关系，政府信任是公众对政府人员的行政管理活动的合理期待。这种期待主要体现在两个方面：一方面，公众期望政府行政人员行为的出发点和落脚点在于满足广大人民群众的合理需求，以提升幸福感和安全感，且这些行为应在符合相关法律法规的前提下进行。另一方面，政府及其行政人员对公众的需求作出回应并采取行动时，相信公众会自愿自觉地配合其管理工作，并且期望能得到公众的理解、支持和赞誉。唯有这两方面达成一致或合作效果最大化时，双方之间才会建立起信任，政府才能获得指导和规范公众行为的社会信任，公众也才能从中获得切实的物质效益和精神效益。还须特别说明的是，公众与政府打交道时往往采用科尔曼所言的“策略性信任”，这种信任具有显著的不对称特征，即“信任转化为不信任比不信任转化为信任要容易”，而且不信任一旦形成，公众很容易陷入“塔西佗陷阱”。[①]如此一来，无论政府及其行政人员说真话还是说假话，行实事还是做表面工作，公众都会产生怀疑和不信任。

通常被认为是社会信任的最后一道屏障的专家系统信任，在被事件冲击时也可能面临崩溃和瓦解的风险。一系列实证调查显示，很多公众对专家系统产生了怀疑，他们认为现在某些专家学者难以承担守护社会信任底线的责任和使命。这表明在现代性社会中，吉登斯笔下的专家系统已处于信任危机中，形势不容乐观。然而，诸多研究也显示，在与公众互动的过程中，专家学者因其天然的亲近性和公众身份，往往更容易赢得公众的好感、信任与依赖。他们在引导舆论、整合意见以及进行社会动员方面，发挥着至关重要的作用。专家系统信任的“溢出效应”显著，所以一旦出现信任危机，将会导致社会信任下降，质疑和抵触情绪倍增，各种非传统安全问题频现，从而使整个社会处于高风险运行状态。

其次，社会信任是信任在公共场域中的表达式。从上文对信任的分析来看，系统信任是社会信任概念的一个逻辑环节，由此可以梳理出社会信任概念的逻辑链，即从信任到系统信任再到社会信任。

从权力运行的角度来看，社会信任的重要性体现在两个方面：其一，社会信任可以有效促进公众对政治体制、法律、规则规范的感知、认同与遵守，进而在维护社会稳定和发展连续性方面发挥重要作用；其二，社会个体对社会系统产生敬畏和推崇心理，从而更加信任支撑社会运行的制度体系和专家系统。换言之，社会信任能够将道德、伦理、法律等以润物细无声的方式深植于公众心中，达到内化于心、外化于行的效果。诚然，部分公众受生活背景、民族心理、文化观念等的制约，对外部环境的认知、判断、理解以及对事件的处理、应对的方式很大程度上受他人的指导和影响，或更多的是基于一种盲从心理。如果社会信任缺失或缺位，那么这些公众将会对其所属群体以外的所有他者保持一定程度的怀疑，更遑论对政治制度和专家学者产生信赖。这不仅不利于政令的下达与民意的上行，阻碍政府机构对社会的高效管理和有效治理，更加剧了现代社会的不稳定性和不可控性。还须指出的是，社会信任产生的内在

① 赵云亭：《吉登斯的制度性风险研究》，华东理工大学博士学位论文，2015年。

逻辑在于，制度体系和专家系统在应对社会公共生活中的利益矛盾或交往冲突时所作出的决策、决定等，契合公众的心理期待及其内心的道德律，而且与维持社会运转的道德伦理保持一致。诚如吉登斯所言，现代社会的信任是以象征标志和专家系统为基础的，那么照此逻辑，社会信任也应该是一个具有双重维度的概念。[①]

社会信任是公共权力在社会生态系统运行过程中，以完善的制度、透明的程序、公正的结果赢得公众信心和信念的资格和能力。从公众心理角度来看，社会信任是公众对执行公共权力的制度体系和专家系统产生的一种主观评价、认知判断和价值认可。换言之，社会信任是公众对于政府机构、管理组织、专家学者的行为实践的一种心理反应。[②]这种心理反应既体现了公众对制度体系和专家系统整体形象和威望声誉的感知、认知、认可、认同，进而产生一种内生性的依赖心理，又体现了公众在日常生产生活实践中配合社会管理、严格遵守法律规范的自觉自愿，进而有助于降低管理成本，减少现代社会中的系统性风险。

通过分析信任与社会信任间的辩证关系，我们可以探索从信任维度构建社会信任的路径趋向。一方面，提升政府机构在执政理政方面的科学化水平和高效化管理能力，树立积极正面的形象，促使公众对制度体系产生积极的主观评价和价值认可，从而取得公众的信任，构建社会信任；另一方面，制定、颁布和完善相关法律法规，真正做到依法执政、依法理政，切实维护法律法规的权威地位，赢得公众的信任，从而提升制度体系的社会信任。一个不容忽视的事实是，当下受个体主义等多重因素的影响，制度体系的社会信任面临被冲击和被瓦解的风险。例如，西方反华势力利用互联网开放、跨域、匿名等特性，借题发挥、小题大做、颠倒黑白、添油加醋，宣扬中国威胁论，肆意诋毁中国政府，这不仅严重侵犯中国合法权益，更有违道德伦理。更为可怕的是，部分公众学识不高、文化素养较低，不能准确地判断事实真伪，极有可能受到假新闻干扰，被不法分子操纵，对政府执政理政能力产生怀疑，进而对制度体系产生不信任感，这严重阻碍了社会信任的建立和维护。再如，从内部来看，制度体系中个别机构、组织或个体在行使权力的过程中，任由自身主体性扩张，导

---

① [英]安东尼·吉登斯：《现代性的后果》，田禾译，南京：译林出版社，2011 年，第 54 页。

② 岳天明：《社会困局与个体焦虑：吉登斯的现代性思想》，《西北师大学报（社会科学版）》2013 年第 5 期，第 98-104 页。

致信念信仰缺失，对人民的忠诚度下降，忽视自身行为可能带来的社会影响和政治后果。这不仅给政府机构带来严重的负面影响，而且损害了制度体系的权威和声望，导致公众走向信任的对立面，不利于社会信任的生成和延续。从专家系统角度来看，作为社会中掌握专业知识和专业技能的人才，专家学者在社会系统中具有较高的地位，一方面，他们对某些问题的看法和见解能触及事物本质和问题根源，另一方面，他们也是公众的一员，在处理利益交换、社会交往等问题时能够与公众建立良好的沟通协作机制。尤其在网络媒体时代，社交媒体和自媒体的出现，使得专家学者有了更多发声途径以及展露自我才华和素养的机会，互联网的双向沟通性和即时互动性，更加促进了公众与专家学者的交流与对话。每当遇到突发事件或社会争议较大的热点事件时，专家学者总是不遗余力地从专业角度出发，向公众阐述自己的观点和见解，从而引导公众正确认知事件、理性表达意见、合理倾诉情感。也正是在这一过程中，专家学者逐渐赢得公众的信任、信赖与支持，继而建构起关于专家系统的社会信任。这种社会信任在社会运行中的作用斐然。一方面，专家系统是吉登斯笔下的抽象体系的重要组成部分，是支撑现代社会的基石。这便意味着，促使公众信任专家系统，也能增进其对整个社会系统的信任与认同。另一方面，专家系统在利用渊博的知识和学问建立自身社会信任，增进公众的信任之际，也直接或间接促进了制度体系社会信任的建立。由此可见，从信任维度建构制度体系和专家系统的社会信任的基本路径在于，监督、调节和确保制度体系和专家系统的行为遵循法律规范、合乎道德伦理、体现人民意志，从而树立自身声誉、威望和正面形象，使公众在自我感知和认知中产生信任和依赖感。信任一旦建立，社会信任自然就能生成。

综上所述，信任是社会信任生成的基础，无论是制度体系的社会信任构建还是专家系统的社会信任构建，首先都要通过树立积极正面的形象来提升声誉和威望，继而赢得公众的信任与信赖。[①]另外，社会信任是信任在公共场域中的表达式。系统信任并没有清晰地界定信任的主体，而社会信任则很明确地指出信任的主体是公众；系统信任并没有形成对“力”的界定，但社会信任进一步明确了关系特征和客体表达属性的能力。正因为如此，直接使用系统信任无法体现信任在公共场域中的主客体特征、关系属性和某种能力，也就是说，系统信任是社会信任概念的一个逻辑环节。

---

① 郭强：《知识与行动：一种结构性关联》，上海大学博士学位论文，2005 年。

（五）专家系统的社会信任的概念界定

专家系统的社会信任的逻辑起点仍然指向了“信任”。基于前文的探讨，笔者认为，信任是主体对客体行为的一种期待，这种期待可能进一步影响主体对客体的行动。这一认识也将成为本书探讨社会信任失效的表现、成因和后果以及相关思考的起点。

何为专家系统的社会信任？笔者认为，其是指在公众与专家系统产生的相互作用的关系中，专家系统获得公众信任的能力。从专家系统的角度来看，其社会信任的核心在于其自身的信用情况，这也是公众评价其社会信任的关键依据。公众通过认知形成对专家系统的信任判断，因此，专家系统的社会信任指向公众的主观评价行为。基于这一理解，当公众与专家系统的相互作用关系断裂，导致专家系统无法再获得社会信任时，我们便称之为专家系统社会信任的失效。换言之，在运用专家系统社会信任的概念来研判其失效问题时，我们需关注的核心要素是公众与专家系统之间是否存在有效的相互作用关系，以及这种关系的紧密程度。

信任是传播活动的一种结果，一旦这种结果出现，势必会影响接下来的传播行动。专家系统的社会信任同样是传播活动的产物，是在传播过程中得以形成和建立的。[①]

三、网络场域的行动空间

“场”这一概念的起源最早可见于物理学家牛顿在万有引力基础上的自我构建。随后，法拉第用这一概念解释“电磁感应现象”，心理学家勒温用其阐述心理与环境的交互影响。再后来，布尔迪厄对先前的研究进行批判借鉴，将“场”引入社会学领域，提出“场域理论”，这一理论在他的社会学思想体系中具有举足轻重的地位。“场”的应用范畴由物理学领域逐渐扩展到心理学领域和社会学领域，再加上学科之间的交融趋势日益加强，便出现了“心理场”、“媒介场”、“传播场”和“传媒场”等一系列有关“场”的探索和研究。

（一）从场域到网络场域

关于场域的含义和特征，布尔迪厄从多个层面和不同角度进行了阐述。

① 郑也夫：《信任：合作关系的建立与破坏》，北京：中国城市出版社，2003 年，第 265 页。

首先，场域是一个由客观关系构成的网络或系统。无论你是否承认它的存在，它都不会受到影响。也就是说，场域“独立于个人意识和个人意志”[①]，不以人的意识和意志为转移，它包含了利益关系、支配关系、等级关系等。在各种客观关系的运作中，个人可能会无能为力，甚至受到制约和束缚。但这并非完全否定了人的主观能动性，事实上，人是有意识和精神属性的，可以对内部系统的结构加以调整，从而使其朝着理想的方向发展。其次，场域作为一种社会空间，具有相对独立性和自主性，其内部还具有特定的规则性。场域是社会世界高度分化了的一个个“社会小世界”，每一个“社会小世界”都是一个场域，如经济场域、语言场域、网络场域、舆论场域等。这些场域具有相对独立性，不同的场域具有不同的逻辑和必然性，亦即“每一个子场域都具有自身的逻辑、原则和常规”，这也是不同场域得以存在的依据和相互区分的标志。[②]个体若想从一个场域进入另一个场域，就必须遵循相应的逻辑和规则。自主性伴随独立性而产生，布尔迪厄认为社会空间中多样化的场域是社会分化的结果，他将这种分化的过程视为场域的自主化过程，即某个场域摆脱其他场域的限制和影响，在发展的过程中呈现出自身固有的本质属性。[③]场域的自主化是相对的，并没有彻底的自主场域。再次，场域内部具有矛盾性，充满了竞争。每一个场域都构成一个潜在开放的游戏空间，其疆界是一些动态的界限，界限本身就是场域内斗争的关键。[④]如果场域提供了一个争斗、比较和转换的场所，那么资本的占有量则决定了谁能取得“胜利”。场域内各个位置的占有者会利用种种攻略确保自己处于有利地位，从而获得更多的资本，增强自身的实力。在这一过程中，优胜劣汰，强者独占鳌头，进而实现权力的转换。在这种矛盾的推动下，世界得以不断更新和发展。最后，场域的边界是经验的，界限是模糊的，内部关系是错综复杂的。在场域间的角逐和争斗过程中，一方力量的增强势必会导致另一方力量的减弱。随着力量和权力的动态变化，资本占有量和系统内部关系也会随之调整。这种变化使得场域间的界限变得模糊，不稳

① [法]皮埃尔·布迪厄、[美]华康德：《实践与反思：反思社会学导引》，李猛、李康译，北京：中央编译出版社，1998 年，第 133 页。

② [法]皮埃尔·布迪厄、[美]华康德：《实践与反思：反思社会学导引》，李猛、李康译，北京：中央编译出版社，1998 年，第 142 页。

③ 李全生：《布迪厄场域理论简析》，《烟台大学学报（哲学社会科学版）》2002 年第 2 期，第 146-150 页。

④ [法]皮埃尔·布迪厄、[美]华康德：《实践与反思：反思社会学导引》，李猛、李康译，北京：中央编译出版社，1998 年，第 142 页。

定性增加，场域结构有可能随时发生变动。正因如此，各个场域之间的关系也逐渐变得错综复杂，展现出多样性。

学者将“场域”理论引入社会科学研究中，有机地融合了微观与宏观视角，这不仅体现了研究方法和研究视角的创新，而且催生了生成性结构主义实践理论，从而完善了以往社会学领域实践理论的框架。场域作为行动者实践的客观性前提和基础，既为行动者提供了实践所需的空间环境，又对影响行动者及其实践行为的外在力量起着形塑作用。因此，行动者在制定策略或采取行动时，必须充分考虑自身在场域中的定位、资本的占有量和被形塑的性情倾向。[①]

随着互联网的发展，以网络技术为主导的信息革命不断取得新的突破，网络社会逐步崛起。互联网是当今世界最为重大的科技创新成果之一，引发了政治、经济、军事、教育等诸多领域的新变革，创造了人类生活“线上-线下”的新空间，开辟了治国理政的新领域，拓展了人类认识、改造世界的新疆界。

2024 年是中国全功能接入国际互联网 30 周年，短短 30 载，中国互联网经历了“从无到有，从强到弱”的发展过程，并以其强有力的态势深刻改变着人们的思想观念和生产生活的方方面面。截至 2024 年 6 月，我国网民规模近 11 亿人，其中手机网民规模达 10.96 亿人，网民使用手机上网的比例达 99.7%，城镇网民和农村网民的规模都在不断增长。[②]时至今日，互联网已逐渐渗透甚至深深嵌入人们的日常生活中，影响着人们的衣食住行，形塑着人们的思维方式和观念态度，改变着人们的社会实践活动。人类已步入网络化生存时代，伴随着线上与线下、虚拟空间与现实社会的交织融合，网络场域应运而生。对网络场域的研究既要立足于虚拟的网络空间，又要借鉴布尔迪厄的场域理论，这一理论对于探究网络场域的形成机制、发展动因及其内在逻辑具有重要的启发意义。

关于网络场域的定义，学界进行了一定的探讨。夏学銮认为，网络场域是由网络行动者创造和维持的即时网络互动情景，具有主体性、即时性、现场性和情景性的特点。网络场域包含四个构成要素：相同的网络行动者、相同的网络时间、相同的网络空间和相同的网络感受。[③]黄刚将其定义为：通过计算

---

① 姚磊：《场域视野下民族传统文化传承的实践逻辑》，北京：人民出版社，2016 年，第 10 页。

② 中国互联网络信息中心：《第 54 次〈中国互联网络发展状况统计〉报告》，https://www.cnnic.net.cn/n4/2024/0829/c88-11065.html(2024-08-29)[2024-10-11].

③ 夏学銮：《网络社会学建构》，《北京大学学报（哲学社会科学版）》2004 年第 1 期，第 85-91 页。

机等技术手段构架起来的跨时空、跨地域的信息传递和便捷交流的通道，给人们的生存空间和地域文化带来了天翻地覆的变化。他对网络场域持较为客观的态度，既肯定了网络场域是影响过去、现在和未来的空间革命，又批判性地认为其在一定程度上会冲击人类现有的价值观和道德理念，并引发网络心理问题。[①]孙智信等学者通过词源分析和背景介绍，从军事、物理学和社会学等角度对 Cyberspace 的内涵和特征进行了深入的剖析和阐释，将其定义为“网络电磁空间”、“信息物理空间”、“网络场域”和“网络全域”，他们认为若从社会域或社会空间的角度来翻译 Cyberspace，“网络场域”最为合适，因为这一概念反映了网络的社会域、认知域特征。[②]不论这些学者如何界定“网络场域”，都不能脱离网络这一特定情境。

具体而言，目前国内相关研究可以分作以下几类。

其一，关于网络场域中意识形态与话语的研究。赵炜认为，网络场域中的各种意识形态相互激荡博弈，势必会引发意见的分流，其中既有对主流意识形态引领工作的热情支持者，也有漠不关心者，还有少部分的“专门黑”，因此，研究网络场域中主流意识形态的特征和规律，提升并增强其引领效果，已经成为当前意识形态工作不可回避的一个重大课题。[③]方世南、徐雪闪认为活跃在网络场域中的意见领袖在维护网络意识形态安全方面发挥着重要作用，如营造网络舆论声势、传播和引导网络舆论走势等。[④]周彬深刻意识到网络场域已成为广大网民重要的社会生活空间，他主张从主流意识形态引领、主流媒体引导、教育体系教导、社会组织开导、网民情绪疏导、关键词语制导六个方面来进行意识形态治理。[⑤]网络化生存方式已成为人类生存方式的新样态，这种生存实践催生了网络意识形态话语。黄冬霞提出了促进网络意识形态话语权正向发展的四点建议：增强话语主体的作用力，增强话语内容的亲和力，增强话

---

① 黄刚：《网络场域下大学生心理健康教育研究》，东北林业大学硕士学位论文，2013 年。

② 孙智信、赵炤、李自力等：《网络全域：Cyberspace 的概念辨析与思考》，《火力与指挥控制》2012 年第 4 期，第 1-5 页。

③ 赵炜：《当代中国网络场域主流意识形态引领研究》，中共中央党校博士学位论文，2018 年。

④ 方世南、徐雪闪：《网络意识形态安全中意见领袖作用研究》，《南京师大学报（社会科学版）》2019 年第 1 期，第 87-96 页。

⑤ 周彬：《网络场域：网络语言、符号暴力与话语权掌控》，《东岳论丛》2018 年第 8 期，第 48-54 页。

语内容的传播力，增强话语传播的获得感。[①]网络场域中意识形态与话语的研究取得了较大进展，但关于其规律的研究还有待深化。

其二，关于网络场域中的舆论、舆情研究。网络空间已逐渐成为舆论萌芽、发酵、扩散的温床。刘柏慧从场域、惯习、资本三方面进行解剖，对网络舆论生成的内外部因素作出分析：内部主要受到主体间话语权的互动博弈影响；外部主要受到经济、政治、文化资本以及经验习惯的影响。[②]王中杰指出了城管舆论在城市管理中的重要性及其在不同的舆论场中面临的多重风险，如政治风险、社会风险等，而互联网的到来和普及则为城管舆论生态的重构提供了机遇，即从传统城管舆论管制转向生态化舆论治理。[③]张丽燕认为，频发的网络舆论事件的实质是各个话语主体在争夺话语权，而网络场域中公共意见的生成不仅会受到媒介系统内部的把关人、专家系统、议程设置的影响，还会受到网络场域外部的政治场、经济场、文化场的制约。[④]孟达对高校网络舆论场域的建构与优化进行了研究，旨在规避网络场域中“多种声音”对大学生的态度和行为的负面影响，从而引导他们树立积极健康的价值观念。[⑤]

其三，关于网络场域中的教育研究。赵彦明和刘余勤认为，传统思想政治教育的说理模式需顺应互联网时代的发展变化，在主体关系、教育理念、话语表达、交往方式四个维度上进行思维转化，同时，在实践层面培养受教育者的“解码”能力，构建说理双方价值生成的基础，引导意识形态说理回归常识，从而提升网络场域中思想政治教育的说理成效。[⑥]姜晶和殷学明认为，网络教育在科学表征上优于传统教育，而传统教育在人文深度上更胜一筹。网络教育要更好地发展，就需要汲取传统教育中的人文精神，以弥补其在人文关怀方面的不足。[⑦]黄刚指出加强大学生心理健康教育至关重要。他深入分析了大

---

① 黄冬霞：《网络意识形态话语权研究》，电子科技大学博士学位论文，2017 年。

② 刘栢慧：《网络场域中舆论生成的影响因素研究》，《声屏世界》2019 年第 9 期，第 91-92 页。

③ 王中杰：《网络场域中城管舆论的风险特征及治理路径》，《领导科学》2017 年第 23 期，第 28-30 页。

④ 张丽燕：《场域理论视角下网络公共意见建构》，苏州大学博士学位论文，2018 年。

⑤ 孟达：《高校网络舆论场域的建构与优化研究》，江西师范大学硕士学位论文，2013 年。

⑥ 赵彦明、刘余勤：《网络场域中思想政治教育的说理思维转化及其实践》，《东华大学学报（社会科学版）》2019 年第 1 期，第 26-30 页。

⑦ 姜晶、殷学明：《网络场域下的传统教育》，《山西广播电视大学学报》2008 年第 2 期，第 26-27 页。

学生在学习、交往、情感以及自我认知方面的心理状况，并指出社会、学校、家庭及个人等多重因素导致网络场域资源和占有的实际效应发生变化，从而导致大学生心理健康问题恶化。基于此，他提出了较为全面和系统的加强大学生心理健康教育的对策，如整合网络场域资源、建立网络场域防御机制、规范学校教育环境场域、改善个人发展场域。[①]李红梅将网络与诚信教育结合起来，探索在网络场域中构建诚信教育的新模式，以解决大学生诚信问题。[②]这些研究细致分析了网络场域中出现的教育问题，并提出了较为系统的解决措施。

其四，关于网络场域的实证研究。黄荣贵使用话题模型分析了关注劳工议题的用户发布的 51288 条博文，从中归纳出主要社群和劳工话题，揭示了劳工研究领域的新趋势，指出网络场域与其所传递的文化内容之间存在互构关系，还探讨了大数据分析在网络文化与社会心态研究中的应用。[③]邓志强认为，随着网络社会的崛起，青年研究的主要议题发生了时空变迁，因此不得不从现实社会场域转向网络场域，修正其理论研究范式，建构新的理论框架，树立新的问题意识。作者采用内容分析法，从有代表性的青年研究学术刊物中抽取关于网络议题的学术论文作为样本，并对其进行编码和统计分析，得出“青年研究已转向网络场域，且相关研究日趋丰富和深入”的结论，同时指出今后的网络场域青年研究应强化主体性意识、加强理论反思、推动理论建构。[④]这些研究所分析的数据在一定程度上依赖于种子用户，而且是针对某一类群体进行考察，因此其研究结果的普适性有待商榷。

纵观以上研究文献，笔者发现，有关网络场域的研究主要集中在意识形态、话语权、网络舆论、网络舆情和教育等方面，还有部分学者对群体标签化现象、非遗传播、社会交往、青年动员等问题进行研究。关于网络场域的研究近些年呈递增趋势，但对于网络场域中主体如何形成对客体的评价，以及这种评价如何进一步对公共场域产生循环式传播影响的研究仍相对匮乏。

---

① 黄刚：《网络场域下大学生心理健康教育研究》，东北林业大学硕士学位论文，2013 年。

② 李红梅：《网络场域下大学生诚信教育模式的构建路径》，《中国教育学刊》2015 年第 S1 期，第 371-372 页。

③ 黄荣贵：《网络场域、文化认同与劳工关注社群：基于话题模型与社群侦测的大数据分析》，《社会》2017 年第 2 期，第 26-50 页。

④ 邓志强：《网络场域：青年研究的时空转向：基于五种青年研究期刊的内容分析》，《中国青年研究》2019 年第 10 期，第 98-105 页。

（二）网络场域对线下生活的投射

网络场域包含不同的子场域，如聊天室、公告板系统（BBS）、网络群组、贴吧等网络社区，它们既相互联系又各自独立，具有多样性、开放性、快捷性、平等性、匿名性、交互性、虚拟性、多元化等特征。互联网是一个虚拟空间，这一空间集结了诸多认知、志趣、目标等一致的群体，从而形成网络虚拟社区。在互联网中，网民可以在不暴露自己真实身份的情况下发表言论、书写想法，在传媒聚光灯下，人人都可以手握麦克风，成为信息传播渠道和意见表达的主体，摆脱了时空、年龄、种族和社会地位等条件的限制。然而，部分网民缺乏自律精神、媒介素养低下，往往会导致无聊主义和庸俗主义的泛滥。此外，网络场域在一定程度上会受到政治场域、文化场域、经济场域等外部场域的制约，从而影响意见主体的意见表达。网络场域中极易产生多种不同的声音，这些声音甚至会相互博弈和竞争。网络场域中也混杂着各种思想观念和意识形态，其中不乏与主流意识形态相悖的内容。尽管网络场域具有虚拟性，但它也是客观的真实存在。我们不能否认论坛、聊天室、微博、贴吧等网络场所的真实性，也不能否认购物、娱乐、检索、浏览、交友等网络行为是客观实践活动。

网络空间打破了传统的面对面的交往方式，人们可以通过网络产生联系，形成多样微妙的“网缘关系”。这种交往新样态的出现加速了线上社会关系与线下社会关系的融合，线下的公众可以聚集在线上对某个热点事件或共同话题进行评议和传播，由此形成具有一定共识的公众群体。

网络场域虽然极大地扩大了人们社会实践活动的空间和范围，但并不意味着它没有界限。网络场域的界限是模糊的、复杂的。在网络化社会中，虚拟空间与现实世界的联系和互动日益密切，边界已不那么明晰，甚至出现重叠。在虚拟的线上社会中，网民思想观念的建构或将迎来多重境遇，而新的价值认知和思想观念又会在线下社会延伸，线下社会也被深深打上了网络的烙印。在线下社会中，人们的社会心理、社会行为也深受价值观念、行为模式的影响，重新建构着意识形态的话语模式和权力结构。在网络空间中，“我”的表现并非总是与现实中的“我”保持一致，有时甚至会形成极大反差。因此，当我们尝试了解线下的“我”时，其实是为了更好理解和剖析线上的“我”，洞悉线上行为与线下行为相互转化的关系，这有助于我们更完整、深入地把握研究对象和内容。

（三）网络场域中公众对专家系统的期待与评价

随着互联网技术的发展，新的媒介形式不断出现并以多种方式共存，社会关系、时空关系、人际关系进一步发生深刻变革。借助社交媒介建构的新型人际关系更加凸显了社群化、圈层化的特征。但不论怎样，人们通过社交圈表达个人意见的目的并未改变，且随着个体可以更自由地按照自身身份和认同的方式加入更多的社交圈，意见的表达也变得更加快速和多元化。这些意见在传播过程中经常是跨圈层的，也正因为如此，一些典型的意见得到范围更大的群体性支持的可能性激增，专家系统在网络中出现得更加频繁。媒介技术的革新改变了公众与世界的精神联系的方式，为公众提供了更多感知和反映世界的机会。新媒体和社交媒介提供了一种更快捷、更广泛的借助关系赋权的意见生产模式，并为意见向舆论转化提供了资源环境。

不管是在线下面对面表达还是在线上通过电子媒介进行表达，表达都是我们日常交往中的一部分。任何表达都不可能是一种孤立的行动或符号，表达的意义内涵来自语境——在空间意义上体现了地域性的社会关系，在时间意义上则构成一种叙述结构。在文本框架内，公众利用特定的叙述结构，通过社会关系将其意见在空间中进行传播，旨在实现与专家系统表达行为的协调。由此可见，现代社会的专家系统传播作为舆论的内在特征，其本身即有可能是具有计划性认同的目的，而这一目的的实现，依赖于时空重组之后的地域性信任媒介与其他地域性信任媒介之间的互构。

在现代性社会中，时-空的抽离与再嵌入使各种传播界面的组织形式发生变革，这些变革以一种自组织的方式，为公众意见的形成提供了特定的表达途径。在这一过程中，公众意见的生产和传播被激活，并按照某种既定的关系逻辑运作。同时，人际传播也为公众意见的表达开辟了空间，随着媒介技术的发展，这一空间被进一步拓展和整合，专家系统使个人空间的意见表达与公共场域之间的链接变得更加便利，使无数个人意见的集合构成了一种意见向量空间，并为舆论的形成提供了充足的意见资源和坚实的数量基础。

新的传播形式增强了专家系统传播机制中的互动性。专家系统传播中的公众评价与判断在社会实践、社会交往和社会协同中诠释着社会信任，以此来抵御社会风险。在时空环境中具有结构性特征的社会关系是公众意见形成和发展的组织语境，这一点不仅体现在公众、群体这些有时被视为具有统计学意义的概念上，也体现在更能够明确表现社会关系的社群中。人们在自己的生活世界中通过交往建立起各种具有行动期待目标的社交圈，圈子的维系依赖于互动，其中当然也包括通过舆论意见传播实现的交往。互动在本质上就是一种传播，其借助语言和非语言方式出现，并逐渐成为一个社交圈稳定的动力因素。更重要的是，这种动力因素最初体现为具有方向性和强度的指标，并成为圈子内部的意见向量，这些意见向量往往各不相同，并在一定程度上被允许进行相互批判。

与此同时，基于社会关系构建的组织性特征（在互联网时代更多地体现为一种自组织性），公众意见向量开始被整合，旨在最终达成共识。这一整合过程应被视为某种社会意识的汇聚，圈子中的个体或社群成员可能会主动或被动地经历这一过程，进而形成哈贝马斯所言的“有效共识”或“无效共识”。共识性是舆论形成的基础，这一点已得到国内外舆论研究者的广泛认可。因此，从人们主动或被动建立社会关系，到为维系这些关系所采取的交往行动，都为公众意见达成共识并在舆论传播图景中显现提供了坚实的基础。

新的传播形式进一步凸显了公众对专家系统评价的主观性。空泛社会关系概念并不能体现关系本身具有的社会实在意义，社会关系的取意在于，由传播、互动和其伴随行为所带来的社会主体之间关系的变化（从个体的形式走向群体的形式），这一变化影响社会主体的观念形成和改变、身份和位置的识别、认同的产生、判断力的多寡，并最终决定生产一种怎样的文化。

（四）网络场域特征与其中专家系统的社会信任变迁

网络的发展改变了人类传统的生存状态，人类步入网络化生存时代。在网络营造的虚拟空间中，人们自由地进行观点表达、情感宣泄、意见交换等。不可否认，网络有自身的传播特性和规律，而某些势力往往会利用这些特性和规律来操控事件，引导舆论走向，甚至改变舆论本质。在这种情况下，重新构建理性、公正、透明的公共空间就显得尤为必要。

近年来，社交媒体已成为人们发布信息的重要渠道，拓展了公众参与讨论社会公共事务的空间。特别是微信、微博和抖音，拥有数量庞大的用户，当用户通过这些平台传递信息时，信息往往会在不经意间迅速在网络上扩散，乃至演变成公共事件。比较典型的例子是 2011 年“郭某某炫富事件”，网友在微博中对郭某某炫富行为的讨论最终演变成一起网络公共事件。其实，很多个体事件从爆发到演变为公共事件都与社交媒体有着千丝万缕的联系。由此可见，网络中的私人空间、私人场域有演变为公共空间、公共场域的可能。既然私人场域呈现公共化的趋势，那么是否会存在公共场域私人化的情形呢？很显然这一情形是存在的，我们可以看到很多网站（如新华网、凤凰网等）开设有专门的网络论坛，这一网络公共场域吸纳了大量私人话题，网友聚集于此，对这些话题展开讨论。

哈贝马斯认为，公众应具有独立性、自主性和理性的判断能力，很显然，我国网络公共场域的建构还未达到这一标准。应当看到，我国网民规模庞大，其中存在着很多复杂的问题。

网络场域的开放性为广大网民拓宽了政治参与的渠道，提高了他们参与公共事务的热情和积极性。对处于关键转型期的当前社会来说，公民理性、有序地参与社会事务，无疑对塑造公民的政治意识、推进民主制度改革以及提升政府工作的透明度和科学性有着重要的意义。在复杂开放的网络场域中，多种利益主体相互竞争、博弈，只有多元社会力量共同参与，理想中的乌托邦民主环境才能变成现实中的高楼大厦。

从网络场域自身的特点着眼，传统意义上的公共场域被移植到网络世界中，网络场域成为公众、专家系统共同参与公共事务的新场景。与此同时，网络场域的互动性和自我性使公众在这一场域中的传播活动呈现出更强的主观性和不确定性。并且与以往不同的是，公众在网络场域中产生信任的时间差越来越短。在频繁的互动中，公众对专家系统的社会信任的评价和判断的时间差也越来越短，同时不对称性增加。在个性化发展的趋势下，公众对专家系统的社会信任的判断呈现出个体信任对系统信任的影响。

四、公共卫生事件中的风险与时间

公共卫生事件本身涉及的事件、时间与空间的综合性影响，使专家系统的行动方式和公众对其行动意义的解释诉求存在着一定的特殊性。从观念的发生学角度看，随着社会现代化进程的加快，公共卫生事件中的公共性将始终是探讨该类事件及事件发生过程中各种关联性主体的核心因素。现代化进程扩大了人类活动的范围，疾病在公共卫生事件中更频繁，大范围地暴发，甚至形成社会危机，这使社会对公共性的需求增加，同时触发了社会层面对相关公共理念和公共治理的反思与变革。

（一）公共卫生事件与风险

风险是一种“集体构念”，它来自公众共同关注的社会焦点[①]，这一构念

① [英]斯科特·拉什、王武龙：《风险社会与风险文化》，《马克思主义与现实》2002年第4期，第52-63页。

与所处文化环境影响着个体对风险的感知与认定。与贝克于 2005 年提出的预测[①]相吻合，中国与世界上其他国家一样处于“风险社会”的新发展阶段，这种以“分配风险、分配坏处、分配危险”[②]为中轴原理的社会样态，正在形塑新的社会文化。具有“普遍性、难测性、人化性、感知性、全球性与高危性”[③]等特征的社会风险成为人类生存发展面临的共同难题。值得注意的是，“危险更多地来自于我们自己而不是来源于外界”[④]，一系列突发公共卫生事件是人类盲目追求社会发展的反身性后果，它对全社会应急体系建设与应急能力培养提出了更高的要求。

世界卫生组织依据《国际卫生条例（2005）》将国际关注的突发公共卫生事件定义为“通过疾病的国际传播构成对其他国家的公共卫生风险，以及可能需要采取协调一致的国际应对措施的不同寻常的事件”[⑤]。

在风险社会视域下，有学者提出“社会公众的应急能力是社会公众通过有计划、有目的的学习和培训所形成的一种有效应对突发事件的个体心理特征，包括预警能力、自救能力、互助能力”[⑥]，具体还可以分为“危机排查力、快速反应力、协调沟通力、法规运用力、心理调适力、舆论引导力”[⑦]等。在生产技术、生活方式、职业关系、家庭结构等不断加速发展[⑧]的当代社会，个体的社会适应能力和水平决定了其获取危机应对知识的范围和效率。

公共卫生事件的发生使社会环境处于一种风险-危险模式中，风险社会学中系统环境的研究范式也指向公共卫生事件发生后所营造的风险语境。在这种

---

① 薛晓源、刘国良：《全球风险世界：现在与未来——德国著名社会学家、风险社会理论创始人乌尔里希·贝克教授访谈录》，《马克思主义与现实》2005 年第 1 期，第 44-55 页。

② [德]乌尔里希·贝克：《风险社会》，何博闻译，南京：译林出版社，2004 年，第 3 页。

③ 蔡劲松、谭爽：《风险社会背景下的大学文化安全：挑战与应对》，《高校教育管理》2018 年第 2 期，第 38-44 页。

④ [英]安东尼·吉登斯：《失控的世界》，周红云译，南昌：江西人民出版社，2001 年，第 31 页。

⑤ 世界卫生组织：《国际卫生条例（2005）》，2005 年，第 4 页。

⑥ 杨宇、王子龙：《社会公众应急能力建设途径研究》，《生产力研究》2009 年第 16 期，第 95-97 页。

⑦ 罗亮：《提升高校思想政治工作队伍重大疫情应急管理能力探究》，《思想理论教育》2020 年第 3 期，第 107-111 页。

⑧ 董金平：《加速、新异化和共鸣：哈尔特穆特·罗萨与社会加速批判理论》，《山东社会科学》2019 年第 6 期，第 21-28 页。

语境下，所要观照的问题就包括社会如何感知风险、如何识别风险程度、如何通过有效手段消解风险。同时，公众的感知焦虑和行动焦虑也必然促成其对相关专业知识的诉求和传播。因而，从某种程度上讲，公共卫生事件所营造的风险语境从行为发生学的角度为专家系统出场提供了最基本的条件。

（二）公共卫生事件与时间

在新冠疫情这一典型的公共卫生事件中，公众经历了社会风险演化的核心过程。这一群体性体验既是个体时间维度的微观历程，也是群体时间维度的共同经历，同时也是对新冠疫情事件的时间性记录。

就个体时间而言，“时间的意义就是个体及其生活世界的意义，是一个十分私人的范围”[①]。人在物理时间基础上建立起来的时间感，肯定了个体经历在社会历程中的独特价值。恰如马丁·海德格尔所说，“时间性并非先是一存在者，而后才从自身中走出来，而是：时间性的本质即是在诸种绽出的统一中到时”[②]。在新冠疫情中，个体时间维度的危机管理体验是世界中的此在，个体通过身体和心灵的体验完成对时间性的塑造。新冠疫情只是危机的一种具体表现形式，每个个体赋予疫情时间段以时间性和主观价值。在不断演进的新风险社会中，时间序列中总会出现与当前个体时间状态相异的未来情境，这要求个体不断应对新的危机与风险，调整并增强自身的应变能力。与此同时，加速社会理论证明，个体时间循环的节奏将随着社会发展速度的加快而加快，进而对个体的精神和心灵结构产生影响，这一微观历程将以个人志的形式填充个体的生命时间。

社会风险影响具有广泛性，当个体时间经历积累到一定程度时，个体对危机的认知与应对将演变为涉及社会认同、社会信任与群体化生存的公共事件与群体时间体验，进而对一定范围内个体的应急能力构成挑战。在新冠疫情中，各个国家的政府机构成为群体时间维度的危机管理主体，这一过程中不同的个体时间构成了更大范围的群体时间的集合，即个体作为集群的成员，共同经历突发事件所处的群体时间段。危机管理路径涵盖缩减、预备、应对和恢复四大模块，是个体发挥应急能力的普遍实践方式，而其所对应的社会适应维度

---

① Gross D, “Time-Space Relation in Gidden’s Social Theory”, *Theory, Culture & Society*, 1981, 1(2), 83-88.

② [德]马丁·海德格尔：《存在与时间》，陈嘉映、王庆节译，北京：生活·读书·新知三联书店，1987 年，第 375 页。

也必然与不同社会群体息息相关，成为提升群体应急能力的干预落点。

社会时间是社会运行和变化的时间体验。[①]除了个体时间维度的危机管理体验与群体时间维度的公众应急能力检验，新冠疫情作为突发公共卫生事件本身也具有时间性。大数据等科学技术的进步为现代性的加速发展提供了技术支持，“社会加速造就了新的时空体验，新的社会互动模式，以及新的主体形式，而结果则是人类被安置于世界或被抛入世界的方式产生了转变，而且人类在世界当中移动与确立自身方向的方式也产生了转变”[②]。因此，当个体时间与群体时间仍旧以人为出发点对社会风险进行观察时，社会时间则选择站在事件的角度探讨社会运动本身的时间性，而个体、群体的经历则是对整个事件时间性的记录。在社会加速批评理论视角下，“当下”的时间区间在不断萎缩[③]，新冠疫情只是加剧社会不稳定性的一个时间截面，当社会风险进入液态社会，针对疫情的应急管理体系刚刚建立就有可能被新的运转机制所代替，因为在具体的危机中，关注个体和群体只是暂时的见招拆招，只有在社会变动中把握事件演变的时间规律才有可能超越加速发展的社会态势，避免主体在新社会环境中的异化与游离。

由此可见，尽管仍然可以将新冠疫情归为公共卫生事件，但社会时间的加速必然导致传统的对公共卫生事件中时间性的认知出现的新转向。如果仍然按照突发性、偶然性等时间感知方式去理解新冠疫情这样的公共卫生事件，显然无法全面或正确地把握全民关注、全民参与背景下的应然逻辑。

综上所述，公共卫生事件在当前所呈现的新特点，已经构建了一种新的解读语境，这一语境中风险与时间相互交织。在应对公共卫生事件时，公众不仅表现出对风险发生及存在的恐惧，同时也表现出对时间感知的焦虑。

五、关键概念之间的逻辑联系

在我国网络场域中，发展与治理始终相互依存、并行不悖。随着我国经济社会的发展和媒介技术的不断进步，网络场域逐步迈入移动互联和智能时

---

① 董金平：《加速、新异化和共鸣：哈尔特穆特·罗萨与社会加速批判理论》，《山东社会科学》2019 年第 6 期，第 21-28 页。

② [德]哈特穆特·罗萨：《新异化的诞生》，郑作彧译，上海：上海人民出版社，2018 年，第 64 页。

③ [德]哈特穆特·罗萨：《新异化的诞生》，郑作彧译，上海：上海人民出版社，2018 年，第 18 页。

代，这为网络舆论引导和网络意识形态安全带来了新挑战。专家系统在网络场域中的影响力，不仅可能引发网络舆情，也可能带来网络意识形态安全风险。因此，密切关注专家系统在网络场域中社会信任的形成或失效，科学分析社会信任失效的现象、原因及后果，深入理解网络场域的发展与治理理念，对于推动专家系统科学决策、营造健康网络舆论环境和保障网络意识形态安全至关重要。

从某种意义上讲，正是在对“疾病的文化现象”的观照下，公共卫生事件中的专家系统的社会信任问题才具有特殊的价值，其不仅是现代性研究中的一环，也是现代社会治理中的关键性因素。专家系统的出现是公共卫生事件语境下的集体诉求，这一方面表现为社会整体需要专业性更强的知识来抵御疾病传播带来的风险，另一方面表现为专家系统以一种专业方式将民众在事件中的某些积极诉求转化为对社会管理者的要求。无疑，这使人们可以看到在公共卫生事件中专家系统的中介化特质，这种特质将关于专家系统的研究置于政治学、管理学、传播学等多学科共同解释的框架下，而不是单纯地依靠某一个学科的知识去建构研究范式。

本书所涉及的四个关键词，即网络场域、专家系统、社会信任失效和公共卫生事件之间所存在的逻辑关系可以表述为：其一，网络场域作为媒介和行动空间，在媒介社会学的意义下呈现了人类社会利用媒介进行更大的时空运动和实现空间自主性的现实诉求。与布尔迪厄对社会场域的描述一样，网络场域中也存在着各种子场域，它们彼此之间会产生交汇、合作与互斥，在面对共同事件时，子场域构成了应对事件风险和形成科学决策的共同体。这一共同体在特定事件中如何产生合作？这种合作的基础是什么？该基础在网络场域中以何种形式呈现并接受公众的评价？上述问题也正是本书希望通过一种具有针对性的解析来回应的。其二，专家系统及其社会信任失效问题是现代社会治理，尤其是网络场域治理中较为核心和关键的问题。这不仅体现了现代社会分工的日益明晰，更凸显了在信息碎片化的网络场域中，专业化知识对于信息选择的必要性。在信息大爆炸时代，传播场比以往任何时候都更需要专家系统，专家系统能够在相关事件，尤其是风险事件发生时，提供从认知到行动的一整套科学逻辑，并以此消解社会紧张情绪和建构自身的受信水平。其三，公共卫生事件之典型性在当下网络社会中的意义不言而喻，相关研究表明，2019 年以来网络场域中公众热议甚至形成公众舆论的公共事件中，公共卫生事件就占到了三成以上。公共卫生事件的频繁发生呈现出两个值得深刻反思的维度：人类社会越是具有现代性也就越难以避免在对世界进行拓展时可能遭到的反噬；人类社会越因某些共同性风险而聚合成风险共同体时，在公共卫生事件中对基本安全感的需求就越强烈。这两个维度之间存在着必然关联。综上所述，基于人类社会现代性发展的实际情况，公共卫生事件的频繁发生引发了社会对本体性安全感的强烈诉求，这种诉求伴随已经嵌入人们生活的网络场域出现，并在网络场域的行动中进一步展现。网络场域作为传播活动的发生空间，既沿袭了以往传播场中的某些规律，又产生了一些新的变化，在这种情况下，专家系统的出场是现代社会时空重组之后的必然，对专家系统的社会信任失效问题的研究也就显得尤为重要。

整体而言，本书针对网络场域中专家系统的社会信任失效问题做出如下回应：其一，必须厘清网络场域自身的特点，并依据这些特点界定专家系统在该场域的发生机制和行动的特定逻辑；其二，基于更为全面的考量，专家系统及其社会信任在特定场域和事件中可能存在差异性，而这些差异性需要在进一步考察专家系统的社会信任失效的维度上予以体现；其三，以公共卫生事件为对象研究网络场域中专家系统的社会信任失效问题，就需要根据公共卫生事件在当下社会实践中发生发展的实然逻辑来建构相应的认知图式。

第二节　专家系统的社会信任及其失效的分析维度

如前文所述，在公共卫生事件发生发展的过程中，至少形成了两个值得深入关注的语境。其一是公共卫生事件所呈现的风险语境，包括对风险的感知、判断以及在风险中的应对策略；其二是公共卫生事件所引发的决策语境，在公共卫生事件中，事件状态的不确定性和发展的未知性构成了一种实际存在的风险，因此社会系统会显示出较高的共同应对风险的需求，这种需求进而会转化为对具体决策的诉求。显而易见，对决策的理解并非个体化的，而是群体化和社会化的，也就是说，为有效应对公共卫生事件所引发的风险危机，社会系统的决策行动被激活了。风险语境和决策语境在公共卫生事件中是两种具有逻辑联系的实在，前者对后者的激发和后者对前者的消解使相关社会行动持续进行。当这些社会行动发生时，专家系统深植其中，在风险语境和决策语境里，专家系统都有可能凭借其社会信任影响社会系统对风险的感知与判断，影响群体决策的过程，并成为整个公共卫生事件进程中的关键节点。

一、分析维度的学理基础

风险社会理论中的系统环境视角为阐明风险语境下专家系统的社会信任存在的必然性提供了理论支持。

在风险社会理论的历时研究过程中，新的观点和基于不同学科视角的研究维度不断涌现，并且形成了制度、文化和系统环境三个研究范式，如表 2-1 所示。风险社会理论研究中的制度范式，通常从某种制度及其结构的角度出发，对现代社会出现的风险和如何规避风险进行分析和讨论。在分析现代性与制度之间的关系、制度与社会风险之间的关联、社会结构所带来的某种风险和隐患等问题时，风险社会理论研究的制度范式的确提供了具有参照价值和启发意义的思考框架，但这一范式在可行性方面缺乏必要的支撑，尤其是对现代社会风险发生根源的解读存在着片面性和抽象性，在探索如何通过决策应对风险的问题上，仅仅指出了方向，却未给出实践层面的具体建议。辩证地看，这一范式是建立在理性思考基础上的思想乌托邦。

表 2-1　风险社会理论研究谱系

研究范式	研究特点	认知取向	研究视角
制度范式	“现代性断裂”：制度范式的理论预设	现实主义的认知取向	制度和结构的研究视角
文化范式	“第二现代性”：文化范式的理论预设	建构主义的认知取向	文化的研究视角
系统环境范式	功能分化及双重偶然性	差异论的认知取向	系统环境的研究视角

风险社会理论研究的文化范式在某种程度上是对制度范式的补充，悬置了社会结构自身危机导致的解释困境，并提供了更具开放性和包容性的视角，这对于深入理解现代风险如何推动新的社会建构，以及如何诠释文化及其在现代社会风险中的发生意义，具有很强的解释性。但同时也需要注意，风险社会理论研究的文化范式往往会忽略制度性的存在对现代社会的影响，过度依赖反思性社群来规避和应对风险。我们并不能否认反思性社群在智识和思想供给方面的能力，其对风险的感知和对既有文化信念的理解确实比普通大众更为敏锐，但是若脱离了对制度性存在和一些特定环境的考察，即便是典型的反思性社群——专家系统也并不能独立完成在风险社会中的决策，因而文化范式的主观性和理想化色彩依然浓厚。

在系统环境范式中，社会系统的分化性和复杂性使“双重偶然性”成为一种实际存在的情境，当行动主体置身于这种情境时，他们通常会发现自己处于复杂且多元的时间结构中。在这种情况下，原有的线性时间观念无法发挥作用，行动主体必须面对充满不确定性的未知状态。不同的行动主体会依据各自的行动逻辑和路径，在特定情境中相遇。比如将公共卫生事件的发生视为一种特定情境，不同行动主体按照各自经验的指引采取相应的差异化行动，这些主体会在社会系统中相遇。每个行动主体的行为都可能成为其他行动主体参照的对象，当这种参照仅仅具有说明意义而非说服意义时，行动主体之间的沟通仍以自我指涉的方式进行。这导致在公共卫生事件的应对中主体行动的差异化愈发显著，难以形成共识性较高的应对合力，这种双重偶然性本身便成为一种风险。更为重要的是，在网络场域中，随着行动主体自我认同的强化，这种风险会不断加剧。双重偶然性是社会系统运行时的一种实然存在状态，它也是社会系统在应对和规避风险时的环境因素，并且这一环境因素的变化正从风险-安全模式向风险-危险模式转化，这意味着在考察风险社会时要增加危险的权重。在风险社会中，危险的释义进一步表现出系统的偶然性和不可知性，危险并不发生在系统的内部，而是被视为一种外部环境因素，即在环境中所发生的未来损失事件，其超越了系统自身的符码范围，成为系统难以预测的事件。系统与环境之间存在着结构性关联，但是环境的复杂性远远超过了系统的复杂性，环境的复杂性使系统处于各种不确定的可能性当中，进而迫使系统必须采取一系列有效的应对措施来维系其功能和结构的完整性。总体而言，系统环境范式为风险社会中风险的发生提供了根源性解释，同时也指出了规避风险的方案，即系统在对环境进行充分认知的基础上，依据环境选择进行相应的自我调整。

正是因为这样，在讨论公共卫生事件中的专家系统及其在运行过程中以专业意见形式所指导的行动时，我们必须考察的是，在事件所塑造的风险-危险模式下，专家系统如何保证其功能和结构的完整。因此，专家系统所生成的专业意见及相关的行动和处理方式，可以被视为其对所处环境的自我生成、再生成和自我指涉的过程。专家系统的社会信任本身具有一定的结构性和系统性，并通过其可能形成的对环境的再认识去消解社会风险，因此，本书将风险社会理论研究的系统环境范式作为理论视角。在风险社会理论研究的系统环境范式中，依然存在三种不同的研究维度，即功能分化及双重偶然性、差异论的认知取向以及系统环境的研究视角。从本书研究问题角度出发，专家系统的社会信任问题是关于专家系统及其所处环境的研究的核心命题，其研究的关键逻辑在于，在特定的风险环境中，如何进一步完善专家系统的功能性和结构性。

从本书的研究背景看，网络场域作为社会结构的一个子结构，不仅能够部分地呈现社会结构，同时能够揭示社会结构中存在的系统性问题。本书还注意到，在系统环境视角下分析专家系统的结构性变化因素，首先需要明确其相应的发生环境。专家系统发挥作用的网络场域，作为具有结构性的复杂系统，与现代社会中的媒介技术环境之间存在着紧密的联系，并体现出以下两个方面的特征：其一，技术条件下媒介传播形式的变化影响着网络场域的结构性；其二，新媒介技术所引发的媒介主导权的转换又改变着网络场域中的关系建构与话语塑造，并对网络场域结构性产生间接影响。从本书的研究对象看，公共卫生事件的发生使社会环境处于一种风险-危险模式中，在研究特定风险环境中专家系统如何在外部环境的作用下形成社会信任并展示其影响力时，系统环境研究范式更适配。结合研究问题、研究背景和研究对象，本书将系统环境研究视角作为理论切入点来分析公共卫生事件中专家系统的社会信任。政治心理学中的群体决策理论，为决策语境下公共卫生事件中专家系统的社会信任价值取向的建立提供了行动支持。

在政治心理学的层次建构中，情境论和性情论通常是重要的区分标准，这与菲利普·乔治·津巴多以“苹果”和“木桶”为隐喻所做的区隔相呼应。这种区分的核心在于探讨社会心理学环境与个体之间的关系。生活空间函数进一步强调了社会行动发生时个体与环境之间的必然联系，意味着人类社会的行为总是可以被解释为人与当时所处环境的函数关系。换言之，在归因任何一种社会行动时，我们总是需要综合考察其横向的情境特征和纵向的环境特征。进一步讲，行动的出现往往伴随着决策，或者行动本身就体现了一种决策过程，在预先考察行动决策时，环境这一变量始终发挥着重要作用。决策的行动和行动的决策之间存在大量心理与环境的匹配效应，比如从众效应、沉默的螺旋效应、门槛效应等等。更为重要的是，决策与环境之间的对应关系并不只是存在于个体层面，在群体层面也占有极高的比重。在群体决策的过程中，最终决策的形成始终受到周遭具体情境变化和既存环境状态的影响，同时，受环境变量的影响，决策的结果也经常处于动态的演进中。很多时候，公众的意见环境是影响群体决策的关键变量。公众对群体决策的理解与评价通常超越决策所形成的文本，进而形成一种具有整体性评估价值的环境系统，这一系统中既有对决策本身意义的理解，也有对决策者的具体评价，以及对整个决策系统的信任性评价。公众对群体决策的评价所产生的溢出效应，不仅体现在对决策者的专业性、道德感和人文关怀等群体内在素质的评价方面，也体现在对群体能否与其他群体建立有效沟通、达成共识，以及是否具备倾听、整合和接纳不同意见的外部协商能力的评估方面，最终这些内部和外部的评价将形成对群体，尤其是政治群体的信任指涉。

从专家系统参与群体决策的角度看，参与本身发挥着沟通的作用。在语义学中，参与具有意识形态的面向，也因此具有特定的自我满足价值。与此同时，参与本身也深化和加强了和政治系统相关的内部与外部沟通，对政治系统而言，有组织的沟通是维持系统自身稳定性和完善性的关键，通过组织内部以及与其他系统的沟通，政治系统才能以更宏大的名义建立广泛的社会沟通，并借助这些沟通实现自身的抱负与理想。

历史经验一再表明，作为一种群体决策，政府决策本身并非单纯依赖某一政治组织或系统，而应为其他组织或系统提供参与决策的机会或路径。与封闭的群体决策相比，开放参与式群体决策更能充分且迅速地获得新的信息和新的解释，并能够发现封闭群体决策的遗漏与缺失。[①]这意味着政治系统在针对未知性更强和不确定性更明显的社会发展问题制定政策时，需要选择开放参与式的群体决策，群体决策过程中各主体通过信息传播提供多样的观点选择，也更有助于澄清不确定性和消解矛盾，更为重要的是，这种群体决策的方式“可以阐明经验性积累的知识与信念的逻辑在结构中可能存在的不足”[②]。但小集团思维的危险性是显而易见的，贾尼斯认为，“群体形成草率和不成熟的共识导致其对外部意见视而不见”[③]，小集团的思维通常使个体内卷于某些具有凝聚力的群体之中，群体成员追求一致性时，很容易忽视对由此产生的决策在实际实施中的可行性的客观评估。

从公众对群体决策的理解和评价角度看，公众在危险与风险情境中对群体决策的理解往往超出了决策所传递信息的范畴，公众更倾向于信任准确且完整的信息。任何一种仅由某个政治系统作出的决策，可能都难以赢得更广泛的社会信任[④]，甚至可能引发群体极化效应。政治心理学环境视角下的群体层次理论指出了一个至关重要的问题：群体不仅仅是那些组成群体的个体的总

---

① George A, *Presidential Decision-making in Foreign Policy: The Effective Use of Information and Advice*, Boulder: Westvies Press, 1980, p.81.

② Verzberger Y, *The World in Their Minds: Information Processing, Cognition and Perception in Foreign Policy Decision-making*, Stanford: Stanford University Press, 1990, p.223.

③ Janis I, *Victims of Groupthink: A Psychological Study of Foreign-Policy Decisions and Fiascoes*, Boston: Houghton Mifflin, 1972.

④ Tetlock P E, Peterson R S, McGuire C, et al., “Assessing Political Group Dynamics: A Test of the Groupthink Model”, *Journal of Personality and Social Psychology*, 1992, 63(3): 403-425.

和[①]，而且是基于多种联系和沟通以及“多元倡导”[②]模式的开放系统，当有更多的相关组织和系统进入决策形成的讨论和辩论阶段时，公众会更加信赖这种多元参与的决策形成过程。

综上所述，在基于公共卫生事件这一特定情境所营造的风险语境和决策语境中，风险社会理论的系统环境研究视角有助于解释在公共卫生事件中公众为何对专家系统的出现有着较高的诉求。专家系统的社会信任是公众的一种期待性诉求，其目的是缓解或消除由所处环境的风险状态引发的紧张、焦虑和恐慌情绪，进一步来说，公众对专家系统有着更高的行动诉求，即期待其通过与政治系统的有效沟通和互动，提出行之有效的应对风险的群体决策。面对未知和超出原有决策经验范式的情境，政治系统同样需要借助开放参与式的模式将专家系统的意见纳入决策的制定过程中，这不仅是因为政治系统与公众在应对风险上有着共同的需求，更是因为政治系统需要通过赢得信任来维持自身在社会中的有效运行。在提供理论支撑的同时，系统环境研究视角以及群体决策也更有助于建构网络场域中公共卫生事件背景下专家系统的社会信任研究的分析维度。依据系统环境的研究逻辑，网络场域是专家系统行动发生的环境，公共卫生事件则是具体的情境，因而网络场域的特征和公共卫生事件的特点将会被纳入对专家系统的社会信任的考察中。随着社会对公共卫生事件风险性认知的深化，人们越来越关注如何规避和应对这些风险，因此对群体决策的需求日益增强。专家系统与政治系统的沟通合作或可使群体决策的生成更具可行性。因此，专家系统与政治系统的关系，以及政治系统对专家系统的社会信任形成的影响，应当成为网络场域中公共卫生事件背景下专家系统的社会信任研究的重要维度。

二、分析维度的构成特征

正如前文所述，在考量专家系统的社会信任时，我们需要综合考虑专家系统行动发生的传播环境（网络场域）、具体的情境（公共卫生事件）以及行动逻辑（在群体决策中产生作用）。其社会信任分析维度绝非单一，而是

---

① Longley J, Pruitt D, Groupthink: A Critique of Janis's Theory, in Ladd wheeler(Ed.), *Review of Personality and Social Psychology*, Beverly Hills: Sage Publications, 1980, p.91.

② George A L, Stern E, “Harnessing Conflict in Foreign Policy Making: From Devil's Advocate to Multiple Advocacy”, *Presidential Studies Quarterly*, 2002, 32(3): 484-505.

基于多个维度的综合判断。这些维度的具体构成情况，可以从以下几个方面进行阐释。

其一，信任的分析维度。信任分析涉及多个维度，前人的相关研究主要揭示了四个维度，即胜任维度、公开性维度、利害关系维度和可靠性维度。胜任维度强调，组织中从属关系的稳定以及组织与组织间关系的和谐，在很大程度上取决于管理者是否胜任其职位；公开性维度则表明，公开性可以作为一种协调机制来维系矩阵式部门的信任关系，但这种公开性具有双刃剑特点；利害关系维度进一步说明，建立关系的双方是否关心对方的利益或关注整体利益将决定信任是否以利益均衡的模式加以确立；可靠性维度则发现，语言和行为的前后一致性影响各种信任关系的建立。

其二，信任的分析维度在专家系统的社会信任中同样存在。信任分析的四个维度在专家系统的社会信任中具有相同的含义，但是主客体不同。信任的主客体通常存在于个体与个体、组织与组织、个体与组织的关系中，而专家系统的社会信任的主客体则是专家系统和公众，与此同时，专家系统的社会信任的外延还包括了专家系统渠道社会信任、专家系统信源社会信任等。信任分析的四个维度可能在专家系统的社会信任的不同外延中呈现，并体现出差异性。在传播学范式下，对于社会信任分析维度的判断大多是通过渠道和信源来实现，这对于分析网络场域这一传播环境对专家系统的社会信任的影响具有启发意义，这一分析建立在信任的公开性维度上。但在考察公共卫生事件情境下专家系统的社会信任时，仅通过传播学的解释来阐述风险语境所形成的社会需求和决策语境所产生的社会诉求是远远不够的。在风险社会的系统环境视角下，公众在特定风险环境中对专家系统的社会信任的评价不只局限于专家系统信息传播的渠道和信源，还源于对其专业素质和职业操守的信任性感知。[①]专业素质的信任感是基于信任的胜任维度的判断，更高的专业素质提供了更坚实的安全性信任基础；职业操守的信任感的可靠性维度则通过公众的评价明确展现出来。同时，在系统性信任的评价维度，个体、团体和组织的受信程度还被延伸到其是否具有较高的社会关怀一这风险文化的典型表现层面[②]，这是对信任利

---

① [德]乌尔里希·贝克、[英]安东尼·吉登斯、[英]斯科特·拉什：《自反性现代化：现代社会秩序中的政治、传统与美学》，赵文书译，北京：商务印书馆，2014 年，第 27 页。

② [德]乌尔里希·贝克、[英]安东尼·吉登斯、[英]斯科特·拉什：《自反性现代化：现代社会秩序中的政治、传统与美学》，赵文书译，北京：商务印书馆，2014 年，第 122 页。

害关系维度的符码指向，也是风险社会中社会心理的某种再现。在公共卫生事件的风险情境下，专家系统仅通过专业知识让公众感知和理解风险，仍不足以最终确立社会信任。在风险情境中，公众应对风险的行动诉求是希望专家系统提供合理的行动决策，这使得专家系统必然与社会中提供群体决策的政治系统产生联系，而政治系统在做出重大群体决策的过程中，同样对专家系统有着合目的性的需求，两者的有机结合更有可能使专家系统通过参与群体决策而构建社会信任，这对专家系统和政治系统而言，无疑是一种双赢策略。基于此，在公共卫生事件中考察专家系统的社会信任问题同样无法回避，或者说必然关联到政治系统或政府因素。

其三，专家系统的社会信任的分析维度具有独特之处。结合之前所做的阐释，可以将专家系统的社会信任分析维度的特点概括为整合性、相关性和情景化。就整合性而言，专家系统的社会信任整合的不仅仅是媒介资源中那些可信的渠道和信源，在更为全面的解释中，专家系统的社会信任与社会的信任评价体系紧密相连，整合了人们对于信任的总体评价。这包括两部分内容：一是对专家系统本身的评价，即对专家系统专业素质、专业操守和人文关怀的评价；二是对专家系统与外部联动系统关系的评价，即对专家系统与媒体、专家系统与时间、专家系统与个体、专家系统与政府之间互动的评价。专家系统的社会信任的各个分析维度之间存在整体性的关联。在相同区域或群体中，公众对专家系统的社会信任的判断呈现出多维性特征，而专家系统的社会信任的内在意义是由这些不同维度共同构成的，其中任何一个维度的降低都会影响专家系统的社会信任的整体评价及其在功能层面的价值认同。就相关性而言，专家系统的社会信任判断将会与媒介的社会信任和政府的社会信任形成关联，这不仅仅是特定公共卫生事件中风险语境和决策语境的要求，也是社会信任心理的一种再现。就情景化而言，尽管很多实证研究试图锁定对专家系统分析的维度，但是不同分析维度在不同的时间和地域所得出的结论总是存在差异性。也就是说，专家系统的社会信任的分析维度并不是固定的，其具有情景化的特征，这种特征也进一步使专家系统的社会信任的分析趋向于一种动态化的模式，而非一种静态的和横截面式的考察。

其四，专家系统的社会信任的分析维度背后的政治决定因素。这里首先需要界定一个问题，即专家系统的媒介化特质。从传播学对专家系统的分析来看，在二级传播过程中，专家系统实际上扮演了中介的角色，对信息的二次加工和传递使专家系统逐步显现出媒介化的特征。另外，专家系统在整个传播过程中同样可以作为渠道和信源出现，但与媒介不同的是，专家系统所传递的信息中包含了更多的观点和意见。尽管专家系统无法像新闻媒介那样进行客观的信息传播，但是其作为媒介的特征已经显现。作为媒介，专家系统还具有信息筛选、甄别和意见导航的功能，这一点在信息传播过载的网络场域中显得弥足珍贵。与普通意义上的专家系统不同的是，作为媒介的专家系统进一步提供了专业知识和基于专业知识的观点、意见。在清晰地认识到专家系统媒介化的问题后，专家系统背后的政治决定因素便得以显现。大量相关研究表明，媒介背后的政治决定论与文化决定论相比，前者发挥的作用更大。[①]在我国政治体制中，媒介是党、政府和人民的喉舌，因而，公众对媒介的期待也更多地表现为对政府及其相关职能的期待。在媒介系统中，媒介的行政地位影响着其社会信任，或者可以说，媒介与行政机构的关系影响媒介的社会信任。依据前文所述，专家系统作为媒介或当其具有更明显的媒介化特质时，其与行政部门之间的关系同样成为影响其社会信任的重要因素。

三、分析维度的价值判断

对上述分析维度的价值该做何种判断呢？我们可以从常人方法论中获得相关的启发。该理论认为，普通的社会个体对社会现象本质的理解、对社会运作的实然感知和应然状态的想象，都持有自己的态度，其对媒介社会信任的评估也秉持这一态度，对专家系统的社会信任的评价同样如此。普通社会个体对专家系统的评价虽不如学术界那般严谨准确和立论清晰，但同样有其自身的理论基础。从认知心理学和政治心理学的角度看，常人方法论的框架揭示了社会信任包含的两个心理层次：一是对可信度的心理判断，这一判断可通过工具进行有效量化，因而处于表层结构中。二是支持维度建立的证据，它隐含于各维度之中，关乎人们是否信赖专家系统的意见、观点及其传达的知识信息。这种信赖往往源于个体对专家系统整体的感知与评价。换言之，普通社会个体对专家系统的评价是内隐于心理层面的，且不同个体的理论基础各异，导致了意见的分歧。此框架为深入理解专家系统的社会信任的分析维度提供了更为丰富和有意义的指导。

不论是在哲学中还是在法学中，对事物或社会现象的阐释通常表现为对

---

① 祝建华等：《社会、组织、个体对媒介角色认知的影响：中国大陆、中国台湾和美国新闻工作者的比较研究》，柯惠新、祝建华、孙江华：《传播统计学》，北京：北京广播学院出版社，2003 年，第 466-472 页。

事实和价值的分析判断。具体而言，前者是对所分析客体的状态进行判断，后者则是对客体对于所分析主体的意义和价值的判断，即对“客体是什么”和“客体应该是什么”的判断。那么，对于专家系统的社会信任的分析，就是对“专家系统的社会信任是什么”和“专家系统的社会信任应该是什么”的认知和价值判断。正如在公共卫生事件的风险应对中，戴口罩可以在一定程度上阻挡病毒侵袭是事实判断，但有些人持肯定态度，有些人持否定态度，则是一种价值判断。从常人方法论角度看，专家系统的社会信任的分析维度实际上是一种公众的价值判断，不同个体所做出的正确与不正确的价值判断，往往是基于他们各自的立场得出的结果。比如在一些集体竞技项目的赛场上，经常出现裁判对双方队员各打五十大板的情况，赛后，两队的教练均认为裁判的做法不正确，这是他们基于各自立场做出的评价。在政治心理学中可以表述为，当政治认知的基模不同时，尽管可能产生相同的结果，但这些结果却是基于不同的政治立场而产生的。从偏见这一维度来看同样如此，不同个体对同一事物的感知，如公平或不公平，也是基于不同立场而做出的判断。例如，教师惩罚两个犯错误的学生，两个学生往往会认为教师的惩罚对自己不公平且偏袒了对方。

专家系统的社会信任的分析维度包含了公众各自不同的立场、价值观及所传达的意义指向，本质上是一种价值判断。然而，这并不意味着事实判断不重要，事实判断是价值判断的前提和基础。尤其是在后真相时代，公众对真实性的需求愈发强烈，事实真实与情感真实相互交织，共同构成了公众对真相诉求的新的判断标准。公众对专家系统社会信任的判断，首先建立在对基本事实的认定上，这是判断的起点，也是社会信任得以形成的基础。若缺失了这一基础判断，后续的价值判断便无从谈起。

第三节　专家系统的社会信任失效风险的多重影响因素

将社会中的各类组织都视为一种协作的系统，并将其纳入整体社会系统中进行考察，历来是社会学研究中分析管理问题的核心思路。组织具有社会复杂性，也具有社会系统性，通过对组织的系统性研判，可以进一步识别影响组织形成与发展的内外部因素，并获得其运行的社会图式。上述源自社会系统学派的研究逻辑对于分析专家系统的社会信任而言，同样具有重要的指示作用。

一、多重影响因素的系统性和结构性

从目前所能掌握的文献中可以看到，关于专家系统及其社会信任的研究，大多聚焦于公众、媒介、政府以及专家系统自身特性。这些研究相对微观地呈现了可能影响专家系统的社会信任的多种变量，但是对于宏观层面的变量的探讨却不足，尤其是未能涉及因环境和系统差异而形成的内外层次变量。

如要系统地分析专家系统的社会信任在各个层面的影响因素，首先需要将专业意见置于一个系统中进行相关的考察。毫无疑问，专家系统是在传播系统中发挥作用的，而传播系统本身又是社会系统的一个有机组成部分，因此，运用社会学的方法来探讨专家系统的社会信任问题，是一种较为现实和全面的考察方式。在整个传播过程中，专家系统作为传播者和接受者，均会受到基本群体的影响。作为传播者，专家系统可能会因为受到影响而用某种特殊的方式筛选、处理和加工制作信息。比如，专家系统通常受到其所属专家群体的影响，因而在信息选择和制作过程中表现出该基本群体的某种身份特征、话语特征和行动特征。同样，当作为接受者时，专家系统所接收的信息也会受到基本群体的影响，从而在信息的选择、理解和反馈上表现出某种特定的倾向。进一步来说，基本群体并非纯粹的抽象概念，相反，它们是真实存在的，并对内部个体施加影响，是更大的社会结构的组成部分。在此基础上，它们构建了一个传播系统，该系统不仅嵌入社会总系统，而且与社会总系统产生相互作用。

至此，可以看到，专家系统是在一定的传播环境中运行并完成其传播过程的，其所属的社会结构和社会环境之间亦存在关联性。基于此，我们可以将专家系统的社会信任的整个传播过程置于不同层次的社会系统中进行考察。传播的主体和客体往往处于不同的社会环境中，却共同构成了包含受众系统和媒介系统的传播系统，这一传播系统始终置身于宏观的社会系统之中。从系统论的角度来看，专家系统的社会信任受三个系统的共同影响，也就是说，社会系统作为宏观环境，受众系统和媒介系统作为微观情境，均对专家系统的社会信任产生一定的影响。因此，可以从以下几个方面建构分析框架，探讨专家系统的社会信任的影响因素：社会系统的外在影响、受众系统和媒介系统的微观影响、专家系统自身的内在影响。

二、公共卫生事件背景下的社会系统影响因素

将专家系统的社会信任的分析置于事件背景下进行考察，在某种程度上

是为了避免无时间的观念导致的分析的孤立性。也就是说，对专家系统的社会信任的分析应当结合时间维度来进行，在这一意义表达式中，公共卫生事件为专家系统的社会信任的分析提供了具体的时间与空间坐标。时间将事件固定在某一时刻，该事件与当下任何既存经验无关，经验本身与时俱进，并不断地将未来的时间转化为过去的时间。正因为如此，时间对事件的界定并不局限于过去、现在或将来的框架，与时间的变动性相对照，一个事件只有产生了变化才能呈现出作为当下事实的意义，才能被认定为发生了。在此层面上，发生了的具有事实意义的事件往往并不和经验的时间性相关，而是对过去和当下经验时间的超越，其带来了某种未知性以及由这种未知性引发的风险。事件的状态不应被简化为事件的连续性，而应被视为一种持续进行的现在。和许多已发生的事件相同，公共卫生事件激发了社会对安全的诉求，这意味着安全本身——事件状态的安全，唯有在现在才能实现。在分析作为安全形式的信任时，上述逻辑也许同样适用，因为现在作为不断变化的事件的连续统一体而存在，是各种状态的总体，这使现在成为信任的基础，换言之，对信任的讨论应根植于现在，并以此观照未来，未来的未知性和不确定性因现在的信任而被消解。至此，可以获得一个基本认识，信任以现在性指向对未来可能存在的风险的消解，而不信任则增加了未来的风险。这一逻辑同样适用于对以信任为起点的社会信任的分析，即在公共卫生事件中，对社会信任问题的考察是基于现在来观照未来的，社会信任对现在事件状态所存在风险的消解即是对未来风险的一种化解，社会信任在一定程度上提升了社会应对不确定性的能力。

与此同时，某些事件的发生，尤其是关涉社会整体利益和关联更多社会群体的事件，可能引起社会系统的关注。根据帕森斯对社会系统结构的分析，我们可以认识到，在构成社会行动系统的三个子系统中，相较于人格系统和社会系统，文化系统更容易产生某种决定性的意义。[①]文化系统指向道德、知识和价值，其不仅作为影响行动发生的外部因素存在，同时也是行动者在接受他者评价时的内部考量因素。这一逻辑对专家系统的社会信任研究具有启发意义。专家系统的社会信任，实际上是他人对专家系统作为行动者的评价，评价的因素主要由文化系统决定，即文化系统决定了评价将围绕专家系统的道德、知识和价值展开；这些评价指标也成为专家系统作为行动者形成行动力的内部建构因素。比如，在专家系统行动力的内部建构中，道德指向了专家系统的专

---

① [澳]马尔科姆·沃特斯：《现代社会学理论》，杨善华等译，北京：华夏出版社，2000年，第160页。

业操守，知识指向专家系统的专业素质，价值则指向专家系统是否具有人文关怀。就社会系统对公共卫生事件中专家系统的社会信任的影响而言，我们可以从哈贝马斯关于社会系统的解读中获得一些必要的补充。与帕森斯不同的是，哈贝马斯将社会系统视为由文化系统、经济系统和政治系统建构起来的关联性结构关系，并认为其中的政治系统发挥着核心作用。如何理解政治系统在具体的事件中对行动者所产生的影响呢？比如在公共卫生事件中，社会整体感知到风险并寻求一种基于现在的信任，专家系统作为行动者，若只提供风险“是什么”的解释，往往不足以赢得更高的社会信任。这不仅是因为公众在信息传播中也能获取相关知识（在网络信息传播中更为显著），更是因为在面对未知风险时，只知道“是什么”并不足以让公众产生安全感。公众对专家系统的更进一步的诉求，是希望其能提供“怎样做”的各种可能性。一旦涉及这个层面，“怎样做”便被视为一种对群体决策的指涉，专家系统如果要向公众提供“怎样做”的各种可能性，其必然要与通常情况下制定“怎样做”决策的政治系统产生联系，因为后者的决策行动在历时的社会发展中获得了合法性，其社会信任同样是在历次的决策行动评价中积累起来的。专家系统在群体决策中的影响力，在某种程度上取决于其与政治系统的沟通和联系情况。也就是说，专家系统与政治系统在类似于公共卫生事件这样的风险情境中以一种协作的方式为社会提供群体决策，而专家系统的社会信任的建立在很大程度上将依靠政治系统的支持。就这一问题而言，还应指出的是，在应对具有未知性和风险特质的社会事件时，制定群体决策的政治系统同样超越了其原有决策的经验范式。将专家系统纳入群体决策的过程，并非政治系统的“许可”，而是双方的合作。当双方以这种方式共同为社会提供“怎样做”的群体决策时，专家系统的社会信任便与政治系统的社会信任紧密地联系在一起。

综上所述，为了能更加全面地考察公共卫生事件背景下社会系统对专家系统的社会信任可能产生的诸多影响，我们需要将公共卫生事件的未知性和风险性、现在的信任基础、风险应对决策的需求，与社会系统中的文化系统和政治系统相结合进行分析。这样的分析不仅能凸显在特定事件中研究专家系统的社会信任问题的重要性，还能揭示影响专家系统的社会信任建构的结构性和系统性因素。

三、专家系统的社会信任与政治因素的相关性

如果政治因素在宏观社会系统中对专家系统的社会信任产生影响，那么

这种影响应该具有支配性意义。但是这种支配性影响是正向的还是负向的，学界莫衷一是。美国芝加哥大学国家民意研究中心的调查显示，在明确感知到专家的政治背景或专家受到某种政治因素影响时，公众对专家的信任程度会下降。新加坡学者研究发现，在影响专家意见的过程中，新加坡政府所面临的情况与美国不同，在关系到国家重大利益和安全的问题上，专家意见即便与政府意见相似，也并不会影响公众对专家的社会信任评级。在我国，如中国人民大学在 2003 年进行的有关“非典”问题的北京居民调查和同济大学在“非典”后期进行的上海市民调查[①]均显示，专家通过官方媒体发布信息的受信程度普遍较高，公众对专家系统的信任程度普遍较高。上述情况表明，政治系统是影响公众对专家系统判断的宏观性因素，这一点毋庸置疑，但这种影响是强是弱，还需要我们进一步分析和探讨。

专家系统往往通过媒介表达意见，而媒介与政治之间的关系直接或间接影响着专家系统与政治之间的关系。就我国的媒介、政治和专家系统的关系而言，媒介是党、政府和人民的喉舌，专家系统的行动是一种媒介化的表达，其必然依托媒介来实现，因而媒介中的内容和专家意见本身维护最广大人民的根本利益。尽管在网络场域中，以专家名义发表的意见比比皆是，但总体而言，公众更愿意信任具有官方媒介特征的专业意见。网络场域中的专业意见常被纳入对专家系统的社会信任的整体评估中，其所表现的社会信任较低，但这并不能掩盖专家系统与具有官方背景的媒介合作时所赢得的较高社会信任评价。这也凸显了目前我国专家系统的社会信任建设中的一个关键问题，即在网络场域中如何通过信息净化与舆论引导、管理与制度建设更加有效地进行媒介、专家系统和政府的社会信任建构。这一点在具有风险特征的公共卫生事件中显得尤为重要，因为媒介、专家系统和政府的社会信任存在着“荣辱与共”的必然联系，其中任何一方的社会信任下降，都将削弱公众对社会整体的信任感。在我国，公众对媒介的信任将会指向对媒介政治身份的信任，同样，对专家系统的信任不仅指向了对媒介的信任，更重要的是指向了对政府的信任。因此，在我国，专家系统的社会信任实际上是整个政治体系信任链条中的一环。

---

① 丁未、王轩等：《危机传播：上海“非典”事件传播研究》，同济大学传播与艺术学院危机传播课题组研究报告，2003 年 6 月 20 日。

四、专家系统的社会信任的特定评价因素

网络场域的媒介特征凸显了公众在网络化生活中的新需求，公众需要一种可信任的媒介和借助这种媒介发声的可信任群体，专家系统正是在这种背景下展现了其独特的存在价值。在信息化社会中，尤其是网络场域所展现的网络世界中，社会整体的生活形态发生改变，公众感知与行动所依赖的生活世界和社会世界与以往相比存在着巨大差异，专家系统、媒介和政府的角色关系发生了转变。在网络场域中，媒介的活动无时无刻不在发挥作用，并逐渐在社会生活中占据重要位置，伴随媒介传播而出现的专家系统同样在社会生活的各个领域扮演着传递信息、分享知识、说服公众和引导舆论的角色。

在网络乌托邦中，社会的开放程度更高，人类在感知、判断和自主传递信息方面的能力更强，社会行政体系在信息通达的环境中自然运作。在网络场域中，对专家系统的社会信任的评价更多地折射出网络信息社会的自主性和多变性特征，这种评价往往与具体事件场景紧密相连，是一个感性与理性交织的过程。在风险显著的情境下，公众对专家系统的社会信任的判断更倾向于对其行动进行评价，尤其是对专家系统应对和规避风险时所作的决策行动进行评价。

本 章 小 结

首先，本章对专家系统的概念进行了厘定，在前人的研究中，专家系统展现出专业化趋势已成为普遍共识，但就这一专用概念的具体定义而言，尚未形成较为准确或统一的界定。本书通过文献梳理和分析将专家系统定义为：在相关专业领域具备一定的专业知识、获得较高的专业评价，在参与公共事件时能在公共场域形成一定的影响力，并对他者的观念、态度、行动产生影响的个体、组织或团体。

其次，本章通过对信任的分析，逐渐廓清信任与社会信任之间的关联，认为信任是社会信任概念和研究的逻辑起点，社会信任概念的逻辑链是从信任到系统信任再到社会信任。同时将专家系统的社会信任界定为：在公众与专家系统产生的相互作用的关系中，专家系统获得公众信任的能力。

再次，本章探讨了如何分析专家系统的社会信任及其失效问题，进一步

阐述了这种分析在理论上的解释方式，并运用风险社会理论的系统环境视角和政治心理学的群体决策理论来支撑对以上问题的分析。本章还详细阐述了专家系统的社会信任及其失效问题的具体内容，探讨了其特征和规律，并深入分析了这些特征与规律在公共卫生事件和网络场域情境中所展现出的价值和意义。

最后，需要强调的是，辩证地运用西方的信任研究逻辑来构建符合我国社会实践需求的相关研究议题，是至关重要的。就我国网络场域中专家系统的社会信任研究而言，我们在辩证地认识西方学界信任研究成果的基础上，必须构建一套适合我国社会实际的分析框架，主要体现在以下几个方面。

其一，作为公共活动的新空间和探讨公共事务的新领域，互联网所营造的虚拟社区满足了公众表达诉求、展示自我甚至宣泄情绪的需求，这也是技术发展和社会进步的必然结果。同时，互联网还催生了新型群体——网络中的专家系统。不同于传统社会的专家系统，拥有几十万、几百万甚至上千万拥趸的网络中的专家系统的影响力、传播力和号召力巨大，其在基于自身的职业背景、专业知识和生活经历发表关于公共事务、热点事件、社会问题等的见解之际，还积极推动公众对相关问题的关注、理解，从而引导舆论走向，增进社会互信。从某种程度上讲，目前在网络场域中活跃的各种专家系统共同组成了吉登斯抽象体系理论中的专家系统。[①]由于网络中的专家系统也是社会生活中的一分子，因此公众通常将其看作公共利益的代言人，希望他们凭借自身的社会信任来表达基层民众的诉求或意见，从而影响政府决策，参与社会公共事务治理。从这一角度来看，网络中的专家系统和媒体的角色及作用类似，即通过为公众发声、维护公共利益来赢得公众信任，进而建构自身的社会信任。宋春艳指出，网络公众对网络中的专家系统产生信任的前提在于后者的言论和行为符合公众利益，以及具有公共理性。[②]由此我们可以认为，公众利益和公共理性是网络中的专家系统赢得公众信任、建构自身社会信任的两个必要条件。

其二，在当前的网络空间中，网民能自由表达意见和诉求，但个体的声音毕竟有限，不足以产生足够的影响力，也难以获得社会的广泛关注。于是依赖和信任网络中的专家系统俨然成为当今网民的普遍共识。身份和地位并不是网络中的专家系统能够吸引诸多粉丝的主要原因。例如，微博中的“大 V”在

---

① 齐铁文：《现代性语境下的信任：吉登斯对于信任的解读》，《黑河学刊》2009 年第 3 期，第 133-135 页。

② 宋春艳：《网络意见领袖公信力的批判与重建》，《湖南师范大学社会科学学报》2016 年第 4 期，第 5-9 页。

现实生活中可能仅是普通民众或在校学生，但在微博社区，他们拥有众多关注者，因此他们的话语的传播力和影响力远远超过一些媒体。这里所谈论的影响力，并非指专家系统能够直接采取某种行动并产生某种效应，而是指专家系统能使违法乱纪者处于强大的舆论压力之下，接受公众的监督与批判。尤其是某些专业型专家系统，专业知识或技能的加持使其言语更具权威性。这种权威性不仅体现为网民认同和支持其观点和看法，还体现为网民会自发、自愿地做出反应，如点赞、转发、分享等。由此可见，网络中的专家系统只要能够站在公众的角度发声，对社会不公平现象进行揭露和批判，且其行为符合法律规范和伦理道德，那么就能吸引公众关注，赢得公众的信任与支持。这种信任一旦建立，社会信任便自然而然形成了。

其三，专家系统所传达的信息和发表的意见必须具有真实性、客观性，不能哗众取宠，更不能为了吸引公众围观或提高自身知名度、美誉度而胡编乱造、诋毁或抹黑他人。专家系统在保证信息真实的同时还要尽可能还原事情原貌，让公众对事件的来龙去脉或前因后果有清晰的认识。对于某些自然灾害事件或公共卫生事件，专家系统更要利用自己的专业知识予以阐释，将学术名词或晦涩理论转化成通俗易懂的语言，使公众能够听得懂，不至于产生曲解，这不仅能够消除公众的恐慌和不安情绪，也能在某程度上抑制谣言的滋生和蔓延。专家系统只有做到真实、公正、客观、全面，在事件发生后，那些急需信息来消除不确定性的公众才愿意从他们那里获取有价值的内容，并愿意相信他们，从而促进社会信任的形成。

其四，在社会转型期，网络中的专家系统应该积极承担其作为新型专家系统的责任，在社会风险酝酿、爆发之际，及时发布权威科学信息，引导舆论走向。然而，需要指出的是，部分专家系统甘当利益集团的傀儡，为了一己私利，掩盖客观真相，发表不实言论，误导公众，全然不顾社会效益和社会责任。部分专家系统为了追求热度和个人影响力，一味地迎合网民的猎奇、求异、娱乐心理，经常以“独家报道”“惊人真相”“爆料”等为噱头，发布一些无关痛痒的低质量、无营养的内容。这不仅消耗了公众的注意力资源，也会对他人构成侵权。还有部分专家系统通过对其他专家系统挑刺来引发事端，煽动粉丝之间展开激烈的口水战。这不仅消解了专家系统的社会信任和权威，而且严重损害了公众对政治体制的信任感和认同感。

其五，在当下网络场域中，越来越多的公众处于持续在线、时刻连接的状态，他们通过网络了解外部环境变化，获取关于社会变动的信息。网络中的专家系统拥有众多粉丝，具有广泛影响力和强大号召力，应致力于提供真实、全面、公正、客观的专业知识，为公众答疑解惑，为公众发声。网络中的专家系统要切实维护社会公平正义、伦理道德及法律法规的权威性，这样才能赢得公众的信任与支持，进而建构起自身的社会信任，扩大影响力与号召力。同时，制度体系也要进行思维转变和观念更新。一方面，要为网络中的专家系统提供优质服务，积极制定、修订和完善法律法规，做好制度或政策保障，防止部分专家系统的失信或失范行为引发的公众对专家系统乃至制度体系的质疑与反抗，从而降低现代性风险发生的可能性。专家系统是建立信任的重要机制，如果受制于利益集团的“伪专家”过多，就会导致公众对专家学者的权威性产生怀疑。因此，政府要规范网络中的专家系统的行为，遏制其社会信任下滑的趋势，确保其能够在正确的道路上用合法合理的方式发光发热。另一方面，要积极制定相应的激励性政策，整合网络中的专家系统，使其为我所用。此举的目的在于，通过树立专家系统的社会信任，来推动公众对制度体系产生信任、认同与依赖，进而构建起整个制度体系的社会信任。在应对现代社会的系统性风险和非常规风险，以及解决结构性难题时，单靠一方的努力远远不够，只有将制度体系与专家系统相结合，才能为人类的生产生活实践构建稳定和谐的环境。

第三章

现象、效果与危机：专家系统的社会信任状态分析

本章将从风险社会系统环境视角出发，结合公共卫生事件发生、发展的实际情况来分析我国网络场域中专家系统的社会信任状态。专家系统的社会信任是在传播过程中建构的，尤其在网络传播环境中，通过与各种媒体的合作，专家系统得以扩大其影响力。需要认识到，在网络传播环境中，公众对专家系统的评价和判断往往指向对其所承担社会角色的期待；除此之外，还应关注公众在评价专家系统时，是否只注重对其专业能力的判断，专家系统的社会信任是否只是专业社会信任的一种表征形式。基于上述考量，本章将对专家系统的社会信任在现实社会中的有效性和失效性现象进行分析，揭示其背后的本质性问题。同时，对专家系统的社会信任失效进行着重分析，揭示导致这种失效的系统性因素，进而深入探讨其背后的信任危机，以此凸显专家系统的社会信任在现实风险应对和群体决策中的价值。

第一节　专家系统的社会信任的有效性

专家系统及其社会信任在公共卫生事件中的影响力和作用都十分显著。例如在新冠疫情中，钟南山、张文宏、张伯礼、李兰娟等一批具有专业知识背景的专家，在风险应对和决策行动方面为社会提供了专业的意见，有效缓解了公众的恐慌情绪，间接地为社会稳定、舆论引导和社会治理提供了助力。就专家系统借助社会信任实现社会影响的整体状况而言，我们可以通过专业机构进行的影响力测评窥探一二。

笔者对相关测评机构发布的关于专家系统社会影响的报告进行了梳理，

发现在新冠疫情期间，具有代表性的专家系统在测评中均展现出较高的影响力，这也从一个侧面反映了在公共卫生事件中专家系统的社会信任得到了社会与公众的广泛认可。[①]

与此同时，笔者在相关调查和研究中也发现，由于专家系统类型不同，公众对专家系统的评价也存在差异。因此，在深入分析专家系统的社会信任的整体表现时，必须充分考虑这种类别差异性的存在。

本书以公共卫生事件为研究对象，因此已经对专家系统所处的专业领域进行了框定。专家系统这一概念本身指向了具有相关专业知识背景的专家构成主体，专家系统的媒介接触方式与群体行为特征，则可以作为本书中进一步划分专家系统类型的依据。基于上述理由，在针对公共卫生事件进行考察时，可以将专家系统分为以下几种类型。从为公众提供的信息产品角度看，专家系统可分为知识型专家系统和引导型专家系统，前者注重通过知识传播“答疑解惑”和消除公众的风险认知焦虑，而后者则注重借助专业知识为公众提供科学的行动路径。网络场域提供了多元的媒介渠道，主要包括信息服务和社交场景建构，从媒体接触情况角度看，专家系统可分为信息服务型专家系统和社交互动型专家系统。从群体性行为角度出发，专家系统可分为行业背景的专家系统和政府背景的专家系统。总体而言，上述三个范畴下的六种专家系统类型是依据功能因素、媒介因素和身份因素进行划分的。这种划分方式也将对应公众依据上述因素评价专家系统的社会信任时可能存在的差异性。

一、风险应对中的关键节点

专家系统在所属社群内地位形成的条件是在某一领域拥有深厚的专业知识积累、丰富的思想沉淀以及良好的传播口碑，只有具备这些要素，专家系统才能在社群中树立威信，影响社群内成员的态度和行为。[②]专家系统能够产生强大的社会影响力，主要基于社群内追随者的信任，而专业性是追随者判断专家系统可信度的基础性要素之一。吉登斯认为信任是个人“对一个人或一个系统之可依赖性所持有的信心，在一系列给定的后果或事件中，这种信心表

---

① 《2020 百度沸点发布：14 大榜单，140 个关键词总结这一年》，https://baijiahao.baidu.com/s?id=1686016936405463174(2020-12-14)[2024-05-12].

② 周向红、徐翔：《意见领袖：现阶段农村公共政策宣传的重要变量》，《同济大学学报（社会科学版）》2005 年第 1 期，第 120-124 页。

达了对诚实或他人的爱的信念，或者，对抽象原则（技术知识）之正确性的信念”[①]。吉登斯所说的社会系统是由象征标志和专家系统所组成的抽象体系。象征标志是指人们用于相互交流的媒介，它能将信息传递开来，而不依赖任何特定场景下处理这些信息的个人或团体的特殊品质。专家系统则是指由拥有技术成就的专业队伍所组成的体系，这些体系塑造了我们生活于其中的物质与社会环境。[②]吉登斯将基本信任的类型界定为建立在道德品质基础上的“人对人的信任”以及建立在正确性基础上的“人对系统的信任”。随着传统社会向现代社会的转型，“人对系统的信任”正在逐步地代替“人对人的信任”，由被动信任转换为主动信任。公众对专家系统的信任并不等同于信任专家本人，而是对专家所提供的专业性知识的信任，是在正确性基础上的“人对系统的信任”。专家系统借助其在公共领域的话语权获取公众的信任，进而以其观点影响公众的观念、态度与行为。一般而言，专家系统是某一社群中的关键人物，追随者基于其专业性对其产生信任和认同，并聚集形成较为稳定的意见群，进而通过互联网信息交互影响更多的公众。

吉登斯强调，在现代社会中，几乎每个人的生活都离不开专家系统。我们生活在一个劳动分工越来越细、技术水平越来越高的知识型社会，个体无法全面掌握纷繁复杂的知识，所以在生活的各方面建立起对专家系统的信任。公众需要医生、律师、设计师、建筑师等各种专家人士，也需要专家系统所传播的专业知识，以降低日常生活中的风险与不确定性。尤其是面对日益凸显的社会风险以及大量网络信息的冲击，公众会更加依赖专家系统。微博、维基百科、百度贴吧、知乎、抖音、微信公众号等平台聚集了类型多样的专家系统，这些专家系统从自己的专业角度出发，通过相关知识积累对社会事件进行解读，为公众传递专业知识。专家系统的出现必然伴随“权威”的出现，有“权威”便有“责任”，“责任”越大，“风险”也就越大。

风险与信任总是相互交织，这些都是与现代性有关的概念。从信任本身来看，信任是个体带有主观愿望的认同，由于信任者与被信任者所获取的信息并不对称，因此对专家系统的信任潜藏着不确定的风险。“信任体现在具有风

---

① [英]安东尼・吉登斯：《现代性的后果》，田禾译，南京：译林出版社，2011 年，第 30 页。

② [英]安东尼・吉登斯：《现代性的后果》，田禾译，南京：译林出版社，2011 年，第 30 页。

险的环境中，凭此人们能够获得不同程度的安全（防范风险）。”[①]为了防范风险，人们选择了信任，但是同时也会带来风险。另外，现代与传统的断裂是现代性的表现，我们已经无法基于过去具体场景中的经验与知识推断未来，吉登斯认为信任与突发性相关联，瞬息万变的现代社会和各种突发事件使得人们无论如何选择都面临风险。人们主动或被动信任的专家系统，成为应对风险的关键节点。尤其在一些突发公共卫生事件中，专家系统通过大众媒介传播的专业知识往往会引导整个事件的走向。

二、群体决策中的重要力量

政治心理学中关于群体决策的探讨，解释了群体在受到某种感召的情况下投身于多种社会活动的现象。同时指出，在社会发展的过程中，一些群体特别是政治群体通常会做出相应的决策。值得说明的是，随着社会的加速发展，越来越多的社会事件在发生时呈现出很强的未知性和不确定性，这给政治群体的决策制定和实施都带来了严峻的考验。政治群体在实际社会生活中做出重要决策，这些决策不仅影响社会发展的某些方面，而且可能对社会整体产生深远的影响。在此我们必须要追问，政治群体的决策过程是否仅局限于少数政治杰出人士的智慧和经验范式中？在大多数生产任务中，群体通常被认为在决策时比个体表现得更合理、更理性，换言之，群体在社会实践中往往能够做出比个体更好的决策。从应然的逻辑上讲，群体能够汇集并整合利用个体成员所提供的优质资源。

在出现一些需要社会整体共同面对的问题或风险时，群体决策的优势似乎更加明显。与个体决策相比，群体决策可以被视为集体努力的结果，而这种集体努力将会赋予最终形成的决策以合法性；群体决策在原则上确保核心决策者在做出决策之前能够充分吸纳大量不同的意见，包括一些相反的观点；当核心决策者对某些政策领域并不熟稔，或者核心决策者与普通公众一样正在面对或经历着超越原有经验范式的事件时，他们更希望通过群体决策来降低决策风险。诚然，辩证地讲，群体决策并不必然优于个体决策，群体中的权力分散往往使得达成共识成为一种妥协。

公共卫生事件的发生总是表现出很强的未知性和不确定性。然而辩证地

① [英]安东尼·吉登斯：《现代性的后果》，田禾译，南京：译林出版社，2011 年，第 47 页。

看，不确定性也带来了新的需求和新的发展契机，在抗击新冠疫情的过程中，公众对专家系统的依赖与信任正是不确定性中的需求再现，专家系统参与群体决策的可行性和必然性更加突出。在应对动态、复杂且充满不确定性的风险时，应是“专业的人做专业的事”，专家系统应采用更开放、链接性更强的方式，增强社会整体在具体事件及其相关实践行动中对不确定性风险的准确把握能力。也就是说，正是不确定性使得专家系统的价值在社会实践中进一步凸显，专家系统的社会信任进而成为在许多具体事件的发生、发展过程中，维系社会整体信任、形成有效社会管理的重要标尺，并积极回应了现实决策语境的需求。

三、网络舆论引导中的推动因素

现代性社会的抽离和再嵌入通过时空的分离、延伸与调整改变着抽象体系作用下形成的思维、观念以及行动惯习。当这些改变以往舆论传播逻辑的方式进行社会展演时，则意味着改变不仅是个体化的，也是群体性的，基于抽象体系建立起来的信任机制在上述改变中可能会出现失信的风险，而这正是当前网络舆论引导所面临的实际环境。互联网技术的发展所催生的新媒介及其传播方式，改变了公众对于外部世界的认知形式。个体化选择在新媒介的助力下形成、放大，以自我为中心的认知圈层逐步形成并且具有排他性——那些无法产生“嵌入”效果的信息无法进入自我选择的认知图景中。正是由于新传播形式的出现，深深嵌入舆论引导现实语境中的专家系统的影响模式也在发生深刻的变化。

依托互联网技术建立的信息平台，同时也是当代舆论生成过程中的意见表达平台和意见聚合平台。互联网生活已经成为公众生活的重要组成部分，公众通过网络建立超越血缘的新型社会关系，并以社群的方式实现部落化；不论是大众媒体还是自媒体的传播议题，公众的选择都呈现出更高的自我性；意见表达时的“分区自制”、“抱团取暖”和“巴尔干化”的舆情分布特征都体现了网络舆论对新传播形式中自我性和互动性的现实回应。这正是当前网络舆论引导所面对的实然传播环境。在此种情境下，专家系统在舆论引导方面的作用更加凸显。在调节认知、疏导情绪、引导行动方面，专家系统相较于普通网民和政府机构，有着得天独厚的优势。

首先，在公共卫生事件引发的危机和风险中，公众对自身所处情境的焦虑源于认知的失调。对于普通公众而言，由于缺乏相应的专业知识，他们需要接触具备专业知识的个体、团体或组织，以弥补认知上的不足。此时，专家系统便能发挥重要作用。其次，在风险危机情境下，公众甚至社会整体处于紧张、焦虑的情绪中，这些情绪如果不能得到适当的疏解，极有可能走向极化。当然，塞利的一般适应症候群理论指出，公众情绪会随着事态的发展自我消解，我们也不能否认政府、媒体在引导公众情绪方面所做的努力，但是在具体的舆论引导实践中，自我消解的时效和政府媒体引导的实效已被证明是有限的，在社会加速发展的过程中甚至出现时不我待的尴尬局面。专家系统的出现弥补了上述不足，凭借专业性背景，专家系统所提供的知识与观点能够迅速被公众接纳，从而平复公众的紧张和焦虑情绪，加速公众情绪的自我消解。媒体、政府与专家系统的合作，则进一步提升了专家系统行动的普遍性和合法性。最后，在公共卫生事件这样的社会性风险事件中，认知的失调和情绪的极化很容易引发极端的社会行为，而在网络场域中，一些个体的极端化行为被放大，导致很多公众误将其视为集体行为，这是十分危险的。从另一个角度来看，公众在风险情境中不仅需要充分认知风险，更需要一种行动的指引，这在日益明晰的社会分工中表现为对相关专业性行动建议的需求，简而言之，公众需要知道自己该“如何做”。公众自身无法提供满足这种需求的建议，媒体和政府在提供专业性行动建议方面也存在短板，因而最有效的方式依然是由专家系统来提供专业的行动意见。在新冠疫情中，作为舆论引导推动力量的专家系统充分展现了其价值，面对这一公共卫生事件所带来的风险挑战，中国之所以能够避免出现较大的社会危机，关键在于公众、媒体、政府与专家系统之间实现了有效的沟通与合作。尽管应对新冠疫情对专家系统而言也是一次超越其原有经验范式的考验，但相较于普通民众和媒体，专家系统凭借长期积累的专业知识、丰富的专业经验和高水平的专业素养，为应对风险提供了科学的认知依据和可靠的行动指导。

第二节　专家系统的社会信任的失效表现

一、专家系统的影响力减弱

（一）媒体社会信任与专家系统的社会信任的相关性

新闻媒体是当下公众获取信息的主要渠道，为了将有效信息传递给公众并赢得他们的信任，媒体必须具备被公众认可和信赖的能力，这种能力可以被称为媒体社会信任。媒体社会信任不是媒体与生俱来的，而是在长期发展过程中逐步形成的。社会信任是大众媒体最主要的竞争力，媒体要在市场竞争中处于优势地位，并取得良好的社会效益，必然要建立起媒体社会信任。媒体在展现自身的专业性和影响力时，社会信任是不能忽视的衡量标准。

专家通常是群体中具有一定声望和影响力的人物，他们获取相关信息的效率往往会比其他人更高，因此很多信息会经过专家再加工后传播给其他人。在不同的社交场合中，专家会表现得很活跃，乐于交流和分享信息，并在与他人共享信息的过程中传递自己的观点。在信息的传播过程中，专家具有显著影响力，能加速信息的流动并增强信息的影响力。专家广泛存在于不同领域，他们根据公众对信息整合和问题解读的需求，发挥着分享信息和观点的作用。信息技术的发展、信息传播方式的变化，使得专家发挥作用的环境逐步转向网络。[①]在大众传播过程中，媒体要将信息有效传播给公众，必然要注重其社会信任建设，并培养专家。在网络时代，以手机为代表的各种移动设备成为引领传播革命的“先锋”。新媒体是依靠新兴技术而存在的媒体，具备高度综合性、交互性和灵活性等特征。

目前，在公众的社会生活中，新媒体已无处不在，新媒体发挥的作用亦不可忽视，它在公众获取信息和提高社会认知等各个方面都产生了重大影响。网络场域塑造了这个信息爆炸的时代，新闻信息的生产不再局限于新闻媒体和专业新闻工作者。在互联网空间里，每个人都拥有自己的麦克风，都可以表达自己的观点、分享自己感兴趣的信息，新闻生产从组织化生产转变为社会化大生产。专家系统也发生了变化，专家的定义不再那么明确和局限。最初，专家主要指的是政治家、学者等，但现在，普通人如某些网红也能成为公众坚定信赖的对象。在新媒体时代，专家的范围不断扩大，与公众的互动性逐步增强，引发的话题讨论度也逐步提高。但在网络信息高频率传播、真假信息混杂、情绪化传播等特征凸显的情境下，专家系统的更迭速度加快，其社会信任一旦下降，媒体的社会信任也将面临流失的风险。[②]主要体现在以下几个方面。

其一，信息可信度降低，媒体社会信任受到损害。在网络场域中，公众可以选择性地呈现自己的身份，甚至重新塑造个人身份与形象。在虚拟化的网

① 吴华：《意见领袖道德情绪与大众风险感知对组织污名的作用机制研究》，中央财经大学博士学位论文，2018 年。

② 曲艺：《互联网背景下的知识生产与传播研究》，吉林大学博士学位论文，2020 年。

络空间，道德约束力减弱，公众更愿意表达自己的真实想法、宣泄自己的情感，有时会随意传播信息，从而导致网络信息的真实性降低，虚假信息泛滥。真实性是新闻从业者要坚守的原则，然而在新媒体时代，某些媒体工作者为了抢先曝光热点，将原则性要求弃之不顾，面对新闻事件，第一步不是去仔细核查真相，而是使用夸张的标题来吸引公众，背离了自身的专业素养。有些媒体为了抢先获得关注度和流量，疯狂追求信息的时效性，忽略了对于信息的“把关”，导致虚假信息持续传播，从而损害了其社会信任。

其二，煽动公众情绪，难以构建网络理性空间。在网络场域，很多公众形成了碎片化接收信息的习惯，难以形成系统的理性思考能力。传统的新闻专业主义者认为，理性与情感是相互对立的，情绪化信息的泛滥会导致公众难以对信息进行正确判断。一方面，公众的素养水平不同，很多人需要通过直接明了的形式才能准确理解信息，当信息与情绪相关联的时候，他们更容易被吸引，并更愿意接受这些信息。另一方面，在网络场域，个人往往作为群体中的一员而存在，他们乐于转发和分享，并更倾向于与观点相近的群体展开讨论，当遇到观点相左的一方时，他们往往会集体进行争辩，在这些讨论和争辩的过程中，主导他们行为的是情绪，而非事实。许多自媒体人作为某个平台的“大V”或网络空间的专家，具有引导舆论走向的能力。但是许多自媒体却只以追逐流量为主要目的，选择夸张、戏剧化、具有煽动性的内容来吸引公众，从而实现对注意力经济的追逐。这些自媒体为了追求轰动效应，致使公众只能接触到碎片化、情绪化的信息，难以形成对事件的全面认知，久而久之，这些自媒体的社会信任会逐渐下降。尽管公众仍然会被煽动性的信息所吸引，但他们很难再轻易相信这些自媒体。

其三，公众媒介素养增强，选择性接收信息。在使用媒介的过程中，公众的媒介素养不断提高，在选择信息时会形成个人的判断力。公众对信息的选择性接触，也从一个侧面反映了媒体社会信任的失效。媒体作为传播者要不断提升其专业性和责任感，这样才能赢得公众的信任，逐渐恢复自身的社会信任。

由此可见，在网络环境日渐复杂的今日，为了提升大众的理性认知能力，塑造和谐的网络环境，媒体应具有更强的责任感，坚守理性和专业性。在人人都有麦克风的网络场域，媒体要展示其实力，要被公众信赖，这样才能有效地引导舆论。在众声喧哗的新媒体环境中，相较于自媒体，传统媒体往往具有更高的社会信任，所以传统媒体在建设其新媒体平台的时候，要进一步发挥自身专业优势，建立起在网络空间中的社会信任。主流媒体更要增强自身的社会责任意识，主动引导舆论走向，培育专家系统，向公众传递真实的信息，降低网络空间中复杂信息的影响力，避免公众被不良媒体煽动。主流媒体要利用网络平台的信息传播便捷、内容多样、互动性强的特性，建立自身的社会信任，在公众面前不断塑造专业的形象，建构健康理性的舆论环境。

与此同时，当专家系统与社会信任较低的媒体合作，或者通过该类媒体参与公共事务时，公众也会因为媒体社会信任较低而把负面评价转嫁至专家系统。当专业意见被媒体引用时，它便成为媒体信息文本的一部分，并被公众整体感知。媒体引用专业意见无外乎基于两点考量：其一是借助专业意见提高所生产文本的可信度；其二则是借助所提及专家的权威性和专业性发挥自身影响力。但是，专家系统在这类情况中往往是被动的，其既不能参与对媒体文本信息真实度的审查，也无法完整而有效地将其所表达的观点呈现出来。一旦媒体的文本信息出现虚假和失信的情况，专家系统也随之陷入社会信任危机中。

（二）知识传播的区隔与局限

在网络场域，公众获取知识的方式更加多元，知识接收的效率也逐渐提高。互联网为每个人创造了分享和互动的交流空间，使得每个人都可以利用碎片化的时间进行知识的创造、生产与传播。在技术不断发展和进步的时代，媒体平台逐步完善，公众将自己的空余时间作为有效资源利用起来，主动表达观点或展示技能，实现知识的传播。许多企业利用互联网带来的巨大便利，抓住现代社会中人们因对现实生活的焦虑和对自身的不满，而渴望获取更多知识以充实自我的心理需求，向市场推出知识付费产品，从而实现知识变现。哲学家詹姆斯·马丁在很早以前就对此现象进行了预测，他认为随着人类历史的不断发展，新生事物不断出现，人类获取知识的总量和知识更新的速度都会呈上升趋势。在19世纪，知识总量每50年增加2倍；到了20世纪50年代，则变为每10年增加2倍；2000年之后，变为每年增加1倍。由此可见，知识更新的速度非常快，詹姆斯·马丁认为人类将迎来“知识爆炸”的时代。[①]在信息爆炸的网络空间，知识扩展和更新的速度越来越快，一个人要想在这样一个充满竞争的现代社会实现自己的目标，就必须保持一种持续不断的学习态度。在知识付费、知识变现的网络场域，知识传播必然会发生变革。然而，即便是在公开透明的网络空间，信息能够实现自由流通，知识传播也难以实现全方位的公

① 齐海英、周菁、魏佳：《辽宁各民族民间文艺互鉴互补发展之路：基于文化场域理论的探析》，《沈阳大学学报（社会科学版）》2020年第5期，第647-651页。

开。下面将从知识生产主体、知识传播内容、知识传播平台三个层面论述知识传播的区隔与局限。

首先，知识生产主体的层级化。在发达的社交网络时代，人人都可以在社交网络平台进行知识的生产与传播，从而使网络空间中的知识传播呈现出普遍性特征。在新媒体平台，不同地域的用户都拥有自由生产知识的权利。布尔迪厄指出，在网络结构里，对于权限（或者资本）的占有程度表明了在场域中可以获得高利润的概率大小，占有程度越高，获得高利润的概率越大。简单来说，“场域”意味着知识生产主体之间存在竞争性，他们会受到有限的平台资源的制约，从而会面临生产主体之间强弱的划分。[①]一方面，知识生产主体的身份依旧具有极大的影响力，不同主体在知识水平和能力方面存在显著差异，相较于专业学者，普通用户在社会信任方面处于弱势地位。另一方面，平台本身就有一定的门槛，这意味着实际上并不是所有用户创作的内容都可以被展示和共享。由于自身接触知识的能力有限，人们会对知识生产主体进行选择，而这种选择最终会导致学习的层级化。知识储备较多、能力较强的人会选择接触更加专业的知识，而知识储备较少、能力较弱的人会受到限制，很难获取更专业的知识，知识鸿沟在这一情境下逐渐扩大。

其次，知识传播内容的局限性。在网络空间，个人更加注重自我表达，个性化成为互联网时代公众的特质。这一现象催生了定制化内容生产的热潮，为了迎合用户需求，各类网络知识平台通过大数据和算法，获取用户感兴趣的信息内容，并将这些内容推送到用户浏览的界面上，从而增加用户使用该平台的次数。这种个性化的内容推荐方法，一方面确实增强了用户黏性，但另一方面也会导致“信息茧房”的形成，用户只能获得有限范围的内容，这种知识获取方式会导致用户接收知识内容的单一，久而久之用户会产生厌倦心理。公众在各类知识传播平台获取知识的过程在一定程度上具有随意性，互联网为公众提供了便捷的渠道，使他们能随时随地获取信息。针对性的信息获取方式节省了时间，提高了效率，但与此同时导致了学习的碎片化。碎片化的知识内容没有系统性和整体性，是简化后的内容，这种知识传播方式容易使公众沉溺于短时间的学习快感中，很难真正获取有质量的内容，也很难真正提高学习效率。同时，公众在选择知识内容方面是自由的，学历背景和兴趣爱好不同，所选择的知识内容也不同。平台在进行内容生产时，会更关注大多数公众的倾向性，这导致部分公众无法获取更有深度的内容。比如，在一些社交平台，公众选择

① 王杨：《“知识网红”研究》，南昌大学博士学位论文，2020 年。

关注某些相关知识话题后，会很难获取到其他领域的内容，平台的大数据推送使得公众一直在接收越来越多的同质化内容，在自身知识领域的扩展方面受到限制。

最后，知识传播平台的商业化生产。在消费文化视野下，各类知识传播平台对利益的追求，导致许多内容都与快感文化相联系。在互联网知识生产中，消费文化的这一特点也有所体现。比如许多微信公众号为了追求点击量，追逐热点，制造了一系列缺乏理性判断和过度娱乐化的内容。这些知识传播平台作为内容生产主体，并没有建立起责任意识，商业化的生产逻辑使内容生产受到情绪消费的限制。此外，部分知识传播平台抓住现代人知识焦虑的心态，开始“贩卖焦虑”，以培养其忠实稳定的用户。许多知识内容都需要付费获取，使用户逐渐养成移动支付的消费习惯，这便于平台实现更多盈利模式。部分消费能力较低，渴望获取知识的群体更容易产生焦虑感。随着知识传播平台的日益丰富，同质化内容越来越多，公众开始怀疑选择这种方式获取知识是否真的正确有效。基于此，知识传播平台要思考如何合理地把握受众的需求，如何正确地传播知识，不仅要使公众更好地接受知识，也要避免在价值观的引导上产生负面影响。

在主体方面，知识信息的获取存在差异；在内容方面，知识传播有娱乐化、同质化倾向；在平台方面，知识传播的付费机制不健全、碎片化内容缺乏深度和严肃性。在不断出现新的传播机制的网络时代，知识传播的效果、形式、载体等都处于动态发展的状态中。尤其是在消费文化的影响下，知识传播成为一种获取利益的形式。但随着更多专业人士在知识传播平台的入驻，越来越多的公众会接受付费机制，并主动选择自己偏好的知识传播主体。传统专家系统的权威性受到挑战，而新的专家系统将在不同领域展现出身份的多元化和内容的丰富性。在社交媒体时代，随着各类平台技术的不断完善，每个人都可以通过平台进行形象的建设与内容的运营，但如何在实现普遍性传播的同时保证知识的品质，这是值得思考的问题。

有时并非某些专家系统的专业观点不正确，而是由于“知识区隔”的存在，对同一问题的解释趋向多元化，普通公众则会陷入“解释漩涡”，无所适从，因此经常会选择“宁可信其有，不可信其无”的方式，或者干脆谁的都不信，这些情况可能直接导致专家系统的社会信任失效。

（三）观点传播的权威性受到挑战

随着新媒体技术的不断发展，互联网已经成为人们感知外部世界的重要方式。网络用户使用媒介的技能不断增强，获取信息的效率逐渐提升，媒介素养也不断提高。公众不再是一味地接受信息，而是越来越多地扮演着传播者的角色。某些网民利用网络空间的匿名性不顾后果发表个人观点，甚至随意改变事实的原貌，致使网络空间中充斥着虚假、情绪化的负面信息。为了规范网络秩序，媒体和政府必须主动进行观点传播。但在复杂的网络场域，主流媒体进行观点传播的影响力和权威性受到挑战，主要原因有以下几个方面。

其一，网民身份的复杂性和情绪化的特征。网民是网络中观点传播的重要主体，尤其在社交网络中，他们能通过不同的社交平台及时获取和传播信息，并发表个人见解。网民的媒介素养参差不齐，他们对某一事件的看法和观点也存在差异。出于自身利益考虑，他们往往会赞同和附和与自身利益相符的观点，带有强烈的个人情绪。在社会化网络时代，网民不是独立的，而是会选择加入某些社群，进行观点的“站队”。在群体化的情境下，网民更难建立理性思考能力，在群体性的煽动下，他们更倾向于选择服从多数人的意见。

其二，观点传播的话语多样性。在现实生活中，每个人都拥有传递和接收信息的权利，福柯曾提到：“权力从未确定位置，它从不在某些人手中，从不像财产或财富那样被据为己有。”所以，微观权利始终存在且不断变化，它随着社会、经济、文化等的改变而变化，并与技术发展息息相关。随着生活水平的提高，公众对话语权的追求愈发强烈。在现代社会，权利的表达与实现是重要的议题，而话语则成为反映这一诉求的重要方式。随着现代信息技术的发展，普通公众拥有在媒体平台发表观点的权利。[①]尤其是在自媒体时代，公众的微观权利借助媒介获得了更多样化的表现方式和实现途径。公众在自媒体中，不再只是单方面地接受信息，而是主动地生产和传播信息、交流观点与意见，成为舆论引导的一分子。在自媒体中，各类观点相互博弈，信息传播迅速且形式丰富，其中蕴含公众自身的观念与价值。在传播某一热点事件时，公众往往不是先呈现事实的客观情况，而是围绕主要的焦点问题进行讨论，这就促成了观点传播的话语多样性。

其三，传统媒体议程设置受到挑战。议程设置理论认为，为大众设置议程是大众传播媒体的任务之一，媒体向大众提供信息，大众只能接受，媒体为不同议题赋予不同的显著性，从而影响大众对事件的判断。在传统的媒体环境中，报纸、广播、电视等大众媒体占据了主导地位，这在一定程度上限制了人

① [法]米歇尔·福柯：《必须保卫社会》，钱翰译，上海：上海人民出版社，2010年，第22页。

们获取信息的渠道。然而，技术的进步打破了这种单一的局面，各类新技术平台的出现使得大众可以根据自己的需要进行议程设置，传统媒体的议程设置效果逐渐减弱。传统媒体进行议程设置的内容比较单一，而新媒体的议题则呈现出多样化的特点。传统媒体要实现传播效果，必然要更多地关注新媒体议题，并寻求与新媒体之间的良性结合路径。当某一事件发生时，传统媒体要利用自身优势进行内容方面的深耕，对新媒体议题进行深度扩展，以形成良好的互动机制，并重塑自身生命力。此外，传统媒体具有专业的组织机构和管理系统，是自上而下地进行议程设置；新媒体在进行议程设置时会更关注公众的需求，这种自下而上的议程设置方式更容易被公众接受。正如麦克卢汉所言，一种新的传播媒介的诞生，必然会引发社会的变革。新媒体的出现会对传统议程设置理论构成挑战。但传统媒体对此问题的认识不断加深，会进一步探寻互动和融合的新方式。①

面对这样的情境，传统媒体更应坚守正确的价值观，以形成正确的舆论导向。同时，传统媒体要做出改变，要立足于公众的需要，关注公众关心的问题，传播真正有价值的观点。传统媒体要建立信誉度，必然要建构社会信任，为此应选择专家系统作为其观点传播的重要支撑。专家系统在分析某个事件或问题时，若能展现出高度的专业性，则更可能赢得公众的信任。此外，传统媒体要在复杂的舆论场中寻找大众代表，为他们提供发表观点的机会。这样一来，传统媒体便能真正展现出对贴近大众内容的重视，公众的意见也能通过媒体的报道广泛传播。

（四）影响力在博弈中的消耗

在网络场域，传统媒体面临着复杂的舆论环境和多元的话语权力格局，要想在影响力的博弈中立于不败之地，必然要不断地变革。在新媒体时代，传统媒体层级式的传播模式已难以立足，因此需转变为扁平式的传播模式。新媒体在打造个性化定制的信息内容时，通过对用户注意力和兴趣度的捕捉赢得影响力。传统媒体要建立新媒体信息传播渠道，在已拥有一定影响力的新媒体领域中争夺注意力，是非常困难和极其消耗有限资源的过程。

首先，在目前社交网络空间中，网络社群占据了主导地位。在网络社群2.0 时代，以微博、微信、天涯论坛、豆瓣兴趣小组等为代表的平台汇聚了拥

---

① 麦克卢汉：《理解媒介：论人的延伸》，何道宽译，南京：译林出版社，2011 年，第 45 页。

有共同兴趣的网民，网络社群开始呈现网状结构。在网络社群 3.0 时代，社群开始以各种组织形态存在，并且包含丰富多元的圈层文化，社群之间的联系纽带主要是共同的情感，它们作为一个利益共同体而存在。网络社群不断扩展其公共领域，其所产生的影响力对社会具有重要意义。以抖音、论坛、微信、微博为代表的几大类网络社群平台几乎构成了整个网络空间，不同的人在不同的平台组成不同的社群，并形成不同的网络舆论场域。以将抖音作为主要载体的网红社群为例，网红社群一般是指具有个人魅力或才艺的群体，他们通过媒体平台塑造、传播个人形象，达到吸引追随者的目的。网红在输出内容的同时，也通过其形象、话语、生活方式等各个方面的展示，传播了各自的生活观与价值观，在很大程度上影响了大众的审美观。针对某一热点事件，除了新媒体与传统媒体的传播，不同的社群平台也通过各种讨论形成了巨大的舆论场域。研究发现，这种跨媒介的融合传播方式，加上多个平台专家的传播共振，会导致舆情迅速发酵，并在 8 小时内出现舆论高峰期。[①]在争夺网民注意力和社会信任的博弈中，网络社群虽然形成了很大的影响力，并为公众提供了便捷的参与渠道，但随之而来的一系列问题，如网络暴力与人肉搜索，也给公众带来了严重的伤害。因此，网络社群面临的主要问题集中在信息传播的真实性、情绪化倾向等方面。

其次，在网络话语权的异化情境下，媒体的话语权流失。网络场域是符号与话语的传播平台，它使得公众的话语权得以在更广大的范围内扩展。但是，网络场域存在话语权异化的风险，如在利益驱动下，话语权有可能成为某些利益集团谋利的工具。网络话语权异化主要是因为部分网民缺乏责任感，未能从全局出发进行考量，对信息缺乏理性判断，随意转发和评论。这一系列行为导致相关谣言在短时间内迅速传播，进而产生了不良影响。[②]网络话语权异化主要体现在两个方面：一方面是网络话语权主体的异化。针对的是主体在使用网络话语权时出现的主要问题，包括网民在网络上的随意发言导致的网络主体行为失范、网络主体在报道突发事件时强行介入立场和观点导致的话语主题设置误导、网民在价值观方面没有得到群体领袖很好的引导而导致的价值精神的缺失。另一方面是网络媒体话语权的异化。部分网络媒体不顾道德约束，不

---

① 高琳琳：《我国网络的典型社群形态与社会影响力研究》，东华大学硕士学位论文，2018 年。

② 朱亚茹：《网络话语权的异化现象分析及其重构策略研究》，南京邮电大学硕士学位论文，2019 年。

计后果地发布缺乏责任感的内容，使得低俗和虚假的网络信息充斥网络空间，对社会稳定构成威胁，从而导致其自身的话语权逐步流失。

最后，传统媒体影响力下降。传统媒体的传播手段单一，与大众的互动性弱，很难在以互动为主的社交网络空间打造影响力。传统媒体面临改革的困境，在技术和人才资源方面都遇到极大的挑战。

传统媒体要改变在网络场域中被边缘化的现状，就要进行改革，要探索具有独特魅力和吸引力的社会互动模式，从根本上实现转变。提升影响力对传统媒体而言至关重要，因为传统媒体尤其是传统主流媒体在引导社会舆论和推动社会进步方面发挥着重要作用。我国的新闻媒体是党、政府和人民的喉舌，在新媒体时代日益复杂的网络环境中，必须发挥好媒体在引导社会舆论和树立正确社会价值观方面的重要作用。这就蕴含着对传统媒体的传播力和社会信任的要求。传统媒体应强化自身专业能力和责任意识，积极寻求与新媒体的融合合作，扩展新闻传播渠道，增强自身传播力。例如，众多传统主流媒体已主动开通官方微博，着手打造自己的新媒体传播阵地，《人民日报》《南方周末》等均已设立官方微博。通过微博平台，它们能够主动塑造亲民形象，积极与网民互动交流，即时发布简短信息，既弥补了传统媒体时效性的不足，又为主流新闻工作者留出时间进行深度内容创作，确保在舆论场中不缺席、不失声。特别是《人民日报》官方微博，致力于发布高质量的原创内容，在遇到重大社会事件和问题时，能够迅速利用自身资源发声，有效地引导舆论走向。

随着新媒体的发展，专家的队伍逐渐扩大，各个平台都在打造自己的专家。社会身份、专业知识依旧是专家获得群体认同和建立信任的重要因素。针对某些事件或问题，一些专家的观点往往与普通公众存在较大差异，在双方立场不一致的情况下，公众倾向于组建与自己立场一致的小群体。专家若过分强调专业性而忽略从公众角度出发思考问题，很可能会遭到质疑。因此，培养新型专家尤为重要。新型专家应当适应网络场域的需求，通过长期努力逐步赢得公众的信任，这样，即使在专家系统影响力面临挑战的现实情境下，他们也能够获得身份的认同，并持续发挥影响力。

二、专家系统的身份异化

（一）专家向“砖家”的滑落

《牛津英语词典》《韦氏词典》《柯林斯英语词典》等对于“专家”一

词的解释是：一般指称那些掌握了某一领域的专业知识或专门技能的人。这一解释与《现代汉语词典》对于专家的定义相似。《现代汉语词典》给专家下的定义是："对某一门学问有专门研究的人；擅长某项技术的人。"[①]也就是说，专家这一群体在各自领域所拥有的专业知识和技能具有权威性，可以作为人类社会众多领域的标杆和准则。但是随着人类社会的持续发展和进步，专家的职责已不再局限于对各自领域知识与技能的研究与规范，他们还沿袭了知识分子[②]所承担的社会责任，肩负起推动社会发展进步、启迪公众智慧的重要使命。

知识群体并不等同于专家。比如一个大学生入学两年掌握了某些专业知识，在非专业人士眼中他可能颇为专业，但这并不意味着他就已经具备了专家的水准，两者之间仍存在明显的差距。反之，有些专家可能并没有在学术生涯中获得显赫的学历，然而，通过长年在专业领域内的学习和工作积累，他们对专业知识和技能的掌握，往往比那些仅仅学习理论知识的人更为深入和精通。这就体现出专家的权威性，其权威性主要来源于两个方面。一方面，中国古代的"士"以"修身、齐家、治国、平天下"为己任，具有强烈的社会责任感，为国家安定、社会发展做出了巨大的贡献。半殖民地半封建社会时期，知识分子发挥了关键作用，他们将保家卫国视为自己毕生的使命，并为此倾注了一生的心血，他们积极传播先进思想，奋力推动社会发展。知识分子的号召也在近代史上的救国运动中起到重要作用。这些知识分子有着强烈的社会责任感，这样的思想一直延续至今，如今的专家也凭借他们所做的社会贡献，在社会中获得了权威性。另一方面，专家对自己领域的专业知识和技能的精准掌握，也是其获得权威性的很重要的原因。人类社会生活的方方面面都需要专业知识与技能的指导和帮助，所以专家是不可或缺的。

社会的多元化发展使得专家面临着"信任危机"，这一现象现已普遍存在。人们生病时该吃什么、不该吃什么，一千个"专家"会给出一千种说法。甚至对于国家正式颁布的法规条例，不同的"专家"也会有不同的解读。此外，一些电视媒体中频繁出现的虚假广告，常常利用"专家"进行宣传，现如今很多广告中都出现了这种不良现象。还有一些真正的专家在利益的驱使下，

---

① 中国社会科学院语言研究所词典编辑室：《现代汉语词典》，7 版，北京：商务印书馆，2016 年。

② 郑也夫在《知识分子研究》一书中对知识分子的概念界定、分类以及范围划分提出了不同看法。知识分子通常是指有较高知识水平，具备独立思考能力和批判精神的脑力劳动者。

成为利益集团的工具。正因为这些现象的存在，“专家”便成了受众心目中的“砖家”。在各类网站上也可以看到一些诸如《如何成为专家》《专家速成手册》等恶搞内容，这给网民造成一种人人皆可成为“专家”的错觉。[①]

近年来出现的“砖家”也分为不同形式。第一类是伪专家，这类“专家”仅凭一鳞半爪的知识便仓促地自诩为某领域专家，实则并无真才实学。他们通过一系列有偿包装与宣传，迅速在媒体上以专业知识解读者的身份出现，这种现象较为普遍。更有甚者，为了塑造自己拥有专业知识的权威形象，不惜伪造学历和虚构工作经验，导致公众和媒体被误导。第二类是那些在自己专业领域之外，对仅有微弱联系的其他领域随意发表评论和意见的“专家”。例如，在医学领域，患者原本需要内科医生的专业指导，却因某些因素得到了骨科医生的建议。面对非本领域专家的意见，患者往往难以判断其是否可信，从而对意见的权威性产生怀疑。综上所述，“砖家”并非以追求真理为目标，他们的存在是对社会的不负责任。其根本动机在于谋取利益，只要利益诱惑足够大，就会有更多的“砖家”涌现出来。

中国从古至今都有尊重知识文化的优良传统，公众在思想情感上对专家有一种自发的尊重和信任。权威性极强的专家会成为公众的精神依托，无论何种情况出现，公众都期望专家能够维护他们在各个领域的权益。随着时代的发展，人们的思想观念也在不断发生变化，在虚拟网络环境中出现的一些专家已不再是公众的精神依托。在这样一个虚拟环境中，难免有一些专家会被未知的名利所诱惑。这些专家的存在，使得整个网络环境变得很混乱，也让原本严肃、严谨的专业学术知识传播变得肤浅和浮躁。他们凭借着可能是伪造的各种头衔和证书，在各个媒体与平台中游走，对信息进行片面甚至误导性的解读。在名利驱使下，这些专家日益被“娱乐化”，在大部分公众心目中的地位也不再稳固。甚至还有一种现象，那就是一些专家为了赢得公众或媒体的青睐而信口开河，有时会对与自身专业领域毫不相干的事物进行评论和解读，结果可想而知，他们会遭到公众和媒体的强烈反对。有些专家为追求名利抛弃了自身的原则和职责，不顾及公共利益，只服务于他们所属的利益集团。这样的行为导致公众不再在精神和专业知识方面依赖和信任专家。长此以往，专家便沦为公众口中的“砖家”。

在新媒体迅猛发展的背景下，“砖家”已成为网络流行词，他们言辞夸

---

① 范兵：《“专家时代”的新闻评论伦理初探》，《新闻记者》2010 年第 8 期，第 20-23 页。

张甚至失实，给社会带来了极其恶劣的影响。基于此，部分网络媒体的社会信任度持续下降，无论其报道何种内容，公众都是半信半疑，甚至怀疑其在编造假新闻，这时，即便有真正的专家出现，公众也会怀疑。更为严重的是，“砖家”的泛滥损害了真正的专家在公众心目中的严谨形象，以至于在网络上，“专家”一词被公众视为贬义词。在专家群体的声誉受损的同时，公众的知情权也受到影响，公众若轻信“砖家”的解读，可能会对某一事件产生误解，进而引发不良后果，使个人的利益受到威胁。

“媒体展示给公众的并不是真实环境，而是一个建立在真实环境基础上的拟态环境”[①]。公众的信息接收能力有限，且难以全面深入了解各个领域，因此在社交网络中，一旦某人被公众相互传为某领域的专家，其便极易被公众普遍认为具有一定的权威性，即便这种“专家”身份仅仅是基于道听途说而确立的。在网络场域，真正的专家群体在公众心目中的信任度也或多或少受到了影响，因此，专家身份的规范化显得尤为迫切，需要得到国家的保护与大力扶持。从专家自身角度而言，他们应自觉以公共利益为重，仅在自身专业领域内提供专业意见，对于非擅长领域的问题，应谨慎回避，并推荐相关领域的权威专家来解答。值得注意的是，拥有真正专家身份的人，在自己专业领域内的知识和技能必然是精确的，他们所提供的解答不仅仅代表他们个人的意见，还是整个领域内的权威观点。除了前文提及的“砖家”外，还有许多真正的专家长年累月奋战在科研一线，他们多年的科研成果汇聚成了丰富的专业知识，这是他们为国家和社会做出的巨大贡献。

（二）“关键专家”的利益驱动

“关键专家”是在专家基础上发展而来的，“关键专家”是专家中表现突出、影响力极强的一个群体。在对“专家”进行研究的过程中，中外学者提出了“关键专家”这一概念。[②]在现实社会和网络社会的信息传播中，尽管“关键专家”没有普遍意义上的“专家”活跃，但也很容易因为其权威性、专业性和标志性而很快被识别出来。“关键专家”在网络社会中可以及时更新专业领域内的最新消息，第一时间分享这些信息并加以解读，这一群体所发表的

---

① 李晓洵、张苗：《媒体报道中的身份成见：李普曼〈公众舆论〉读后感》，《青年记者》2012 年第 8 期，第 5-6 页。

② 王平：《谁在网络上影响年轻人？：基于提名法的网络意见领袖研究》，《新闻记者》2016 年第 7 期，第 75-82 页。

观点在公众心目中具有很高的价值，会获得普遍认同，并影响公众的看法和后续的行为活动。随着公众对社会信息关注度的日益提高，一些影响力极大的“关键专家”在信息传播中发挥着越来越重要的作用，但这一群体仅占整个专家群体的一小部分。“关键专家”并不针对社会生活中的所有事件发声，相反，他们根据事件的所属领域来决定是否介入，擅长解读各自专业领域内的事件。

“关键专家”最初起源于营销学领域，通常指的是为商家宣传商品的权威人士或专家。在现代社会营销领域，公众普遍认为“关键专家”掌握着性价比更高的产品信息，因此对他们的信任度极高。在“关键专家”的影响下，公众的购买力显著提升。随着网络社会的兴起，信息传播交流日益频繁，“关键专家”的影响力逐渐渗透到人们日常生活的方方面面。在社会发展节奏加快的背景下，公众越来越重视个人知情权和舆论诉求，并对突发事件保持高度关注。社交平台上的“关键专家”在各自领域拥有大量粉丝，一旦其对某事件进行转发或评论，往往会引发更多的转发和评论，从而增强该事件相关话题的影响力，甚至可能改变事件的舆论走向和最终结果。当“关键专家”介入网络自媒体平台的舆论场，无论是作为个人还是群体，他们都发挥着不可忽视的作用。

随着互联网的发展，网络经济应运而生，并越来越受到公众的青睐。网络经济的壮大，使得网上消费、网上交易、在线教育、在线约车以及线上医疗等越来越便捷。网络社会中的“关键专家”拥有数量可观的粉丝，因此被视为网络经济的载体。他们具有极高的公众影响力，且公众对他们的信任度普遍较高，因此，他们经常成为众多商家追求经济利益和社会效益的代言人及合作对象。商家会利用这些“关键专家”在网络平台上的专业地位和标志性影响力进行宣传。在自媒体平台上，“关键专家”传播营销信息，或代言各类产品。在网络社会中，随着网络经济的不断发展，信息传播主体的异化呈现出更强的主动性和隐蔽性。部分“关键专家”在利益驱使下，完全抛弃了个人基本原则和精神追求，被商业力量所操纵，将粉丝视为获取利益的工具。更有甚者，无道德准则的约束，骚扰公众生活。还有一些“关键专家”为获取更多的商业利益，不管营销内容正确与否，一味迎合公众口味，或被不良商家威胁而放弃个人观点。他们滥用话语权，缺乏基本道德准则，导致整个网络社会中的“关键专家”群体被“污名化”。[①]

① 于卓言：《自媒体时代关键意见领袖舆情引导研究》，吉林大学博士学位论文，2018 年。

针对上述“污名化”现象，“关键专家”应积极采取行动来改善现状，进而净化网络社会环境。“关键专家”应立足公共利益，做专业型“关键专家”。常言道“术业有专攻”，普通人难以全面掌握各领域的专业知识与技能，此时便需“关键专家”伸出援手，帮助普通人形成对特定领域的基本认知与理解。在大数据环境下，公众接收信息的频率日益增加，这些信息对公众的影响也日益加深，公众在网络平台上进行时事分析时的顾虑与担忧也随之增多，因此，公众往往选择作为旁观者，而不愿深入思考并发表评论。在这种情况下，“关键专家”就要发挥自己在网络中的“领头羊”作用，及时发声，提出见解，引导舆论走向，防止舆情恶化，这也有助于政府更精准地进行舆论引导。传播学者麦克卢汉提出了“媒介即讯息”的观点，这一结论在当下信息碎片化时代尚未得到完全认同，但随后出现的“数据即信息”观念却已被广泛接受。在大数据时代，有价值的信息内容不断涌现，然而，这些信息的复杂性及舆情走向却难以把握，导致信息碎片化现象日益显著。

德国哲学家黑格尔早在 19 世纪初就已经强调了公共舆论的影响力是巨大的。在自媒体时代，网络舆论引导更加重要。“关键专家”是舆论事件中专业化水平极高的重要传播主体，因此更要以身作则，充分发挥自身作用。“关键专家”的言论和解读能够对碎片化的信息进行再次整理，并进行观点的二次阐述，这样也有利于引领事件舆情的走向。为了充分发挥“关键专家”的作用，必须提升他们的专业素养，并加强道德建设，可以将能够清晰表达政府观点的人和公众的代言人都纳入“关键专家”团队进行培养。这样做不仅能提高专家团队的整体水平，还能促进团队成员之间关于专业知识的有效沟通，从而形成一致的舆论方向，确保舆论的正确发展。

“关键专家”应以公共利益为重，必须在自己的专业领域内承担起相应的公益责任。现代社会的专业领域广泛，涵盖金融、经济、文化、工业、教育、法律、医疗及公益等，判断各领域“关键专家”是否具备责任感的标准便是公共性。当前，许多被我们称为“大 V”的专业领域专家，都是在其领域内具有极高专业素养的个人或群体。当舆论信息迅速传播时，媒体平台上活跃度比较高的“关键专家”会带动舆情的发展与走向。然而，网络社会复杂的生态环境使得“关键专家”团队中出现良莠不齐的现象。部分网络社交平台上的“大 V”为了提升公众关注度或塑造美好形象，可能会在信息传播中发布虚假内容。例如近些年有一些明星只是在表面上传播公益和正义，这种行为极为恶劣。各领域内的“关键专家”必须重视自身形象建设，注重维护国家和公众利益，维护网络平台环境，帮助公众解决各专业领域内的疑难问题，努力化解社会矛盾，为网络舆论的正向发展营造良好环境。

在人人都是自媒体的时代，“关键专家”更要发挥自身优势，努力引领社会正义之风，做好自媒体言论的把关人。“关键专家”要有责任和担当，要掌握专业领域内的话语权，做好发言人，在网络社会中更好地发挥顶梁柱的作用。为此，“关键专家”需深耕专业领域，深入学习理论知识，广泛搜集资料，以理性客观的态度分析解读信息，精心筛选出有利于国家和公众利益的内容，再通过他们各自的自媒体平台进行广泛传播。鉴于“关键专家”本身的高关注度，这些信息往往能迅速扩散，覆盖广泛。当社交平台上某一事件发生时，相关领域的“关键专家”往往能迅速成为掌握该事件舆论走向的关键角色。若是在传统媒体时代，信息传播方式固定，有专门的把关人，舆论走向相对稳定，不易出现大的偏差。然而，在如今的自媒体时代，信息传播渠道多元化，国内外公众获取信息的方式多样且便捷，但这也使得信息的准确性变得难以甄别。

社交平台上的信息首先应该由“关键专家”进行评论与解读，然后再通过合理渠道传播给公众。从社会心理学角度进行分析，“关键专家”要比处于事外的专家具备更合理的专业动机，“关键专家”在二次整理信息的过程中会非常仔细地搜集所有原材料，并分析前因后果。在规范的引导下，这一群体根据各自专业领域的知识和技能将信息再次发出，这样的信息便更加客观和可信。公众在接收“关键专家”传播的信息时，缺乏理解所需的专业知识，也缺乏对此信息的理性判断能力，在这种情况下，公众完全信任“关键专家”，也因此接受了其所传播的信息。因为在信息传播的整个过程中，“关键专家”的专业性言论和解读确保了信息不会陷入争论中。

总体而言，“关键专家”通常处于经济场域中，因而其影响力和所获得的社会信任与专家系统存在根本差异。在公共场域中，专家系统如果向“关键专家”发展，则很有可能导致自身在公众评价中首先被感知为与某种经济利益相关联，而不是站在公共利益的立场上，因而评价会降低，社会信任会失效。

第三节　专家系统的社会信任失效导致的信任危机

20 世纪 40 年代，美国经验学派的代表性人物拉扎斯菲尔德在“伊里调查”中提出了“二级传播理论”，并发现了“意见领袖”这一影响或制约大众传播信息流动的关键群体。拉扎斯菲尔德在《人民的选择》中指出，大众传播所传递的信息并不直接流向一般受众，而是经过意见领袖这个中间环节逐渐向其他群体扩散。意见领袖又称“舆论领袖”，指的是在人际传播网络中，经常向他人提供信息，同时能左右他人态度倾向的“活跃分子”。后来，拉扎斯菲尔德又在除政治之外的其他领域，如时尚、消费等领域证明了发挥意见领袖作用的专家系统的存在。今天，微博、微信公众号、头条号、百家号等一系列内容创作和分享平台兴起，造就了一大批新型的专家系统，他们凭借深厚的专业知识、诙谐的文本话语以及独特的人格魅力吸引了一大批追随者，在舆论引导和社会共识达成方面有着举足轻重的作用。然而，受经济利益驱使以及“享乐主义”“功利主义”“一夜暴红”等社会思潮的影响，专家系统面临公共责任危机、公共价值危机、公共精神危机等多重风险。

一、公共责任危机

公共责任危机是指专家系统专业操守的失范，这种危机主要表现为：专家系统与经济利益形成共谋、为有关商品做虚假广告、诱导大众购买产品、恶意炒作传闻和谣言等。

互联网时代的到来，冲击和消解了传统的信任机制，因此，任何人若期望与对方建立关系并获得其信任与肯定，就必须关注和满足对方的心理需求。“你说什么不重要，重要的是听众听到了什么”，这日益成为网络时代的交往准则。人们对事物的认知往往不易改变，因此，一方若企图说服另一方，切不可把自己的意志强加于人，迫使对方接受自己的观点、见解和行为，而是要提出符合对方喜好、兴趣、心理预期或情感期待的方案，让对方在潜移默化中接受自己的观点，继而达到特定目的。也正是基于这种说服机制，许多商业公司常常会邀请具有显著影响力、感召力和传播力的专家来为其商品做代言或进行宣传推广，这样做的目的是利用公众对专家的喜爱，促使公众对产品产生认同，进而激发购买意愿或促成实际购买行为。

抖音、快手、美拍等短视频平台的兴起，使这种商业策略得到大范围应用与普及，“网红经济”“粉丝经济”日渐成为商家增加利润、扩大销量、开拓市场的有力武器。在这种商业模式和盈利机制的推动下，越来越多的专家加入直播带货的行列，利用自身影响力进行产品推广和情感营销。这种营销推广模式需要专家发挥自身专业所长，建立正面形象，利用粉丝的信任和崇拜激发购买意愿或促成购买行为。从盈利的角度来看，专家实则扮演着商品“代言人”或促销员的角色，帮助商家实现提升营业额的最终目的。[①]然而，某些专家的背后却是错综复杂的利益共同体。例如，在微博平台中，部分“三农”博主与农产品种植户结成利益共同体，通过为后者代言，来扩大农产品销量。这些博主在对不同农产品进行宣传推广时，往往从感性角度出发，滥用悲情营销手段，试图博取广大网友的同情、怜悯与支持，进而促进消费。有些所谓的农产品种植户其实是年轻的创业者，这种虚构事实的做法，极易招来其他“三农”博主的质疑和揭露，继而引发“口水战”，甚至助长谣言的传播，这不仅误导和欺骗了公众，也对博主自身及社会信任系统造成了冲击。

此外，商家的吹捧以及广大网民的支持，也使得部分专家逐渐迷失自我，丧失了原有的情怀、原则乃至道德底线，一味地追求个人利益最大化，与商家合谋进行虚假宣传、发布庸俗报道，或是利用争议事件进行炒作，以吸引广大网民的关注。还有部分专家在直播过程中，过度夸大产品的优点，对潜在的质量问题或可能引发的后果却避而不谈。还有一些专家故意制造与其他专家或网红主播的争端，对粉丝进行道德绑架，强迫粉丝团刷礼物、拉人气、撑场面，为了所谓的“不能输”，而让支持和拥护自己的粉丝买单。从长远来看，这种通过消费粉丝的情怀和喜爱来为自己赚取物质利益的策略并不能维持太久。需要指出的是，粉丝在这一过程中所获得的快感和愉悦只是暂时的，喧嚣过后，回归冷静，粉丝会反思自己的所作所为，并会产生巨大的心理落差，进而将失望、无奈和怨气转嫁到专家身上，最终加剧整个专家系统的信任危机。专家直播带货是一种借助“明星光环”的营销推广模式，伴随着极大的风险，一旦售出或推荐的商品出现质量问题，网民便会跳出商品本身，进而对专家本人进行审视和批判，最终导致粉丝与专家间关系的恶化，信任危机接踵而至。[②]因此，专家在利用自身专业知识获取经济利益之际，更要充分考虑社会责任和伦理价值观。一旦出现公关事件，消费群体对整个专家系统的信任度将会降低，这无疑会对日渐兴盛的网红经济造成负面影响，同时也会加剧专家系统的公共责任危机。

新媒体时代，专家系统呈现“百花齐放、百家争鸣”的态势，其凭借专业知识和丰富的从业经验为拥趸提供决策支持、行为指导或经验参考，进而在

---

① 尹杰：《电子商务直播模式下意见领袖对消费者消费意愿的影响：以淘宝直播为例》，《电子商务》2020 年第 5 期，第 15-16 页。

② 张婉：《基于评价理论的美妆关键意见领袖劝说策略研究》，广东外语外贸大学硕士学位论文，2020 年。

引导舆论风向和信息流向方面发挥重要作用。然而，部分专家系统却屡屡在网上发表与身份不符的不当言论、虚假言论，蓄意制造矛盾，贩卖精神焦虑。还有部分专家系统利用职务或身份之便，获取独家内容或有价值的新闻线索，对涉事的企业单位或个体进行敲诈勒索，导致专家系统的社会信任整体下降。①

综上，新媒体平台中的专家系统是具有较高知名度的公众人物，他们具有较高的文化水平和专业修养，但部分人仍然会做出违背社会公德和法律法规的事情。因此，知行合一显得尤为重要，专家系统要时刻用伦理道德和法律法规来约束和规范自己的行为。②否则，一旦发生公关事件，很容易失去公众的信任和支持，甚至会招来无尽的谩骂和批驳。

二、公共价值危机

公共价值危机是指专家系统的专业素质降低和公众信任度下降，这种危机主要表现为：无法有效平衡争议、无法客观陈述事实、知识传递的偏颇或漏错导致无法有效影响公众的行动、无法及时有效地介入事件、无法对事实进行完整呈现和分析等。

新媒体的出现与发展丰富和拓展了网络空间的不同向度。微博、微信公众号、抖音、快手等俨然成为当今时代最具代表性的网络媒体平台，其大范围的应用与普及，为专家系统展示自我、塑造个性、参政议政、盈利创收等提供了无限可能和重要契机。作为信息生成与广泛传播的关键节点，网络平台上的专家系统常被视作能够掌控信息流向与流量的"把关人"。网络空间的开放、低门槛及低成本特性，使得每个人都有机会参与其中。因此，专家系统的覆盖范围极广，既包括政界、商界、学术界、文艺界、娱乐圈等各领域的"名人明星"，也包括随着时代发展逐渐崭露头角的"新兴力量"。尽管他们身份各异、背景不同，但其行为逻辑与影响机制却大致相同，即通过网络媒体平台，展示个人专长、见解与见闻，或凭借犀利、幽默、富含哲理的观点来塑造独特个性，吸引广大网友的关注与支持，从而获得影响、引导网民群体的力量。事实证明，无论是通过轰动性、爆炸性的信息披露来设置热门话题，还是基于平

① 刘亚娟、展江：《国民"保命大神"如何发声？：疫情中医学意见领袖的支配角色与多重身份分析》，《新闻界》2020年第5期，第44-56页。

② 杨慧民、陈锦萍：《网络意见领袖道德想象力：内涵、特性及其价值》，《学术界》2020年第6期，第140-148页。

等对话、理性分析来实现情绪疏导与舆论引导，专家系统都发挥着重要作用。[①]

中国自古以来就有尊崇学者、重视知识的优良传统，普通民众对学者怀有深深的敬意与崇拜之情。这使得学识渊博的专家系统在无形中被赋予了知识权威的角色期待与想象。当自身的利益受到损害时，民众热切期盼专家系统能够站出来，为他们发声，维护他们的权益。然而，互联网中的一系列实践证明，某些活跃在网络媒体平台并拥有诸多支持者的专家系统，并未能承担起应有的责任，背离公众期待与想象的事件层出不穷。在西方商业浪潮、功利主义、拜金主义、享乐主义的冲击下，部分专家系统难以抵抗名利诱惑，最终走上了违背公义和道德的下坡路。借助部分狂热粉丝的支持和拥护，这些专家系统左右逢源，使原本严谨的学术传播染上了浮躁的风气。一方面，不得不承认，高频度的曝光和露面、幽默诙谐的话语，有助于专家系统进一步“祛魅”，使学术研究更接地气、更实用、更能使大众切实受益。另一方面，受功利化思潮的驱动，部分专家系统逐渐走上了明星化与娱乐化的道路，这从根本上改变了民众对他们的印象与期待，进而导致专家系统的社会信任下降。专家系统公共价值危机的出现，除自身的原因外，还与媒体报道和呈现密切相关。诚如李普曼所言，受众接受和处理信息的能力有限，多数情况下是根据媒体提供的内容来了解外部世界的变动。然而，媒体所建构的信息环境，并不是真实环境，而是根据意识形态、经济利益、社会利益等有目的地选择和呈现的拟态环境。从这一角度来看，普通民众通过互联网了解的诸如专家、学者、体育明星、美妆博主、电影评论员等专家系统的形象，未必是他们的真实面目，有可能是媒体根据自身经营策略有意识塑造的次级形象。今天，很多网络媒体由商业性科技公司创办，个别媒体为了提升阅读量、点击量和转发量，进而获得广告收入，一味地追求娱乐、新奇、刺激，蓄意对专家系统的富含科学性和哲理性的言论进行篡改、恶搞、调侃等，并以雷人的标题吸引公众关注。公众在此基础上做出错误判断，损害了公共利益。[②]在网民的喧嚣声中，网络媒体平台或许实现了盈利目标，但这却是以牺牲专家系统的权威性、声誉及公共价值为最终代价的。

总之，互联网的出现和发展为专家系统提供了新的场域，但各种社会思潮的

---

① 张森：《现代性视域中网络意见领袖的代际演替》，《人民论坛》2020 年第 22 期，第 110-112 页。

② 张宇昭、唐颖、陈好：《“体验型”意见领袖的崛起：基于视频博客 Vlog 的实证分析》，《中国传媒科技》2020 年第 4 期，第 22-25 页。

冲击和多重因素的干扰，使得部分专家系统难以抵挡金钱和名望的诱惑，走向歧途。在媒介变革和社会转型的双重话语背景下，专家系统一方面需回应公众基于传统道德和伦理价值观的自下而上的行为要求与角色期待，另一方面又受到某些商业资本的诱惑，稍有不慎便可能失去公众信任或触犯法律，进而走向万劫不复的深渊。因此，网络媒体平台中的专家系统在平衡公益与利益的过程中，面临来自内外因素的挑战和公共价值危机。若想有效遏制危机，首先需要完善法律机制，并尝试建立科学高效的协商互动机制，增进公众、媒体、专家系统等不同群体间的对话与合作。从专家系统的角度来看，必须要坚持社会效益优先，这不仅是其作为公众人物理应遵循的必备法则，也是其作为学术研究从业者必须坚守的专业修养和职业操守。具体到行为实践中，在针对问题发表看法或引导舆论风向时，要自觉与各种商业利益保持距离，坚决不因物质利益而损害公众利益，以免辜负公众的信任与支持。同时，在与公众交流对话时，要坚持理性至上，不可刻意煽动情绪、激起群众不满，要尝试将专业术语转换为通俗易懂、言简意赅且富含哲理与价值导向的话语，努力塑造积极正面的形象，赢得公众信任。政府是社会管理的核心，是保障社会良性发展与有序运行的坚强后盾。因此，为应对专家系统的公共价值危机，政府及其行政管理部门一方面需加强对专家系统的监督与管理，严厉打击偷换概念、搬弄是非、颠倒黑白等制造虚假信息的行为；另一方面要加强对公众的情绪疏导与理性引导，通过免费开设社区媒介素养教育课程，或积极宣传和普及媒介素养知识，提升公众辨别是非、合理合法地表达自我、参政议政的思想觉悟和行为能力。

三、公共精神危机

公共精神危机是指专家系统社会关怀的缺失，主要表现为：无法站在公众立场考虑问题、忽视公众利益、对弱势群体漠不关心、不敢批评事件中出现的不良风气、不能以平等姿态面对公众。

专家身份的加持和话语权威性的“赋魅”，要求专家系统在网络媒体平台的发言必须符合公共利益，遵守国家法律法规，对社会不正之风、不公平事件要有批判意识和批判勇气。例如，未成年人出于某些原因做出极端行为的案件发生后，网络上愤怒、谩骂、批判之声沸沸扬扬，更有甚者发表了“应该立刻把他们枪毙”等情绪化、极端化的言论，“以恶惩恶”的声音甚嚣尘上。在这些极具争议的社会热点事件发生后，时有法律、哲学、伦理学等方面的专家系统及时、勇敢地站出来引导公众理性发声，致力于科学有效地解决未成年人监管问题。然而，也有部分微博“大V”或默不作声，或推波助澜，或迎合网民观点，扰乱舆论生态。还有部分专家系统及网络“小V”过分关注案件细节，为追求热度与流量，迎合个别公众的非理性情绪。这无疑加剧了专家系统的公共精神危机。

有鉴于此，专家系统要从表达技巧和思想观念两方面提升自己。在表达技巧方面，专家系统要结合事件性质和可能出现的后果选取合适的表达方式，仔细校验言论内容，确保话语的权威性和准确性。在面对不熟悉的领域或未经查证的内容时，要谨慎发言、谨慎转发，甚至不转发。在不得不转发时，出于规避风险的考虑，一定要注明信息的来源和出处，并努力从多方面求证，以确保信息的全面、准确、真实、可靠。在思想观念方面，专家系统要保持高度的政治敏锐性，时刻坚守底线和原则，不发表极端言论，不发表不利于民族团结和社会发展大局的言论，不刻意附和伪公共事件，不随意迎合群体心理，不做传播谣言的帮凶。

总之，作为信息传播和扩散的关键节点，专家系统理应在网络媒体平台中扮演信息“把关人”角色。然而，部分专家系统却逐渐偏离了这一职责，与传统媒体及其从业者形成了鲜明对比。在面对争议性议题或社会热点事件时，这些专家系统往往以感性宣泄为主，缺乏理性思考，以主观判断为主，客观分析不足。加之网络新媒体平台具有低门槛、低成本、即时性、传播迅速及范围广等特点，这些专家系统一旦听到新奇事件或捕风捉影的信息时，便立马发布相关内容以抢占舆论先机，比如发表评论，站在道德制高点上进行批判或声援，从事件的“旁观者”转变为“热点参与者”，通过塑造所谓的“专业操守”和“社会责任感”，赢得了广大网民的拥护、追捧和喜爱。然而，专家系统传播力强、信息覆盖范围广、影响力大，新媒体中信息传播具有不可逆性、不可控性，这使得某些未经证实、虚假、夸大其词、情绪化甚至违反法律法规的内容一经在网络上发布和传播，便会加剧专家系统的公共精神危机，进而对社会造成严重负面影响。更为严重的是，一些受教育程度较低或缺乏理智的追随者，对某一人物有强烈的情感认同和依赖性，在公共精神危机事件发生后，可能会情绪失控，甚至做出极端行为。网络社会中的群体往往呈现出分化而类聚的特点，即群内同质化、群际异质化。在现实社会，受地理空间、法律法规等的限制，人们往往不同程度约束着自身的个性和本能。然而，互联网的开放性、匿名性和跨地域性使得几乎每个人都能找到自己的“同好”或“支持者”。这种基于共同爱好、兴趣或行为特点所形成的圈子或社区，很容易产生

“观点共振”或“情绪共鸣”。[①]虚拟社会中固有的“罗宾汉情结”和网络民粹主义，以及泛道德主义，易使群体成员在围绕危机信息或某一主体进行交流、讨论及互动时走向极端，最终演变成群体极化现象。专家系统和网络“大V”的出现，增强了公众之间的共振效应，他们具有固定的媒介使用习惯，信息特色鲜明，从而吸引了大量粉丝或追随者。

在互联网这个鱼龙混杂、泥沙俱下的环境中，部分公众对现实充满怨气和不满，极易产生悲观和怨怼情绪，并习惯性地针对各种社会事件进行谩骂攻击。专家系统作为拥有深厚学识和巨大影响力的群体，理应清醒地认识到这种问题是个别的，不应以个别现象、个别案例而批判整体，继而全盘否定大局。同时，面对外来文化和西方思潮的冲击与影响，专家系统应引导网民群体辩证地接受相关信息，既不盲目鼓吹、崇拜，也不刻意抹黑、诋毁，应结合我国社会环境和发展现状，进行多方面的认识、多维度的权衡与分析。当前，互联网上存在的拜金主义、享乐主义，以及推崇一夜暴红、一夜暴富等的不良价值观念，如同精神鸦片侵蚀着青少年群体。青少年的心智发展尚未成熟，缺乏明辨是非的能力，因此很容易被那些催人泪下的情感故事或华而不实的“毒鸡汤”所迷惑和吸引，以至于一些披着娱乐、媚俗等外衣的西方思潮在网络上得到广泛的传播、追捧和认同。因此，最为紧要的任务在于，专家系统要积极宣传符合我国社会语境的价值观，遏制错误价值观的传播。此外，专家系统在日常生活、工作和学习中应严于律己，无论在线下还是线上空间，都要以身作则，发挥榜样的行为示范与价值引领作用，做好现实和虚拟两个世界的“领航者”，努力实现道德修养和道德实践的协调统一。

本章小结

本章从风险社会系统环境视角出发，结合公共卫生事件发生、发展的实际情况来分析我国网络场域中专家系统的社会信任状态。专家系统的社会信任是在传播过程中建立起来的，尤其在网络传播环境中，通过与各种媒体的合作，专家系统得以扩大其影响力。在网络传播环境中，公众对专家系统的评价

① 汤景泰、陈秋怡：《意见领袖的跨圈层传播与“回音室效应”：基于深度学习文本分类及社会网络分析的方法》，《现代传播（中国传媒大学学报）》2020 年第 5 期，第 25-33 页。

和判断往往是对其所承担社会角色的期待。除此之外，本章也探讨了公众在评价专家系统时是否只注重对其专业能力的判断，专家系统的社会信任是否只是专业社会信任的一种表征形式。

本章的分析具有以下两方面的意义。其一，分析了专家系统的社会信任在现实社会中的有效性和失效性现象，并揭示了这些现象背后的本质性问题。其二，通过分析专家系统的社会信任失效的实然状况，如媒体社会信任与专家系统的社会信任“一荣俱荣、一损俱损”、专家系统在公共场域中的影响力减弱、专家系统在公共场域中身份异化、专家系统存在信任危机等，从现象层面揭示了导致专家系统的社会信任失效的系统性因素，凸显了专家系统的社会信任在现实风险应对和群体决策中的价值。这为本书接下来的分析奠定了基础。

第四章

统合、内生与外生：专家系统的社会信任影响因素的经验性分析

上一章展示和罗列了网络场域中专家系统的社会信任有效性和失效性的各种表现，并着重对专家系统的社会信任失效问题及相关因素进行了现象层面的讨论。那么，该如何考察具体的导致专家系统的社会信任失效的因素？又该如何梳理这些因素并使其呈现出系统性和结构性？欲科学解决上述问题，首先需要从影响专家系统的社会信任的因素入手，因为这些致效的影响因素本身就是专家系统的社会信任失效的成因。因而，本章的研究目的有三个：其一是通过科学手段探究影响专家系统的社会信任的因素；其二是分析和挖掘这些因素可能存在的结构性问题和共线性问题，也就是需要指出影响的形成是单一因素导致的还是多个因素造成的；其三是借助相关的科学研究进一步确认，在实然的层面中专家系统的社会信任失效并不是一种假设，而是应该直面的现实。为确保结论的科学性和有效性，本章采用嵌入式混合研究法，将问卷调查所得的数据与访谈分析内容相结合，在说明、补充和修正的过程中完善所得结论。

根据本书第二章对专家系统的社会信任的概念界定，以及专家系统的社会信任失效在内涵和外延上的指向，本章将专家系统的社会信任的失效表现概括为：公众与专家系统相互作用关系断裂而导致专家系统失去获得社会信任的能力。由此可见，在分析专家系统的社会信任失效问题时，存在两个核心因素：其一是专家系统的社会信任失效指向能力问题；其二是专家系统的社会信任失效指向关系问题。结合心理学研究范式和传统，能力是一种内生的综合素质，在历时的教育、培训和社会化过程中形成，最终体现为一种实践能力。关系则是一种外生的影响因素，其表现为行动发生时的环境与情境，而关系形成与建构关系的能力本身，也是一种外化的心理行为发生机制。参照心理学关于

能力和关系的界定，专家系统的社会信任失效的分析在理论上应当确立内生和外生的两个维度，也可以借此做出两个研究假设：专家系统的社会信任失效是一种基于能力的内生结构失调；专家系统的社会信任失效是外部相互作用关系的断裂。

第一节　专家系统的社会信任影响因素统合建构

影响专家系统的社会信任的因素比较复杂。本章首先通过文献梳理和访谈大致确认了影响专家系统的社会信任的诸因素；其次，通过进一步筛选和甄别确定了各因素的维度和指标；最后，建立了有效合理的量表，为进一步的因素分析提供了科学有力的支持。

一、专家系统的社会信任影响因素的初步确立

由于我国关于专家系统的社会信任研究与西方研究所处的政治场域和文化场域不同，因此本章只关注近年来我国学者对专家系统的研究文献。同时结合前期访谈内容进行分析，以期从中获得影响专家系统的社会信任相关因素的解释。

我国学者关于专家系统的研究可以分为以下几种类型。第一种是从“力”的角度出发的研究，这类研究认为公众对于专家系统的信任程度就是社会信任，这是从接受专家系统信息的角度看待社会信任问题，主要依赖外部形成的对专家系统的社会信任程度的评估。第二种是从专家系统自身角度出发的研究，这类研究探讨了专家系统需具备何种能力才能建立社会信任。这种能力首先体现在专家系统所具备的专业素质层面。第三种则是从专家系统的社会信任功能角度出发的研究，这类研究将社会信任视为一种权力，权力因能力而产生。与第二种研究不同的是，此处的能力被进一步解释为一种综合能力而不只是囿于专业素质层面的能力。从上述三种类型中可以看到，在关于专家系统的社会信任形成的认知中，尽管在具体因素的识别上存在分歧，但一个基本的共识是，在考察影响专家系统的社会信任的因素时，应当从内生和外生两个层面进行分析。经过进一步的文献梳理，本章对所收集的 11 篇关于专家系统的社会信任的文章中所涉及的影响因素进行了归纳和总结，对各种影响因素被提及

的频次和频率进行了统计（表 4-1），从中可以大致窥见不同影响因素在学术研究中被重视的程度。

表 4-1　各类影响因素被学术文章提及的频次及频率

影响专家系统的社会信任的因素		被提及频次/次	被提及频率/%
内生因素	揭示真相——不传播伪科学	15	79.8
	具有人文关怀精神	12	65.4
	道德品质高尚	10	52.3
	知识付费	8	41.7
	舆论监督	7	36.5
	公平公正	7	36.5
	见解独到，有说服力	6	29.7
	不做广告，不推荐产品	6	29.7
	媒介沟通技巧	4	12.1
外生因素	有安全感	13	80.2
	有信赖感	11	73.3
	能够及时介入公共事件	9	66.2
	所依托的媒体是否可信	8	50.9
	良好的个人形象	7	43.1
	与公众在同一场域中感知事件	5	31.7
	知识信息传播全面、客观	4	17.1
	所传信息内容有逻辑	2	8.9

由表 4-1 可以看出，影响专家系统的社会信任的内生因素集中在四个方面，即专家系统的专业素质、社会关怀、专业操守和媒介沟通技巧。外生因素则集中在专家系统是否传递出信任的效能、是否能够有效地把握介入公共事件的时机、所依托的媒体是否具有可信度、是否具有与公众同场共在的可能、所传播的信息内容是否可靠等方面。

为了更精确地识别专家系统的社会信任的影响因素，我们设计了开放性问题，并对 30 名普通受访者进行访谈。受访者被要求回答“您在判断专家系统是否具有社会信任时会依据哪些因素”和“您认为专家系统的社会信任形成时其自身的素质应该包括哪些方面”这两个问题。随后，我们对回答内容进行归纳与梳理，并将所提及因素的关键词汇总如下（表 4-2）。

表 4-2　公众对专家系统的社会信任影响因素判断的关键词

序号	专家系统的社会信任影响因素关键词	被提及频次/次	被提及频率/%
1	公德	12	83.2
2	专业	11	79.3
3	价值观	8	65.1
4	知识	7	42.3
5	社会责任	6	33.5
6	公正	5	28.4
7	安全	5	28.4
8	信赖	5	28.4
9	经验	4	22.6
10	媒体	4	22.6
11	及时	4	22.6
12	诚信	3	16.2
13	担当	3	16.2
14	名望	3	16.2
15	地位	3	16.2
16	学术	3	16.2
17	魅力	2	6.3
18	政府	2	6.3

由表 4-2 可知，公众对专家系统的社会信任影响因素的判断中仍然体现出了内生和外生因素的区隔。在内生因素中，公德、专业、价值观、知识、社会责任、公正、经验、诚信、担当、名望、地位、学术、魅力均是专家系统自身所应具备的素质，而这些内生因素与学术场建构的专家系统的社会信任内生因素没有太大的区别，唯一不同的是，公众在对专家系统的社会信任内生因素的感知中，并没有提到专家系统应该具备一定的媒介沟通技巧。在外生因素中，安全、信赖、媒体、政府、及时都是用来区别专家系统的社会信任效度的外部评价特征。

基于上述两个方面的判断，本章进一步确立了分析专家系统的社会信任影响因素的框架，即首先从内生和外生两个维度来考察，其次在内生和外生因素中设置相关的维度和指标，并通过检视分别建立专家系统的社会信任内生影响因素量表和专家系统的社会信任外生影响因素量表。需要说明的是，本节侧重于建立量表，并未涉及对影响因素的具体考察，由于量表需要进行重要性因子分析，根据统计的需求，不宜使用本章后两节中关于专家系统的社会信任状况的调查数据来进行两种不同的分析，因而，本节所使用的数据通过单独的调查问卷获得，采用线上问卷调查方式，经过培训的 12 名访员负责实施调查工作。先后共发放问卷 1600 份，回收有效问卷 1552 份，有效问卷回收率为 97%。本次调查形成的样本涉及全国 12 个城市，其中北京占 8.3%，广州占 8.2%，深圳占 8.6%，西安占 8.4%，呼和浩特占 7.6%，厦门占 7.9%，大连占 8.1%，兰州占 9.4%，西宁占 9.2%，南宁占 7.8%，海口占 7.6%，乌鲁木齐占 8.9%。1552 个个案的年龄区间为 19—52 岁，其中 19—25 岁群体占 42.7%，26—39 岁占 33.2%，40—52 岁占 24.1%，样本总体更偏向于年轻世代。从性别比例上看，样本中男性受访者占 54.8%，女性受访者占 45.2%。从知识结构看，拥有初高中学历的受访者占 21.9%，拥有大学本科学历的受访者占 59.3%，拥有研究生学历的受访者占 18.8%。从专业背景看，拥有大学本科及以上学历的 1212 个个体中，文科专业背景的受访者占 46.1%，理工科专业背景的受访者占 53.9%。样本总体构成符合统计的基本需要。

二、专家系统的社会信任内生影响因素量表设计与检验

通过对文献的梳理和对访谈内容的分析，本章初步得出专家系统的社会信任内生影响因素的主要评价维度，即专家系统的专业素质、专家系统的社会关怀、专家系统的专业操守和专家系统的媒介沟通技巧。正如前文所述，公众信任专家系统主要是因为其能提供科学的指导和合理的生活实践建议。在公共卫生事件如新冠疫情中，专家系统的专业判断和建议因具有科学性和实用性而受到公众认可，其社会信任增强。专家系统的社会信任还取决于其责任感、人文关怀，以及在经济利益面前保持的专业操守。此外，在网络时代，专家系统的媒介沟通技巧也对建立社会信任起到关键作用。对专家系统的社会信任内生影响因素进行类别、题项和分析标识的划分，形成初步的专家系统的社会信任内生影响因素量表（以下简称内生影响因素量表），如表 4-3 所示。

表 4-3　内生影响因素量表题项陈述与分析标识

类别	问卷中题项陈述	数据分析标识
专业素质	具有较强的专业技能	EXP01 专业技能
	具有较高的专业水平	EXP02 专业水平
	传递的专业知识具有科学性	EXP03 专业科学
	依据专业知识对事实进行真实描述，不含虚假和猜测	EXP04 专业真实
	能够借助专业知识提供合理建议	EXP05 专业建议
	能够运用专业知识指导生活实践	EXP06 专业实践
社会关怀	能够站在公众的立场上关注公众利益	EXP07 公众利益
	能够关心关注弱势群体	EXP08 弱势群体
	敢于批评不良风气和错误观点	EXP09 批评能力
	能够以平等姿态面对公众	EXP10 姿态平等
专业操守	不引导公众购买任何产品	EXP11 不引导购物
	不为任何有关商品做广告	EXP12 不做广告
	不传谣并引导公众不信谣	EXP13 不传谣
	不炒作低俗信息，不迎合不良习惯	EXP14 不炒作
媒介沟通技巧	专业知识传播迅速及时	EXP15 迅速及时
	进行有深度的分析和解释	EXP16 深度解析
	信息传播方式新颖、有个性	EXP17 新颖个性
	主动承认在信息传播中的错误并道歉更正	EXP18 主动纠偏

按照题目设计评分标准，1 分表示“完全不重要”，2 分表示“不重要”，3 分表示“有点重要”，4 分表示“比较重要”，5 分表示“非常重要”。被调查者针对 18 个题项的评分是题项重要程度最为直观的体现。其中 3 分作为中位值是重要的分界线。

由表 4-4 可以看出，在社会关怀因素中，批评能力的得分均值小于 3 分，专业操守中不炒作的得分均值小于 3 分，因而可以认为，这两个题项在重要程度上与专家系统的社会信任关联较小。在媒介沟通技巧因素中各题项得分均值都低于 3 分，可以认为它们与专家系统的社会信任之间的关联性很小。究其原因，专家系统在功能层面上有明显的传播学取向，从理论上讲，专家系统被媒介化了，而就媒介专业素质而言，能够形成深度解析和迅速及时的信息传播可能已被归并到专家系统的专业素质范畴中了。

表 4-4　内生因素量表分类与重要程度甄选结果

类别	题项	均值
专业素质	EXP01 专业技能	4.23
	EXP02 专业水平	4.18
	EXP05 专业建议	3.81
	EXP03 专业科学	3.79
	EXP06 专业实践	3.66
	EXP04 专业真实	3.52
社会关怀	EXP07 公众利益	4.46
	EXP08 弱势群体	4.21
	EXP10 姿态平等	3.95
	EXP09 批评能力	2.76
专业操守	EXP12 不做广告	4.39
	EXP13 不传谣	4.15
	EXP11 不引导购物	3.12
	EXP14 不炒作	2.88
媒介沟通技巧	EXP16 深度解析	2.94
	EXP15 迅速及时	2.82
	EXP17 新颖个性	2.59
	EXP18 主动纠偏	2.45

在排除了媒介沟通技巧等因素后，对内生影响因素量表进行探索性因子分析，采用主成分分析法、方差最大旋转（VARIMAX），抽取其中特征值大于 1 的公共因子，可以得出 3 个因子（表 4-5）。

表 4-5　内生影响因素量表探索性因子分析

题项	因子 1	因子 2	因子 3
EXP01 专业技能	0.721	—	—
EXP02 专业水平	0.707	—	—
EXP03 专业科学	0.641	0.321	—
EXP04 专业真实	0.697	0.296	0.108
EXP05 专业建议	0.696	0.293	0.116

续表

题项	因子 1	因子 2	因子 3
EXP06 专业实践	0.688	0.189	0.292
EXP07 公众利益	0.227	0.673	—
EXP08 弱势群体	0.241	0.634	0.379
EXP10 姿态平等	0.142	0.686	0.289
EXP11 不引导购物	0.155	—	0.775
EXP12 不做广告	0.201	—	0.769
EXP13 不传谣	0.156	0.201	0.693

由表 4-5 可以看到，各个题项作为因子的贡献率良好，普遍接近或大于 0.7，因子之间的负荷值均未超过 0.4，因此可以说明，内生影响因素量表具有一定的稳定性。

为进一步证明内生影响因素量表的科学性，本节对该量表分别进行信度（克龙巴赫 α 系数）、效度（验证性因素）检验，以期使量表更加稳定，从而为之后的调查研究提供合理的依据（表 4-6）。

表 4-6 内生影响因素量表信度检验数据

指标	删除该题项后量表的平均数	删除该题项后量表的方差	该题项与量表总分的相关系数	删除该题项后量表的 α 系数
专业技能	71.063	344.665	0.664	0.874
专业水平	71.519	337.654	0.682	0.885
专业科学	71.023	352.891	0.651	0.892
专业真实	71.193	341.764	0.627	0.889
专业建议	71.030	351.238	0.654	0.870
专业实践	70.061	343.812	0.621	0.862
公众利益	72.833	356.653	0.695	0.896
弱势群体	71.765	342.664	0.668	0.899
姿态平等	71.875	345.601	0.637	0.901
不引导购物	73.554	350.765	0.679	0.892
不做广告	71.234	332.553	0.493	0.902
不传谣	72.008	340.264	0.594	0.900

注：α=0.8921。

由表4-6可以看出，信度系数为α=0.8921，说明量表设计满足了信度要求。

通过结构方程模型对内生影响因素量表进行验证性因子分析，通过拟合数据进行效度检验。检验发现，卡方自由度比值小于3，p小于0.05，RMR（残差均方根）值小于0.05，CFI（比较拟合指数）、TLI（非规范拟合指数）、GFI（拟合优度指数）、NFI（规范拟合指数）、AGFI（修正拟合优度指数）值均大于等于0.9，RMSEA（近似误差均方根）小于0.08，说明模型拟合度较好，同时也说明题项对因子的解释效度良好，如图4-1所示。

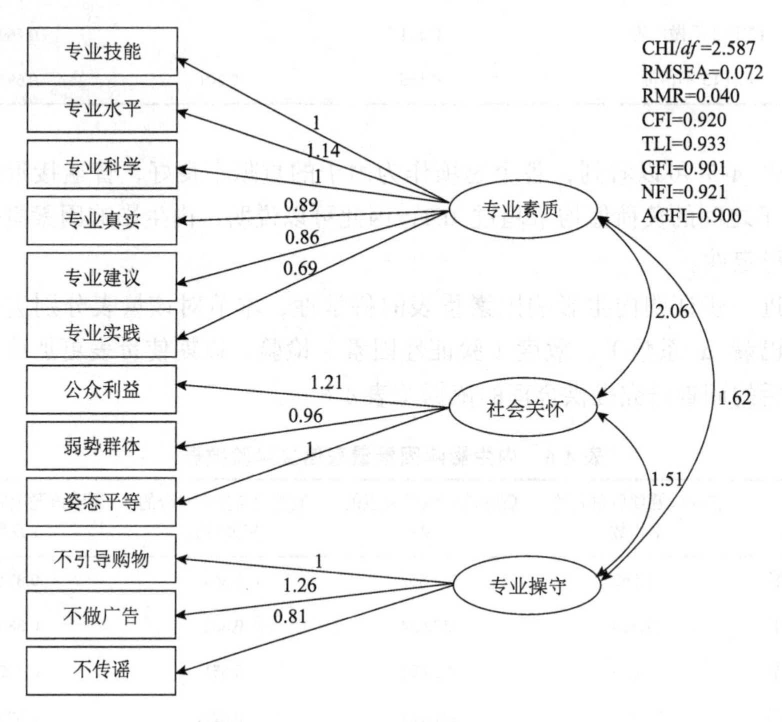

图4-1　内生影响因素量表效度检验

三、专家系统的社会信任外生影响因素量表设计与检验

通过对文献的梳理和对访谈内容的分析，本章初步得出专家系统的社会信任外生影响因素的主要评价维度，即个体信任、媒体可信度、时机、内容质量、官方关系。就个体信任而言，其指示了作为个体的公众在感知专家系统的社会信任时所表现出某种相关性和有利性。在公共卫生事件中，特别是由公共卫生事件引发的危机情境下，上述感知会使公众形成对专家系统的依赖行为，

但是，这种依赖行为在风险状态下可能导致预期后果的不确定性。在相关研究中，戴维·贝罗等人开发了“安全-值得信赖”量表（该量表所报告的信度系数为 $\alpha=0.72$），用来测量某一个体在安全需求的引导下对特定个体的信赖程度。[①]本章在公共卫生事件的语境下进行调查，这一语境对于公众生活世界的重要性和可能带来的危机性风险不言而喻，在这一语境中，公众有极为强烈的安全性需求。同时，专家系统与公众在网络场域中的共在使得公众可以更为直接地感知专家系统的存在，并依据“自我”的方式形成判断，专家系统作为“特定个体”是公众产生信赖的对象，当这种信赖积累到一定程度，就会转化为专家系统的社会信任。因此，本章在个体信任因素的调查中使用上述量表。媒体可信度量表一般有三种类别，分别是“全面量表”、“基础量表”和“简明量表”，媒体可信度量表不仅可以针对媒体的社会信任进行调查（此时建议使用“全面量表”或“基础量表”），也可与相关议题结合对使用媒体或借助媒体产生的公共领域其他社会信任展开研究（此时建议使用“简明量表”）。显然，专家系统在现代社会中形成社会信任并深化其在公共场域中的影响力时需要借助媒体甚至是依赖媒体，因此本章使用“简明量表”（该量表报告的信度系数为 $\alpha=0.908$）对媒体可信度这一因素进行调查。一般认为危机传播存在 6 个时段，分别是：潜伏期（平均时长 1.7 天）、爆发期（平均时长 2.3 天）、蔓延期（平均时长 1.6 天）、反复期（平均时长 42.9 天）、缓解期（平均时长 19.2 天）和长尾期。在非危机的情境下，相关公共事件的传播阶段也可以简化上述 6 个时段。由于本章涉及的公共卫生事件并不总是以危机情境进行展示，因而，本章将时机因素的考察指标界定为：早期（平均时长 4 天）、中期（平均时长 2 个月）和长尾期（平均时长大于 2 个月）。在内容质量方面，具体包括文本内容的逻辑性、文本内容明显错漏、文本内容的专业度等指标。在官方关系方面，笔者根据前期的问卷数据和已有的相关研究，结合自己对这一方面问题的认识，初步设置了 3 个考察指标：控制负面新闻、与官方保持一致、与高级别官媒合作。基于上述考量，本章初步设计了专家系统的社会信任外生影响因素量表（以下简称外生影响因素量表），见表 4-7。

---

① Berlo D K, Lemert J B, Mertz R J, “Dimensions for Evaluating the Acceptability of Message Sources”, *Public Opinion Quarterly*, 1969, 33(4): 563-576.

表 4-7　外生影响因素量表

指标类目	一级指标	二级指标	指标说明
专家系统的社会信任的外生影响因素	时机	早期	专家系统在 4 天内介入
		中期	专家系统在 2 个月内介入
		长尾期	专家系统在 2 个月后介入
	内容质量	文本内容的逻辑性	评价专家系统发布的信息文本有逻辑
		文本内容明显错漏	评价专家系统发布的信息文本有明显错漏
		文本内容的专业度	评价专家系统发布的信息文本的专业度
	官方关系	控制负面新闻	控制引起社会骚乱的负面新闻
		与官方保持一致	在任何情况下都与党和政府保持一致
		与高级别官媒合作	与高级别官媒合作
	媒体可信度	媒体职业素质	使用简明量表
		媒体职业道德	使用简明量表
		媒体人文素质	使用简明量表
	个体信任	个体安全感程度	使用“安全-值得信赖”量表
		个体信赖程度	使用“安全-值得信赖”量表
		性格感知	使用“安全-值得信赖”量表

本章通过德尔菲法（专家调查法）对 21 名专家进行调查。调查对象是来自中国人民大学、中国传媒大学、兰州大学的新闻传播学专业的教授（18.9%）、副教授（36.8%）和讲师（44.3%），符合本章对专家的要求。本章在外生影响因素量表中增加了两项内容，其一是让专家进行指标可行性判断，其二是在完成判断的基础上按照各自的专业经验对每个指标的权重进行赋值，通过两轮调查完成。在第一轮调查中，我们未对指标的权重进行任何提示，由专家自己来决定，指标问卷回收后对每个专家的意见进行汇总和整理，通过计算每个指标的可行性和平均赋值权重制定第二轮反馈问卷，再由专家进行重新打分，第二轮问卷回收后，再次统计结果，具体数据如表 4-8 所示。

表 4-8　外生影响因素指标通过德尔菲法的权重赋值情况

指标类目	一级指标	二级指标	指标说明	权重赋值
专家系统的社会信任的外生影响因素	时机	早期	专家系统在 4 天内介入	8.9
		中期	专家系统在 2 个月内介入	8.6
		长尾期	专家系统在 2 个月后介入	8.3
	媒体可信度	媒体职业素质	使用简明量表	21.7
		媒体职业道德	使用简明量表	21.7
		媒体人文素质	使用简明量表	21.7
	个体信任	个体安全感程度	使用“安全-值得信赖”量表	23.6
		个体信赖程度	使用“安全-值得信赖”量表	23.6
		性格感知	使用“安全-值得信赖”量表	23.6

由表 4-8 可以看到，在经过两轮专家评定后，有两个指标被剔除了，即内容质量和官方关系。内容质量之所以被专家剔除是因为通过媒体传播形成的信息文本并不是专家系统自身生产的，大多数通过媒体的编辑形成，因而用内容质量来指示专家系统的社会信任可能不妥。官方关系在专家评定中存在分歧，仍然有 11.3%的专家认为可以保留该指标，理由是文化水平越低的人越会依据该指标对专家系统的社会信任进行判断。但是，更多的专家指出，随着我国教育水平的不断提高，文化水平低只是一个相对概念且界限模糊，有时不能只用学历来进行简单识别，如果将其纳入指标体系势必会增加研究的复杂性，其可行性并不高。

为进一步检测外生影响因素量表的科学性、全面性，以保证其在接下来调查中的有效性，本章对外生影响因素量表进行重要性因子考察，见表 4-9。

表 4-9　外生影响因素量表题项陈述与分析标识

类别	问卷中题项陈述	数据分析标识
时机	专家系统在 4 天内介入	EXP01 早期
	专家系统在 2 个月内介入	EXP02 中期
	专家系统在 2 个月后介入	EXP03 长尾期
内容质量	评价专家系统发布的信息文本有逻辑	EXP04 文本内容的逻辑性
	评价专家系统发布的信息文本有明显错漏	EXP05 文本内容明显错漏
	评价专家系统发布的信息文本的专业度	EXP06 文本内容的专业度

续表

类别	问卷中题项陈述	数据分析标识
官方关系	控制引起社会骚乱的负面新闻	EXP07 控制负面新闻
	在任何情况下都与党和政府保持一致	EXP08 与官方保持一致
	与高级别官媒合作	EXP09 与高级别官媒合作
个体信任	接触专家系统信息能获得安全感	EXP10 个体安全感程度
	专家系统值得信赖	EXP11 个体信赖程度
	专家系统的人格魅力	EXP12 性格感知
媒体可信度	承载专家系统活动的媒体职业素质	EXP13 媒体职业素质
	承载专家系统活动的媒体职业道德	EXP14 媒体职业道德
	承载专家系统活动的媒体人文素质	EXP15 媒体人文素质

按照题目设计评分标准，1 分表示“完全不重要”，2 分表示“不重要”，3 分表示“有点重要”，4 分表示“比较重要”，5 分表示“非常重要”。被调查者对 15 个题项的评分是单个题项重要程度最为直观的体现。其中 3 分作为中位值是重要的分界线。

由表 4-10 可以看出，内容质量和官方关系两个因素得分均值小于 3 分，因此可以认为这两个因素在重要程度上与专家系统的社会信任关联较小。

表 4-10　外生因素量表分类与重要程度甄选结果

类别	题项	均值
时机	EXP01 早期	3.79
	EXP02 中期	3.43
	EXP03 长尾期	3.52
内容质量	EXP04 文本内容的逻辑性	2.32
	EXP05 文本内容明显错漏	2.87
	EXP06 文本内容的专业度	2.91
官方关系	EXP07 控制负面新闻	2.98
	EXP08 与官方保持一致	2.82
	EXP09 与高级别官媒合作	2.64
个体信任	EXP10 个体安全感程度	4.37
	EXP11 个体信赖程度	4.18
	EXP12 性格感知	4.32

续表

类别	题项	均值
媒体可信度	EXP13 媒体职业素质	3.79
	EXP14 媒体职业道德	4.04
	EXP15 媒体人文素质	4.33

在排除了内容质量和官方关系两个因素后，对外生影响因素量表进行探索性因子分析，采用主成分分析法、方差最大旋转（VARIMAX），抽取其中特征值大于 1 的公共因子，可以得出 3 个因子（表 4-11）。

表 4-11　外生影响因素量表探索性因子分析

题项	因子 1	因子 2	因子 3
EXP01 早期	0.633	—	—
EXP02 中期	0.621	—	—
EXP03 长尾期	0.627	0.291	—
EXP10 个体安全感程度	0.211	0.752	—
EXP11 个体信赖程度	0.206	0.714	0.303
EXP12 性格感知	0.197	0.743	0.287
EXP13 媒体职业素质	0.157	—	0.698
EXP14 媒体职业道德	0.209	—	0.701
EXP15 媒体人文素质	0.161	0.191	0.733

由表 4-11 可以看到，各个题项作为因子的贡献率良好，普遍接近或大于 0.7，因子之间的负荷值均未超过 0.4，因此可以说明，外生影响因素量表具有一定的稳定性。

对修正后的外生影响因素量表进行克龙巴赫 α 系数信度检验发现，时机因素子量表的 α 系数为 0.7211，媒体可信度子量表的 α 系数为 0.883，个体信任子量表的 α 系数为 0.7362，量表整体的 α 系数为 0.7501，均大于 0.7，体现了较好的信度水平。

以上数据进一步验证了专家评定后的结果，即内容质量和官方关系并不能直接作为专家系统的社会信任的外生影响因素。内容质量因素被排除的理由已经在前文做过分析，现在需要重点说明官方关系因素。在实际调查中，我们发现被调查者对于官方关系与专家系统之间关系的判断存在一定分歧。在“与官方保持一致”这个题项中，选择“完全不重要”和“不重要”的比例为23.6%和 28.9%，而选择“非常重要”和“较为重要”的比例为 10.1%和12.3%。这种具有分歧的结果在访谈中也有所体现，有人认为“专家系统与政府关系较为密切时，反而会降低其社会信任”，也有人认为“专家系统在政府的指导下行动会使其更易获得社会信任”。就这一情况而言，如仅仅在程度上存在重要性差异，那么这仍然属于可以接受的范围，毕竟个体化评价的标准往往是不同的。在我国政治语境下，政府的影响力表现在社会生活的方方面面，并且在大多时候构成了社会行动的背景，是一个具有宏观意义的环境性因素。对专家系统的社会信任的研究只能从那些最为重要和形成共识的方面入手，不可能也无法做到面面俱到。综合以上理由，本章最终确认经过两轮专家评定和探索性因子分析所形成的外生影响因素量表，以开展接下来的研究工作。

第二节　专家系统的社会信任内生影响因素

专业素质表现为专家系统在表意过程中展示的知识权威性、对所发生事件进行的专业甄别、运用专业理性进行的客观事实陈述，以及能够及时全面地提供专业信息的能力，这是影响专家系统的社会信任的一个内生因素。但专业素质作为专家系统的个人素质仍然需要在公共场域中形成相关的评价。专业操守指向道德评价，主要评价专家系统在公共场域中发表观点、阐述事实时是否与某些经济利益形成共谋，这是影响其社会信任的另一个内生因素。研究发现，当专家系统在表意过程中推荐某些产品或为某些产品做广告时，会削弱公众对其的信任。专家系统在公共场域发表的观点和意见是否关注到公众的需求、是否具有普遍的人文关怀，以及在多大程度上体现社会关怀，这些问题同样会影响在公共场域中专家系统的社会信任。[①]综上所述，专业素质、专业操守和社会关怀均会影响专家系统的社会信任的构建。

一、研究假设、对象与工具

当专家系统展现出较高的专业素质时，公众对专家系统的信任度随之提

① [美]罗德尼·本森、[法]艾瑞克·内维尔：《布尔迪厄与新闻场域》，张斌译，杭州：浙江大学出版社，2017年，第119页。

升，进而专家系统的社会信任水平也会提高。由此可以推测，专业素质直接影响专家系统的社会信任。专家系统表现出的社会关怀程度，不仅从一个侧面反映了其专业素质的高低，还有助于促进公众对其专业素质的感知，进而影响其在公共场域中的社会信任水平。由此可以推测社会关怀在专业素质与专家系统的社会信任之间起中介作用。[①]专业素质是专家系统能力的表现，专业操守是专家系统道德的表现，尽管能力与道德并不总是匹配，但在公共场域的评价体系中，它们之间必然存在相互关联。一种合理的预期是，随着专家系统专业素质的不断提高，其专业操守也会相应提升[②]，这是因为在长期的能力提升和经验积累过程中，专家系统会逐渐领悟并采纳一种超越单纯能力范畴的职业道德规范，并在公共场域中积极践行这种道德规范，从而提升其社会信任水平。由此可以推测，专业操守在专业素质与专家系统的社会信任之间起到中介作用。专业操守与社会关怀均属于道德范畴，心理研究表明，个人的道德标准越高，其在社会行动中越能够展现出更高的社会道德水平，并表现出对他者的关心和对公共利益的关注。[③]在调查中我们也发现，公众在对专家系统的社会信任进行评价时，也十分关注其道德水准，以及由此体现出来的专业操守和社会关怀。[④]由此可以推测，专业操守与社会关怀在专业素质与专家系统的社会信任之间起链式中介作用。

基于上述分析，本章提出以下研究假设和结构模型假设（图 4-2）。H1：专业素质直接影响专家系统的社会信任。H2：社会关怀在专业素质与专家系统的社会信任之间起中介作用。H3：专业操守在专业素质与专家系统的社会信任之间起中介作用。H4：专业操守与社会关怀在专业素质与专家系统的社会信任之间起链式中介作用。

---

① Kinghorn P, Afentou N, "Eliciting a Monetary Threshold for a Year of Sufficient Capability to Inform Resource Allocation Decisions in Public Health and Social Care", *Social Science & Medicine*, 2021(279): 113977.

② Kaffashpoor A, Samanian M, Rahmdel H, "Designing and Explaining a Professional Ethics Model for the Managers of the Banking Industry, Using the Grounded Theory Strategy", *International Journal of Procurement Management*, 2021, 14(2): 230-242.

③ Rasmussen M K, Pidgeon A M, "The Direct and Indirect Benefits of Dispositional Mindfulness on Self-Esteem and Social Anxiety", *Anxiety Stress Coping*, 2011, 24(2): 227-233.

④ Farr M, Davies P, Andrews H, et al., " Co-Producing Knowledge in Health and Social Care Research: Reflections on the Challenges and Ways to Enable More Equal Relationships", *Humanities and Social Sciences Communications*, 2021, 8(1): 105.

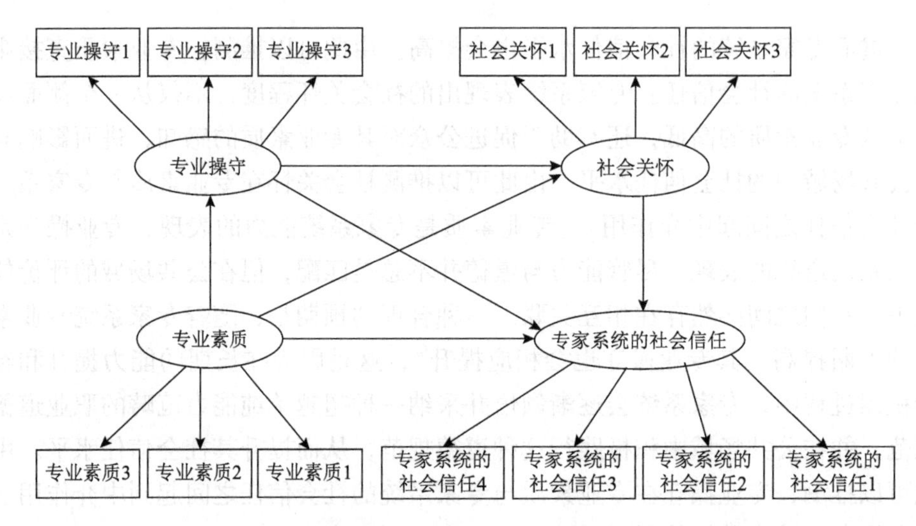

图 4-2　专家系统内生影响因素结构模型假设图

调查采用线上问卷方式进行，经过培训的 12 名访员负责实施调查工作。调查时间为 2022 年 12 月 15 日至 2022 年 12 月 22 日，先后共回收有效问卷 1516 份。调查形成的样本涉及全国 9 个城市，其中北京占 11.3%，广州占 10.2%，西安占 11.4%，呼和浩特占 11.6%，兰州占 12.9%，西宁占 11.2%，南宁占 10.8%，重庆占 10.7%，乌鲁木齐占 9.9%。1516 个个案的年龄区间为 18—46 岁，其中 18—21 岁群体占 39.6%，22—31 岁占 35.2%，32—46 岁占 25.2%，样本更偏向于年轻世代。从性别比例上看，样本中男性受访者占 57.3%，女性受访者占 42.7%。从学历背景看，拥有初高中学历的受访者占 27.6%，拥有大学本科学历的受访者占 55.2%，拥有研究生学历的受访者占 17.2%。在拥有大学本科及以上学历的 1098 个个体中，文科专业背景的受访者占 52.3%，理工科专业背景的受访者占 47.7%。样本总体构成符合统计的需要。我们使用本章第一节确定的专家系统的社会信任内生影响因素量表，并在此基础上添加专家系统的社会信任形成后的识别指标，即感知科学性程度、议题重要性程度、参与讨论和参与讨论动机的积极/消极程度①，以便进行更为全面数据采集。利用 SPSS 23.0 和 AMOS 23.0 对数据进行处理和分析。为方便在统计过程中准确识别各个指标，我们将专业素质所对应的 6 个题项进行打包处理，依次命名为专业素质 1—3，将专业操守对应的 4 个题项归纳为专业操

① Huffaker D, "Dimensions of Leadership and Social Influence in Online", *Communities Human Communication Research*, 2010, 36(4): 593-617.

守 1—3，将社会关怀对应的 4 个题项归纳为社会关怀 1—3，将专家系统的社会信任对应的 4 个题项命名为专家系统的社会信任 1—4（图 4-2）。

二、单因素验证性因子分析及其结果

（一）专业素质验证性因子分析

由图 4-3 可知，在标准化情况下，专业素质因子中因子负荷分别为 0.71、0.81、0.7，均大于 0.6。当 *df*（自由度）值为 0 则不显示 RMSEA，CFI、GFI 值均为 1，这表明此时模型为饱和模型。专业素质测量模型中的 SMC（多元相关平方）分别为 0.504、0.656、0.488，均大于 0.25，SMC 指标满足测量模型所需条件。在非标准化情况下，各残差项均显著且为正值，残差不独立，进一步说明专业素质测量模型具有稳定性，可以固定并进入假设模型进行分析。

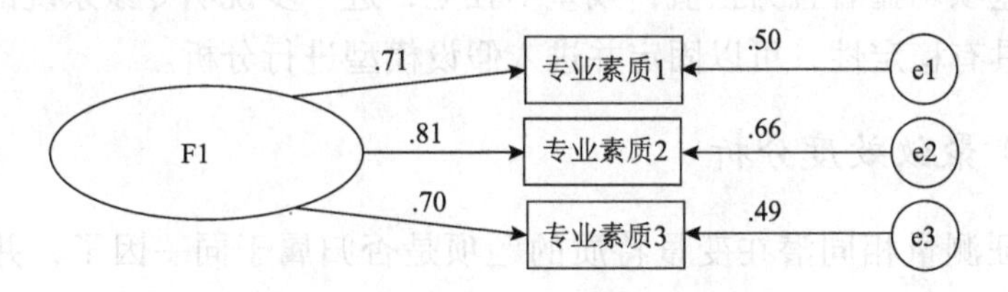

图 4-3　专业素质测量模型图

（二）专业操守验证性因子分析

在标准化情况下，专业操守因子中因子负荷分别为 0.63、0.86、0.74，均大于 0.6。当 *df* 值为 0 则不显示 RMSEA，CFI、GFI 值均为 1，这表明此时模型为饱和模型。专业操守测量模型中的 SMC 分别为 0.541、0.736、0.398，均大于 0.25，SMC 指标满足测量模型所需条件。在非标准化情况下，各残差项均显著且为正值，残差不独立，进一步说明专业操守测量模型具有稳定性，可以固定并进入假设模型进行分析。

（三）社会关怀验证性因子分析

在标准化情况下，社会关怀因子中因子负荷分别为 0.58、0.44、0.7。其中社会关怀 3 的因子负荷大于 0.6，社会关怀 1 的因子负荷接近 0.6，同时，社会关怀 1 与社会关怀 3 的 SMC 分别为 0.487 和 0.334，均大于 0.25，因而可以认为题项社会关怀 1 与社会关怀 3 满足拟合度条件。社会关怀 2 的因子负荷明显小于 0.6，且 SMC 为 0.198，小于 0.25，因此题项社会关怀 2 并不满足拟合度条件，需要将其删除后重新进行拟合。通过删除题项社会关怀 2 并重新拟合数据后发现，社会关怀 1 与社会关怀 3 因子负荷指标和 SMC 指标均符合拟合标准，*df* 值为 0，CFI、GFI 值均为 1，依旧为饱和模型。因此在接下来进入假设模型分析时选用修正后的社会关怀测量模型。

（四）专家系统的社会信任验证性因子分析

在标准化情况下，专家系统的社会信任因子中因子负荷分别为 0.68、0.56、0.65、0.54，其中专家系统的社会信任 2、专家系统的社会信任 4 的因子负荷虽然小于 0.6，但数值较为接近，可以接受。*df* 为 2（≤2），RMSEA 为 0.0134（≤0.05），CFI 为 0.946（≥0.9），GFI 为 0.98（≥0.9），说明测量模型拟合度较好。专家系统的社会信任测量模型中的 SMC 分别为 0.29、0.42、0.31、0.46，均大于 0.25，SMC 指标满足测量模型所需条件。在非标准化情况下，各残差项均显著且为正值，残差不独立，进一步说明专家系统的社会信任测量模型具有稳定性，可以固定并进入假设模型进行分析。

（五）聚敛效度分析

为验证测量相同潜在变量特质的题项是否归属于同一因子，并确认这些题项之间是否存在中高度的相关性，本章对参与模型计算的各因子进行聚敛效度分析。通过因子负荷、题项变异的被抽取量、平均方差抽取值、组合信度来判断各潜在变量与其测量变量之间的归属特征。也就是说，当把专业素质、专业操守、社会关怀以及专家系统的社会信任视为潜在变量构建模型时，我们仍须验证那些指向各个潜在变量的测量变量与潜在变量之间的从属关系，只有确保潜在变量与测量变量之间存在聚敛效度，才能进一步固定各个因子，并进行后续的分析。

由表 4-12 可以看出，在标准化状态下，专业素质、社会关怀、专业操守和专家系统的社会信任作为潜在变量时，其因子负荷基本上都大于 0.6；在专家系统的社会信任因子中，只有专家系统的社会信任 1 和专家系统的社会信任 3 的因子负荷小于 0.6，分别是 0.537 和 0.536，但仍然接近于 0.6，因此是可以接受的。同时，专业素质、社会关怀、专业操守与专家系统的社会信任题项变异的被抽取量 SMC 均大于 0.25，达到标准。

表 4-12　因子负荷系数表

潜在变量	题项	非标准因子负荷值	标准误	z	p	标准因子负荷值	SMC
专业素质	专业素质 1	1.000	—	—	—	0.667	0.444
	专业素质 2	1.185	0.115	10.265	0.000	0.697	0.486
	专业素质 3	1.160	0.101	11.502	0.000	0.816	0.665
社会关怀	社会关怀 1	1.000	—	—	—	0.874	0.764
	社会关怀 2	0.891	0.064	14.011	0.000	0.761	0.579
专业操守	专业操守 1	1.000	—	—	—	0.785	0.616
	专业操守 2	0.881	0.078	11.319	0.000	0.733	0.537
	专业操守 3	0.662	0.063	10.483	0.000	0.668	0.446
专家系统的社会信任	专家系统的社会信任 1	1.000	—	—	—	0.537	0.288
	专家系统的社会信任 2	1.286	0.186	6.923	0.000	0.639	0.408
	专家系统的社会信任 3	1.232	0.195	6.312	0.000	0.536	0.287
	专家系统的社会信任 4	1.315	0.194	6.787	0.000	0.612	0.375

由表 4-13 可知，专业素质、社会关怀、专业操守与专家系统的社会信任的平均方差抽取值（AVE）均大于 0.5，组合信度（CR）均大于 0.6，也就是说 AVE 和 CR 均达到标准。综合表 4-13 和表 4-14 的数据结果，可以得出以下结论，专业素质、社会关怀、专业操守和专家系统的社会信任各题项的因子负荷、题项变异的被抽取量、平均方差抽取值、组合信度均符合标准，因此可以认为上述四个潜在变量与其题项之间均存在聚敛效度。

表 4-13　聚敛效度中的 AVE 和 CR 指标结果

潜在变量	AVE	CR
专业素质	0.524	0.767
社会关怀	0.670	0.802
专业操守	0.547	0.779
专家系统的社会信任	0.539	0.770

（六）区别效度分析

在结构方程模型建立之前，除了需要分析潜在变量与其题项之间的聚敛效度，还需确保不同潜在变量的题项间不具有高度相关性，且一个因子所代表的潜在特质与其他因子所代表的潜在特质保持低度相关或存在显著差异，也就是说需要保证进入结构方程模型的每一个潜在变量都具有相对独立性。就本节而言，专业素质、专业操守、社会关怀和专家系统的社会信任作为单独的潜在变量，它们之间的决定系数（R^2，即共享的差异量）应小于 AVE，除去独特误差的差异量，即显示出个别潜在变量所抽取的差异量大于它们所共享的差异量。换言之，如果个别潜在变量内部的相关性大于个别潜在变量间的决定系数或相关系数，潜在变量之间就存在区别性。基于上述逻辑，进一步分析各潜在变量之间的区别效度，并得出如下数据表（表 4-14）。

表 4-14　区别效度信息

项目	AVE	专业素质	社会关怀	专业操守	专家系统的社会信任
专业素质	0.524	**0.724**	—	—	—
社会关怀	0.669	0.657	**0.818**	—	—
专业操守	0.545	0.534	0.565	**0.740**	—
专家系统的社会信任	0.339	0.446	0.447	0.422	**0.582**

注：对角线加粗值为 AVE 平方根。

由表 4-14 可知，专业素质与社会关怀之间的相关系数为 0.657，小于专业素质的 AVE 平方根和社会关怀的 AVE 平方根（即 0.657 < 0.724，0.657 < 0.818），表明专业素质与社会关怀之间存在区别效度；专业素质和专业操守的 AVE 平方根均大于两者之间的相关系数（即 0.724 > 0.534，0.74 > 0.534），表明专业素质与专业操守之间存在区别效度；专业素质与专家系统的社会信任之间的相关系数为 0.446，小于专业素质的 AVE 平方根和专家系统的社会信任的 AVE 平方根（即 0.446 < 0.724，0.446 < 0.582），表明专业素质与专家系统的社会信任之间存在区别效度；社会关怀和专业操守的 AVE 平方根均大于两者之间的相关系数（即 0.818 > 0.565，0.74 > 0.565），表明社会关怀与专业操守之间存在区别效度；社会关怀与专家系统的社会信任的 AVE 平方根均大于两者之间的相关系数（即 0.818 > 0.447，0.582 > 0.447），表明社会关怀与专家系统的社会信任之间存在区别效度；专业操守与专家系统的社会信任之间的相关系数是 0.422，小于专业操守的 AVE 平方根和专家系统的社会信任 AVE 平方根（即 0.422 < 0.74，0.422 < 0.582），表明专业操守与专家系统的社会信任之间存在区别效度。通过以上分析可以看到，将进入结构方程模型的各个潜在变量之间在整体上存在区别效度，可以固定并进入模型进行分析。

三、模型建立及中介因素分析

（一）模型的建立及修正

通过验证性因子分析，本章所设计进入模型分析的各个潜在变量均通过验证，因此可以进一步进行模型分析。

在非标准化情况下，模型建立的条件包括路径系数显著、因子负荷显著、残差项显著且为正值。当这些条件均满足时，可以认为在非标准化情况下模型拟合度较好（图 4-4、表 4-15、表 4-16）。

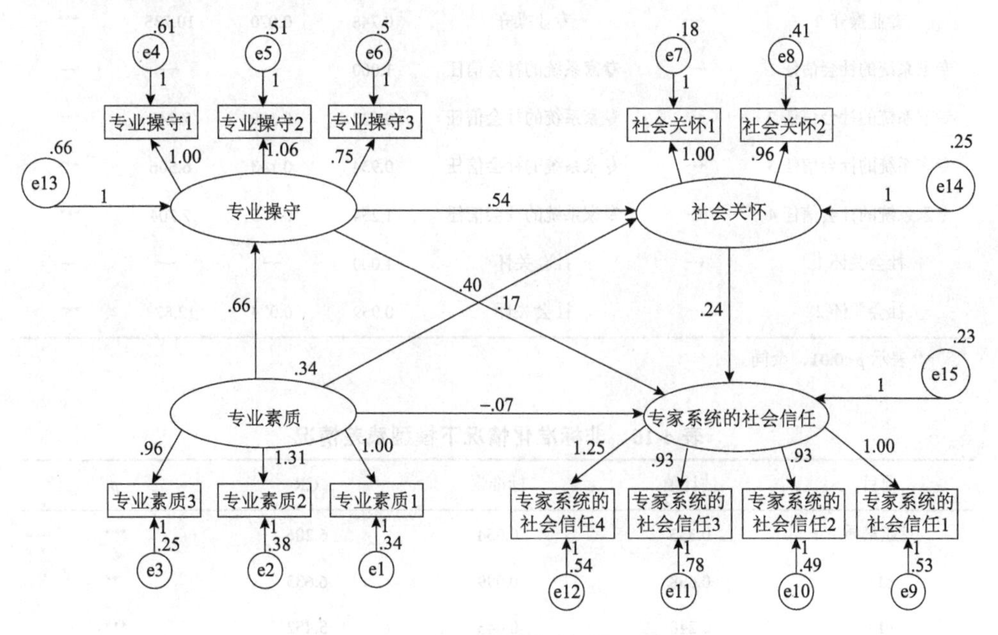

图 4-4　非标准化情况下模型图

表 4-15　非标准化情况下模型路径系数与因子负荷情况

路径			估计值	标准误	CR	*p*
专业操守	←	专业素质	0.665	0.120	5.539	***
社会关怀	←	专业素质	0.403	0.092	4.391	***
社会关怀	←	专业操守	0.541	0.065	8.379	***
专家系统的社会信任	←	社会关怀	0.238	0.100	2.384	0.020
专家系统的社会信任	←	专业素质	−0.075	0.089	−0.839	0.402

续表

路径			估计值	标准误	CR	p
专家系统的社会信任	←	专业操守	0.168	0.080	2.107	0.030
专业素质 1	←	专业素质	1.000	—	—	—
专业素质 2	←	专业素质	1.307	0.125	10.440	***
专业素质 3	←	专业素质	0.958	0.093	10.274	***
专业操守 1	←	专业操守	1.000	—	—	—
专业操守 2	←	专业操守	1.059	0.088	11.990	***
专业操守 3	←	专业操守	0.748	0.070	10.735	***
专家系统的社会信任 1	←	专家系统的社会信任	1.000	—	—	—
专家系统的社会信任 2	←	专家系统的社会信任	0.932	0.129	7.242	***
专家系统的社会信任 3	←	专家系统的社会信任	0.934	0.143	6.506	***
专家系统的社会信任 4	←	专家系统的社会信任	1.254	0.163	7.704	***
社会关怀 1	←	社会关怀	1.000	—	—	—
社会关怀 2	←	社会关怀	0.959	0.074	12.873	***

***表示 $p<0.01$，余同。

表 4-16　非标准化情况下模型残差情况

项目	估计值	标准误	CR	p
专业素质	0.335	0.054	6.206	***
e13	0.658	0.099	6.633	***
e14	0.248	0.045	5.452	***
e15	0.225	0.049	4.605	***
e1	0.340	0.038	9.046	***
e2	0.382	0.052	7.356	***
e3	0.255	0.031	8.280	***
e4	0.607	0.070	8.651	***
e5	0.536	0.070	7.713	***
e6	0.512	0.052	9.902	***
e9	0.535	0.056	9.491	***

续表

项目	估计值	标准误	CR	p
e10	0.487	0.051	9.625	***
e11	0.782	0.074	10.624	***
e12	0.541	0.068	7.977	***
e7	0.179	0.040	4.488	***
e8	0.407	0.048	8.531	***

由图 4-4、表 4-15 和表 4-16 可以看出，模型中的所有残差项均显著且为正值；除专家系统的社会信任←专业素质的路径系数不显著，因子负荷为负值以外，模型中其他路径系数均显著，因子负荷均为正值。这说明专业素质在直接解释专家系统的社会信任时并不完全可靠，该路径有可能在进一步分析的过程中被剔除。

在标准化状态下，若要获得拟合度较好的模型，应采用结构方程拟合指标的绝对适配指标进行考察，即通过卡方自由度比值、RMR、RMSEA、GFI 和 AGFI 进行模型拟合度的衡量。初始模型见图 4-5。

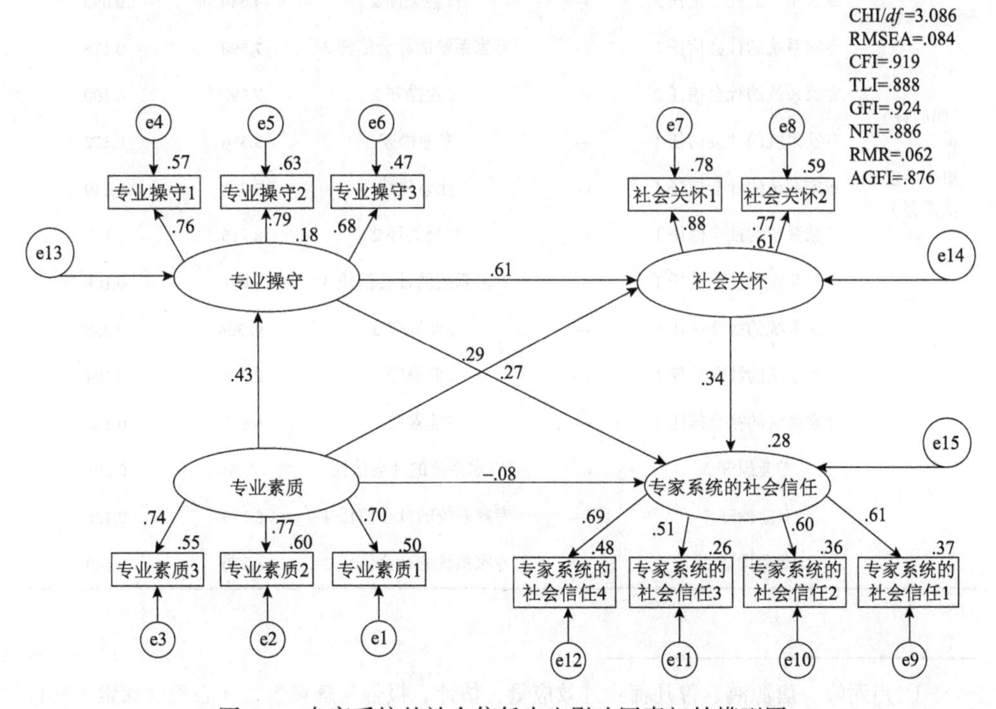

图 4-5　专家系统的社会信任内生影响因素初始模型图

从图 4-5 中可以看到卡方自由度比值为 3.086，根据卢谢峰等在《效应量：估计、报告和解释》[①]一文中提到的相关标准，卡方自由度比值的理想范围是 1—3，可接受范围是 3—5，因此初始模型的卡方自由度比值可以接受。在绝对适配指标中，RMR 值应小于 0.05，RMSEA 值应小于 0.08，GFI 值与 AGFI 值应大于 0.9。初始模型中 GFI 值与 AGFI 值基本符合标准，但是 RMR 值为 0.062，RMSEA 值为 0.084，均无法达标。需要考察原因并对模型加以修正。

在进一步检视中发现，影响模型拟合度的因素主要包括因子负荷、SMC 和残差不独立。需要通过检视 MI（修改索引值）来进行相关修正（表 4-17）。

表 4-17 初始模型中的 MI 指标

	路径			MI	估计参数变化
回归权重（第一组——默认模型）	专家系统的社会信任 3	←	专业操守	4.354	0.137
	专家系统的社会信任 3	←	专家系统的社会信任 2	6.248	0.154
	专家系统的社会信任 3	←	专家系统的社会信任 1	4.598	0.125
	专家系统的社会信任 3	←	专业操守 2	4.315	0.093
	专家系统的社会信任 3	←	专业操守 1	5.340	0.104
	专家系统的社会信任 2	←	社会关怀 2	4.640	0.095
	专家系统的社会信任 2	←	专家系统的社会信任 3	7.690	0.118
	专家系统的社会信任 2	←	专业操守 2	7.592	0.100
	专家系统的社会信任 1	←	专业操守	9.356	0.172
	专家系统的社会信任 1	←	社会关怀	5.721	0.149
	专家系统的社会信任 1	←	社会关怀 2	8.716	0.137
	专家系统的社会信任 1	←	专家系统的社会信任 3	5.811	0.108
	专家系统的社会信任 1	←	专业操守 3	30.304	0.258
	专家系统的社会信任 1	←	专业操守 2	7.277	0.104
	专家系统的社会信任 1	←	专业素质 3	6.655	0.158
	专业操守 3	←	专家系统的社会信任	17.398	0.391
	专业操守 3	←	专家系统的社会信任 4	8.179	0.126
	专业操守 3	←	专家系统的社会信任 2	8.270	0.148

① 卢谢峰、唐源鸿、曾凡梅：《效应量：估计、报告与解释》，《心理学探索》2011 年第 3 期，第 260-264 页。

续表

	路径			MI	估计参数变化
回归权重（第一组——默认模型）	专业操守 3	←	专家系统的社会信任 1	36.911	0.296
	专业操守 2	←	专家系统的社会信任	5.151	0.238
	专业操守 2	←	专家系统的社会信任 2	12.258	0.202
	专业操守 1	←	专家系统的社会信任 1	6.316	0.140
	专业素质 3	←	社会关怀	4.799	0.099
	专业素质 3	←	专家系统的社会信任	8.767	0.207
	专业素质 3	←	社会关怀 2	4.279	0.070
	专业素质 3	←	社会关怀 1	5.078	0.084
	专业素质 3	←	专家系统的社会信任 2	6.926	0.101
	专业素质 3	←	专家系统的社会信任 1	9.776	0.114
协方差（第一组——默认模型）	e11	↔	e13	4.399	0.105
	e10	↔	e7	4.727	0.070
	e10	↔	e8	5.977	0.076
	e9	↔	e11	11.246	0.135
	e9	↔	e13	6.697	0.111
	e9	↔	e8	4.747	0.072
	e6	↔	e11	8.489	0.123
	e6	↔	e15	24.142	0.133
	e5	↔	e9	28.693	0.191
	e5	↔	e15	6.312	0.076
	e4	↔	e10	10.011	0.120
	e4	↔	e9	7.053	0.108
	e3	↔	e6	5.292	−0.089
	e3	↔	e14	8.418	0.064
	e3	↔	e15	5.450	0.047
	e2	↔	e9	4.738	0.058
	e11	↔	e14	7.061	0.074

如表 4-17 所示，在因子负荷值中，专家系统的社会信任 1 的 MI 值偏高，在残差相关性的 MI 数值中也可以看到，对应专家系统的社会信任 1 这一

题项的残差项 e9 的 MI 值最大，即 e6↔e9 的 MI 值为 28.693。根据上述判断，在模型修正过程中，可以通过删除专家系统的社会信任 1 这一题项来实现模型更好的拟合。

由图 4-6 可知，在修正后的模型中，卡方自由度比值为 2.884（小于 3），RMR 值为 0.048（小于 0.05），RMSEA 值为 0.079（小于 0.08），GFI、AGFI 数值分别为 0.953 和 0.918，均大于 0.9，这说明在绝对适配指标中，模型拟合度较好。为了进一步确认该模型的拟合度是否达到理想状态，本节进一步使用增值适配指标进行衡量，即 NFI、RFI（相对拟合指数）、IFI（增量拟合指数）、NNFI（非规范拟合指数，同 TFI）和 CFI 指标均须大于 0.9，模型的拟合度才能达到理想状态。测算结果如表 4-18 所示。

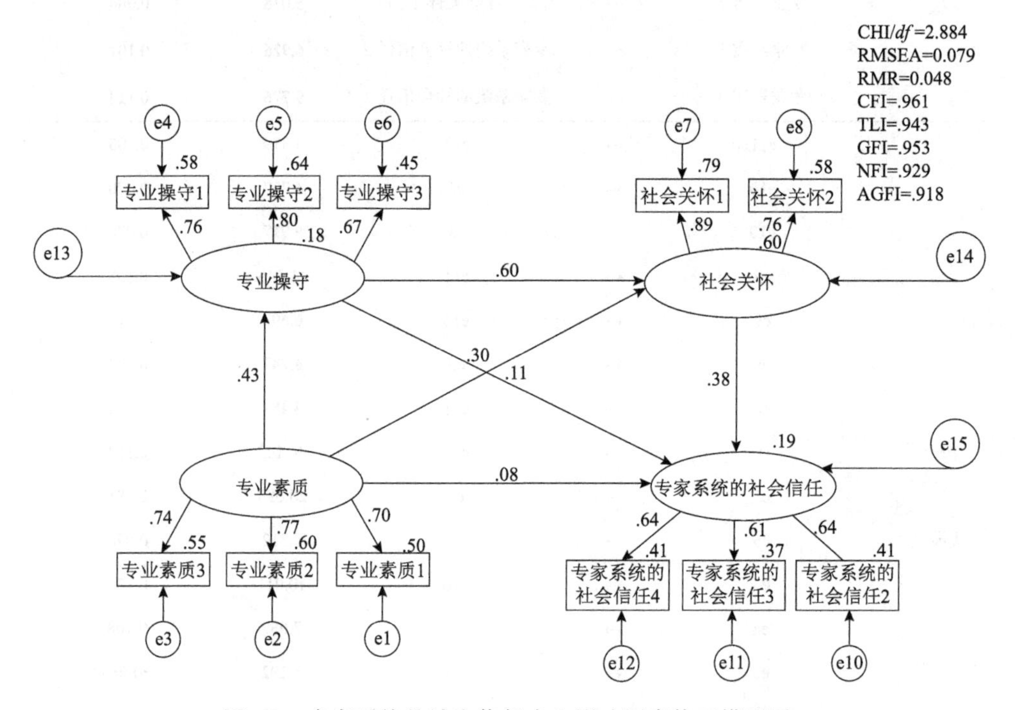

图 4-6　专家系统的社会信任内生影响因素修正模型图

从表 4-18 中可以看出，模型经过修正后，各项指标均达到或超过临界值，这进一步表明修正后的模型拟合情况较为理想 。通过图 4-6 可以看出，专业素质对专家系统的社会信任的解释相对较弱，其路径系数只有 0.08。与此同时，专业素质对专家系统的社会信任形成影响的路径中还包括了可能存在的中介因素，因而模型建立后需要进一步对中介效应展开验证。

表 4-18　模型绝对适配指标与增值适配指标

类别	统计检验量	标准或临界值	本研究模型数值
绝对适配指标	卡方自由度比值	1—3 理想、3—5 可接受	2.884
	RMR	<0.05	0.048
	RMSEA	<0.08	0.079
	GFI	>0.90	0.953
	AGFI	>0.90	0.918
增值适配指标	NFI	>0.90	0.929
	RFI	>0.90	0.923
	IFI	>0.90	0.920
	NNFI	>0.90	0.905
	CFI	>0.90	0.961

（二）中介效应分析及检验

通过模型可以发现，专业素质、专业操守和社会关怀对专家系统的社会信任产生影响时存在中介效应。即对应本章的研究假设 H1：专业素质直接影响专家系统的社会信任；H2：社会关怀在专业素质与专家系统的社会信任之间起中介作用；H3：专业操守在专业素质与专家系统的社会信任之间起中介作用；H4：专业操守与社会关怀在专业素质与专家系统的社会信任之间起链式中介作用。为了证明上述研究假设，本章运用 Bootstrap 进行中介效应检验。

研究发现，首先专业素质、专业操守、社会关怀和专家系统的社会信任两两之间呈显著正相关，见表 4-19。

表 4-19　专业素质、专业操守、社会关怀和专家系统的社会信任的相关矩阵

类别	指标	专业素质	社会关怀	专业操守	专家系统的社会信任
专业素质	相关系数	1.000	—	—	—
	显著性（双尾）	—	—	—	—
	个案数	1516	—	—	—
社会关怀	相关系数	0.408	1.000	—	—
	显著性（双尾）	0.000	—	—	—
	个案数	1516	1516	—	—

续表

类别	指标	专业素质	社会关怀	专业操守	专家系统的社会信任
专业操守	相关系数	0.346	0.591	1.000	—
	显著性（双尾）	0.000	0.000	—	—
	个案数	1516	1516	1516	—
专家系统的社会信任	相关系数	0.236	0.435	0.653	1.000
	显著性（双尾）	0.000	0.000	0.000	—
	个案数	1516	1516	1516	1516

其次，本章以专业素质作为预测变量，以专家系统的社会信任作为结果变量，以专业操守和社会关怀作为中介变量，进行路径分析，建立了链式中介初始模型。初始模型拟合指数为：卡方自由度比值为 2.884，RMR 数值为 0.048，RMSEA 数值为 0.079，GFI、AGFI 数值分别为 0.953 和 0.918。进一步分析发现，有两条路径系数不显著（表 4-20）。

表 4-20　链式中介初始模型路径系数表

路径			估计值	标准误	CR	p
专业操守	←	专业素质	0.671	0.120	5.550	***
社会关怀	←	专业操守	0.533	0.060	8.380	***
社会关怀	←	专业素质	0.411	0.090	4.446	***
专家系统的社会信任	←	社会关怀	0.310	0.120	2.550	***
专家系统的社会信任	←	专业操守	0.082	0.100	0.865	0.387
专家系统的社会信任	←	专业素质	−0.089	0.110	−0.800	0.424

在标准化系数条件下，按照由小到大的顺序剔除两条不显著的路径（专业素质→专家系统的社会信任和专业操守→专家系统的社会信任），从而对模型进行进一步修正。

修正模型拟合指数为：卡方自由度比值为 2.682，RMR 值为 0.041，RMSEA 值为 0.073，GFI、AGFI 值分别为 0.952 和 0.921，与初始模型相比，修正后的链式中介模型拟合指数得到改善。

由修正后的链式中介模型可以看出，专业素质对专家系统的社会信任的影响并不显著，因而研究假设 H1 不能接受，专业操守对专家系统的社会信任的影响也不显著，因而研究假设 H3 也不能接受。专业素质是通过两条中介路径实现对专家系统的社会信任的影响的。一条是专业素质→社会关怀→专家系统的社会信任；另一条则是链式中介路径，即专业素质→专业操守→社会关怀→专家系统的社会信任。本章进而采用偏差校正的百分位 Bootstrap 法检验模型中的中介路径效应的显著性。

在 Bootstrap 检验中，若路径的 95%置信区间不包含 0，且 p 值显著，则说明该路径中存在影响效应。由表 4-21 可以看出，在未剔除专业素质→专家系统的社会信任路径的情况下，直接效应的 95%置信区间包含 0，且 p 值不显著，因此进一步验证了专业素质与专家系统的社会信任之间不存在直接效应。由表 4-22 可知，在剔除了专业素质→专家系统的社会信任路径后，专业素质与专家系统的社会信任之间仅存在中介效应（中介效应的 95%置信区间不包含 0，且 p 值显著）。但是，此时尚不能确定这种中介效应是在专业素质→社会关怀→专家系统的社会信任这一路径中产生，还是在专业素质→专业操守→社会关怀→专家系统的社会信任这一链式中介路径中产生。因此接下来将对上述两种中介路径进行进一步验证。

表 4-21　专业素质→专家系统的社会信任路径未剔除情况下的 Bootstrap 检验

路径与效应		估计值	标准误	p	偏差校正的百分位 Bootstrap 法	
					95%置信区间下限	95%置信区间上限
专业素质→专家系统的社会信任	中介效应	0.293	0.098	0.001	0.129	0.527
专业素质→专家系统的社会信任	直接效应	−0.089	0.131	0.494	−0.343	0.166
专业素质→专家系统的社会信任	总效应	0.204	0.108	0.044	0.005	0.436

表 4-22　专业素质→专家系统的社会信任路径剔除情况下的 Bootstrap 检验

路径与效应		估计值	标准误	p	偏差校正的百分位 Bootstrap 法	
					95%置信区间下限	95%置信区间上限
专业素质→专家系统的社会信任	中介效应	0.257	0.075	0.000	0.136	0.437

由表4-23可知，模型中的两条中介路径的95%置信区间均不包含0，这说明，社会关怀在专业素质与专家系统的社会信任之间的中介效应显著，专业操守和社会关怀在专业素质与专家系统的社会信任之间的链式中介效用也是显著的，因此可以接受本节的研究假设H2和研究假设H4。

表4-23　中介效应的Bootstrap检验

路径	标准化间接效应估计值	偏差校正的百分位Bootstrap法	
		95%置信区间下限	95%置信区间上限
专业素质→社会关怀→专家系统的社会信任	0.139	0.007	0.130
专业素质→专业操守→社会关怀→专家系统的社会信任	0.123	0.074	0.176
专业素质→专业操守→社会关怀	0.362	0.119	0.422
专业操守→社会关怀→专家系统的社会信任	0.184	0.103	0.415

四、讨论与思考

研究发现，第一，在专家系统的社会信任形成的内生影响因素方面，专业素质、专业操守和社会关怀共同产生了系统性和结构性的影响。从这一角度看，公众判断专家系统是否具有社会信任时，不只是关注其专业素质层面的专业能力、专业水平和所拥有的专业头衔，更期望感知到其相应的专业操守和社会关怀。因此，专家系统是否能够站在公众的立场上关注公众利益，是否能够关心关注弱势群体，是否能够以平等的姿态面对公众，是否能做到不引导公众购买任何产品、不为任何有关商品做广告、不传谣并引导公众不信谣等，均被公众纳入对专家系统的社会信任的评价过程中。

在为进一步证明经验数据的结果和补充横截面数据研究不足的质性访谈当中，上述问题也得到了一定回应。当被问到“您认为专家系统的社会信任形成时其自身的素质应该包括哪些方面”时，很多访谈对象均提及了专家系统的专业操守和社会关怀的表现。

淡泊名利，不为追名逐利而肆意妄言；有顶尖的专业知识和良好的职业操守；实事求是，不畏质疑，坚守真理；强大的组织能力和合作能力；以人民为中心，爱国爱民，乐于奉献社会。（Q2-a4）

在公众当中有比较高的信任度，为人亲和，设身处地为他人着想。（Q2-a7）

首先，他要在专业领域中具有一定的影响力，专业素养也要过关，其次，需要具备个人素质，如果说他的专业素质强但人品不过关，这肯定是不行的。最后，他需要有大爱，因为他面对的不是哪一个人或哪一群人，而是整个社会，这样才能很好地获得公众的信任并形成社会信任。（Q2-b1）

在专业领域表现突出，给出的建议合理，不偏袒任何一方，几乎不带个人主观色彩。只有当他在所在的专业领域表现突出，才能说明他是这个领域内的权威，而他之前给出的建议是否合理，是否偏袒某一些群体，有没有浓厚的个人主观色彩，也是评判他的个人素质的重要标准。（Q2-b12）

从上述访谈内容中不难看出，专家系统的社会信任的形成不是由某个单一维度决定的，而是一个系统性的过程。也就是说，专家系统具备较高的专业素质固然重要，但如果缺乏相应的专业操守和社会关怀，社会信任的产生及其影响力的形成将难以实现。在访谈中，受访者也清晰地指出了本章所确认的链式中介路径对专家系统的社会信任形成的影响。这一点在公共卫生事件中体现得尤为明显，因为在这种情境下，公众不仅需要那些能帮助他们恢复认知平衡的专业信息，更渴望得到关爱和关怀，以缓解紧张、焦虑、恐惧甚至绝望的情绪。

第二，通过中介效应分析，我们发现在两条中介路径中社会关怀都在专业素质与专家系统的社会信任之间起中介作用，这说明专家系统展现出的较强的社会关怀，会显著影响其社会信任的形成。社会关怀在专家系统身上的体现，既展现了其对人性的洞察与理解，又彰显了其公共责任和公共精神，而这一过程也是对公共价值的诠释。从对人性的洞察与理解角度看，专家系统不能只强调专业性而忽略了对人的基本境遇的考察，比如在公共卫生事件，尤其是重大突发公共卫生事件中，公众可能产生极化心理，而此时调适心理、降低和消解极化情绪可能远比传播专业性很强的知识更为重要，也更能赢得公众信任。反之，如果只是按部就班甚至是强行按照专业逻辑来应对，可能会导致专家系统专业的合法性受到挑战和解构。从公共责任与公共精神角度看，专家系统作为公共领域的意见引导者，甚至是态度和观念的引领者，理应具备这些公共属性。公众有时候会更加关注专家系统是否具有一种普遍的社会责任感。正如一些受访者在被问到“在面对公共卫生事件时您期待专家系统承担什么样的角色”时所提及的那样。

社会责任承担者。（Q4-a1）

敢为人先，不惧困难，不畏牺牲，永远把其他人放在第一位。（Q4-a2）

就拿钟南山院士来说吧，我希望他能成为人民的精神支柱。当疫情来临的时候，人们需要他这样的专家来表达专业意见。人们最害怕的往往是未知的东西，他的出现能够稳定人心，给公众一个答复。（Q4-b2）

拥有专业知识，能及时回应大众的疑虑，批评不合理的现象，提出指导意见。更重要的是能在关键时刻挺身而出，破除谣言，稳定人心，一心为公。只有具备这种公共精神，而不是单为某些人或阶层服务的人，才更值得信赖。（Q4-b9）

上述这些言论真切地反映出，公众对专家系统的评价并非仅仅基于其知名度，而是更看重其是否遵循道德准则、是否具备公共意识、是否能够对涉及公共利益的问题进行理性反思、是否能对不利于公共利益的情况提出批评。这不仅关乎专家系统的社会信任的建立，更关乎整个公共场域的良性运作。

第三，本章在关于中介效应的分析中，通过横截面数据分析剔除了专业素质和专业操守对专家系统的社会信任所能产生的直接影响，但这并不意味着这两个因素所产生的影响完全不存在。不可否认的是，专家系统在公共场域中立足的基础仍然是其具备的专业素质。专业操守作为一种道德标准，在社会评价体系中常常与专业素质并行，但某些时候它又可能超越专业素质，成为决定性的评价指标。正如卢曼所言，在道德上拥有较高评价的个体，有时会比拥有更多科学知识的人更值得信赖，尽管前者在知识的储备上可能相对匮乏。[①]在现实生活场景中，一些公众对专家系统的社会信任的判断有时会直接与这两个因素相关，甚至会将它们作为简单的判断依据。当被问到“您在判断专家系统是否具有社会信任时会依据哪些因素”时，部分受访者会直接将专业素质或专业操守作为判断依据。

① [德]尼克拉斯·卢曼：《信任：一个社会复杂性的简化机制》，瞿铁鹏、李强译，上海：上海人民出版社，2005 年，第 89 页。

个人专业知识水平高，实践运用综合能力强，在相关专业领域中取得一定的成果，对于具体问题的专业分析与判断准确，遵循事物发展的客观规律。（Q1-a4）

“专家”这两个字给我的感觉，就是他的学术能力很强。（Q1-a9）

因为接触不到这方面的专家系统，所以我可能会依据他的专业知识能力和其在专业领域的影响力来进行判断。（Q1-b1）

首先是成就，其次是道德，主要就这两个。（Q1-b5）

我会根据他的专业学识水平，以及他是否拥有教授或者其他社会头衔等来判断。（Q1-b15）

从上述访谈内容可以看出，专业素质和专业操守对于专家系统的社会信任的形成有着某些直接的影响，进而也再次证明了专业素质、专业操守和社会关怀在专家系统的社会信任形成过程中的系统性和结构性影响。之所以在经验数据的研究中直接影响效应并不显著，主要是因为它们并不是大多数人判断专家系统的社会信任的唯一依据。但是，这种情况并不能忽略不计，其直接影响虽并不显著却亦是整体结构中有机的一环。根据这一结论，我们可以对本章通过经验数据分析所建构的模型再次进行优化和调整（图 4-7）。

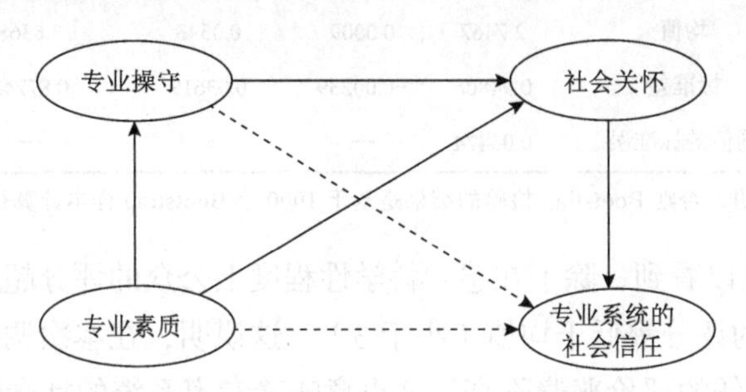

图 4-7　专家系统的社会信任内生影响因素最终结构模型图

注：虚线表示直接性影响存在但在系统性影响中并不显著。

第四，在对专家系统的社会信任进行整体评估时，我们假设专家系统的社会信任已经形成影响力，进而从感知科学性程度、议题重要性程度、参与讨论和参与讨论动机的积极/消极程度四个方面对其进行评价（上述题项在问卷中均设置为对符合自身情况的评价，采用利克特量表进行打分）。如果评分较高，则意味着专家系统的社会信任较高，反之亦然。基于此，针对公众对专家系统的社会信任的评价进行单样本 t 检验，统计结果如表 4-24 所示。

表 4-24 公众对专家系统的社会信任评价表

题项	指标	统计量	Bootstrap			
			偏差	标准误	95%置信区间下限	95%置信区间上限
感知科学性程度	个案数	1516	—	—	—	—
	均值	3.1133	−0.0002	0.0476	4.0134	4.2000
	标准差	0.82224	−0.00405	0.03811	0.74688	0.89474
	均值的标准误	0.04747	—	—	—	—
议题重要程度	个案数	1516	—	—	—	—
	均值	2.7800	0.0004	0.0503	3.6767	3.8766
	标准差	0.88744	−0.00123	0.03480	0.81934	0.95784
	均值的标准误	0.05124	—	—	—	—
参与讨论积极/消极程度	个案数	1516	—	—	—	—
	均值	2.3633	0.0014	0.0587	3.2468	3.4767
	标准差	1.01394	0.00035	0.03657	0.93846	1.08462
	均值的标准误	0.05854	—	—	—	—
参与讨论的动机积极/消极程度	个案数	1516	—	—	—	—
	均值	2.7467	0.0009	0.0543	3.6368	3.8533
	标准差	0.94806	−0.00239	0.03619	0.87743	1.01547
	均值的标准误	0.05474	—	—	—	—

注：除非另有说明，否则 Bootstrap 检验的结果是基于 1000 个 Bootstrap 样本计算得出的。

由表 4-24 可以看到，除了在感知科学性程度上公众的评分超过均值外（大于 3），其他 3 项的评分都低于均值（小于 3）。这说明，在本次调查中，公众对专家系统的社会信任的评价普遍不高，这也意味着专家系统的社会信任不高。在访谈中，上述结果基本得到了确认，当被问及“您对目前网络场域中的专家系统的社会信任的总体评价是怎样的”时，受访者给出了以下回答。

信息发布不及时，同时由于网络中的主体多元化，难以辨别其信息的真假，社会信任较低。（Q5-a5）

不好也不坏，不能完全听信，也不完全否认。（Q5-a14）

总体不是很好，尤其是对于一些不负责任、容易误导网民的专家系统。（Q5-a13）

有好有坏，有些人虽然在其领域里拥有专业头衔，但却尸位素餐，

什么实际工作都不做，这种人极大地拉低了整体水准。（Q5-b1）

不好，专业知识良莠不齐，专业能力两极分化严重；在利益驱动下，对公众的社会责任缺失；以综合型专家系统为主，缺乏单项专业的深度。（Q5-b3）

我感觉情况不太好，有些评价似乎并未经过严格筛选，你可能一开始觉得某个评论对事件的分析很有道理，但经不起检验，很快你就会发现评论者可能是一个没有文化的人，专家系统的门槛太低了。（Q6-b11）

上述回答只是本次访谈所涉及的 30 个访谈对象中具有代表性的部分。将 30 个访谈对象针对该问题的回答进行积极（评价高）、中立、消极（评价低）的简单统计，持积极态度的占 26.7%，持中立态度的占 30%，持消极态度的占 43.3%。

第三节　专家系统的社会信任外生影响因素

根据本章第一节探讨形成的专家系统的社会信任外生影响因素量表，本节通过调查数据的分析进一步检视时机、个体信任和媒体可信度这三个因素对专家系统的社会信任的影响是否存在共线性关系。

一、研究假设、对象与工具

考察外生因素对专家系统的社会信任的影响是否存在共线性关系，有助于揭示外生系统以及系统中的各个部分在多大程度上对专家系统的社会信任产生影响。基于这一思路，本节首先提出研究假设 H1：时机、个体信任和媒体可信度对专家系统的社会信任的影响存在共线性关系。其次，需要进一步检视在微观层面上各个影响因素在不同水平或指标当中对专家系统的社会信任的影响是否存在显著性差异，这一分析将进一步展示那些具体的影响专家系统的社会信任的节点，从而能更全面地理解和解释专家系统的社会信任可能出现的失效问题。基于上述目的，形成如下研究假设，即 H2：专家系统介入公共卫生事件的时机节点不同会使公众对专家系统的社会信任评价存在显著性差异。H3：专家系统在公共卫生事件中个体信任度不同会使公众对专家系统的社会信任评价存在显著性差异。H4：专家系统在参与公共卫生事件时合作的媒体可信度不同会使公众对专家系统的社会信任评价存在显著性差异。

使用本章第一节确定的专家系统的社会信任外生影响因素量表进行数据采集，利用 SPSS 23.0 和 AMOS 23.0 对数据进行处理和分析，以求得更准确和科学的结果。

二、专家系统的社会信任外生影响因素共线性分析

（一）基于 AMOS 的回归分析及其结果

本节在对专家系统的社会信任外生影响因素进行共线性验证时利用 AMOS 23.0 进行回归分析。通过拉相关来解释外生变量之间可能存在的相关性。从原理上讲，如果外生变量对内生变量产生影响的话，这些外生变量之间一般会存在一定的相关性，如果不拉相关会导致卡方值的增大。[①]本节通过观察在非标准化情况下路径系数是否显著以及残差是否为正且显著，在标准化情况下路径系数的大小和 SMC 数值的大小，以外生变量的相关系数为依据来验证专家系统的社会信任外生影响因素是否存在共线性关系。

在非标准化情况下观察相关线（双向箭头），可以发现时机与个体信任之间的协方差是 0.11，个体信任与媒体可信度之间的协方差是 0.16，时机与媒体可信度之间的协方差是 0.14（图 4-8）。

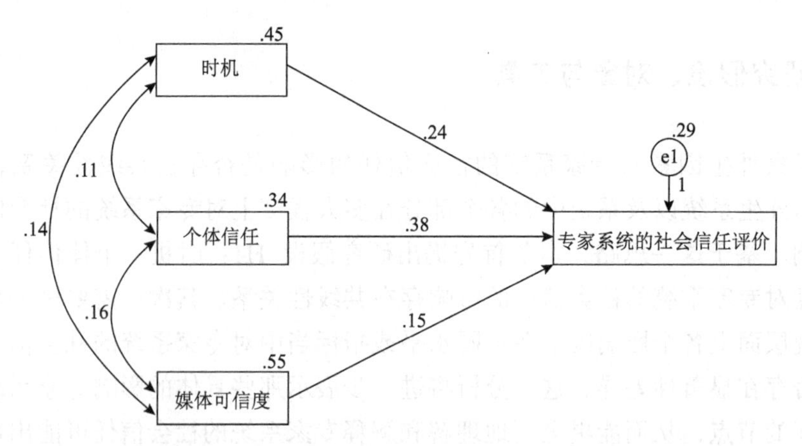

图 4-8　非标准化情况下专家系统的社会信任外生影响因素回归模型图

① 袁军、张云宁、赵迎亮：《基于结构方程对总监理工程师胜任力模型验证研究》，《土木工程与管理学报》2015 年第 3 期，第 72-77 页。

由表 4-25 可知，在非标准化情况下，由媒体可信度、个体信任和时机到专家系统的社会信任评价的路径系数均大于 0 且显著。但是仍然要观察在非标准化情况下残差是否为正且显著，如此才能进一步判断共线性关系是否存在。

表 4-25　非标准化情况下专家系统的社会信任外生影响因素路径系数表

路径			估计值	标准误	CR	*p*	标签
专家系统的社会信任评价	←	媒体可信度	0.151	0.046	3.281	***	
专家系统的社会信任评价	←	个体信任	0.383	0.058	6.551	***	
专家系统的社会信任评价	←	时机	0.239	0.049	4.866	***	

由表 4-26 可知，非标准化情况下媒体可信度、个体信任和时机以及残差项均为正值且显著。回归分析结果证明，在非标准化情况下，媒体可信度、个体信任和时机对专家系统的社会信任形成共线性影响。

表 4-26　非标准化情况下专家系统的社会信任外生影响因素残差系数表

因素	估计值	标准误	CR	*p*	标签
媒体可信度	0.551	0.045	12.227	***	
个体信任	0.344	0.028	12.227	***	
时机	0.452	0.037	12.227	***	
e1	0.290	0.024	12.227	***	

由图 4-9 可知，在标准化情况下，时机与个体信任之间的相关系数为 0.28，个体信任与媒体可信度之间的相关系数为 0.38，时机与媒体可信度之间的相关系数为 0.27。

由表 4-27 可知，在标准化情况下，由媒体可信度、个体信任和时机到专家系统的社会信任评价的路径系数均大于 0，SMC 大于 0，相关系数均小于 0.7，说明各因素之间并没有过高的相关性。因而可以进一步证明，媒体可信度、个体信任和时机对专家系统的社会信任形成共线性影响，可以初步接受研究假设 H1。

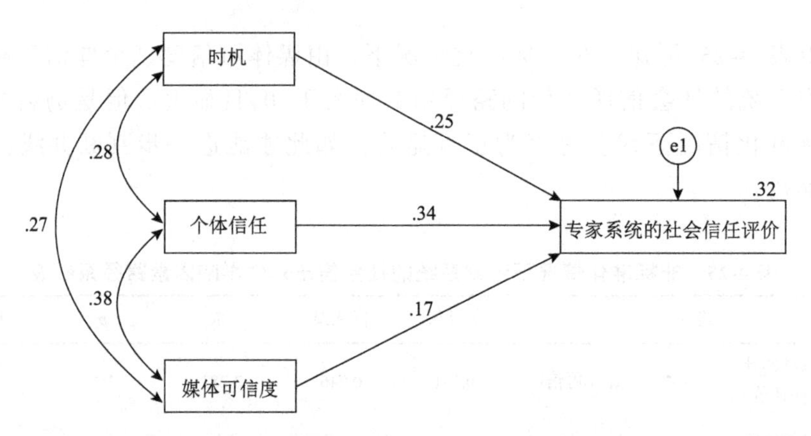

图 4-9　标准化情况下专家系统的社会信任外生影响因素回归模型图

表 4-27　标准化情况下专家系统的社会信任外生影响因素的路径系数、相关系数与 SMC

路径			路径系数	类别	SMC	路径			相关系数
专家系统的社会信任评价	←	媒体可信度	0.172	专家系统的社会信任评价	0.322	时机	↔	媒体可信度	0.272
专家系统的社会信任评价	←	个体信任	0.343	—	—	个体信任	↔	媒体可信度	0.376
专家系统的社会信任评价	←	时机	0.246	—	—	时机	↔	个体信任	0.276

（二）SPSS 多元线性回归分析

本节进一步利用 SPSS 23.0 对媒体可信度、个体信任和时机对专家系统的社会信任的影响进行分析和判断，以期证明更为准确和详尽的共线性关系的存在。

从表 4-28 中可以看出，通过回归分析，我们构建了 3 个模型，对 R^2 拟合优度进行比较，可以发现模型 3 的拟合度明显优于模型 1 和模型 2（0.322 > 0.297 > 0.226）。

表 4-28　多元线性回归模型摘要[d]

模型	R	R^2	调整后 R^2	标准误
1	0.476[a]	0.226	0.224	0.57680
2	0.545[b]	0.297	0.292	0.55069
3	0.567[c]	0.322	0.315	0.54195

注：a. 预测变量：（常量），个体信任。b. 预测变量：（常量），个体信任，时机。c. 预测变量：（常量），个体信任，时机，媒体可信度。d. 因变量：专家系统的社会信任评价。

从表 4-29 中可以看出，模型 3 的回归平方和为 41.209，残差平方和为 86.938，由于总平方和等于回归平方和加残差平方和，残差平方和明显大于回归平方和，所以该线性回归模型可以解释总平方和的 67.2%。*F* 统计量的概率值为 0.000，小于 0.01，随着自变量的引入，其显著性概率值均小于 0.01。由此可以得出，媒体可信度、个体信任和时机对专家系统的社会信任的影响存在共线性关系，但是这种共线性关系的强弱仍需进一步分析。

表 4-29　多元线性回归 ANOVA（方差分析）检验表[a]

模型		平方和	自由度	均方	*F*	*p*
1	回归	29.003	1	29.003	87.176	0.000[b]
	残差	99.143	514	0.333	—	—
	总计	128.146	515	—	—	—
2	回归	38.078	2	19.039	62.781	0.000[c]
	残差	90.069	513	0.303	—	—
	总计	128.147	515	—	—	—
3	回归	41.209	3	13.736	46.768	0.000[d]
	残差	86.938	512	0.294	—	—
	总计	128.147	515	—	—	—

注：a. 因变量：专家系统的社会信任评价。b. 预测变量：（常量），个体信任。c. 预测变量：（常量），个体信任，时机。d. 预测变量：（常量），个体信任，时机，媒体可信度。

从表 4-30 中可以看出，模型 3 的多元线性回归方程应为：专家系统的社会信任=0.926+0.383×个体信任+0.239×时机+0.151×媒体可信度，且常量项显著，可以在公式里保留。在共线性统计中，个体信任、时机和媒体可信度的容差分别为 0.826、0.891、0.828，VIF（方差膨胀因子）分别为 1.211、1.123、1.208，各个自变量之间的容差和 VIF 基本相近且均小于 5，所以 3 个自变量之间的共线性不强。

表 4-30　多元线性回归系数表

模型		非标准化系数		标准化系数	*t*	*p*	B 的 95%置信区间		共线性统计	
		B	标准误	Beta			下限	上限	容差	VIF
1	（常量）	1.820	0.248	—	7.342	0.000	1.332	2.308	—	—
	个体信任	0.530	0.057	0.476	9.337	0.000	0.419	0.642	1.000	1.000

续表

模型		非标准化系数		标准化系数	t	p	B 的 95%置信区间		共线性统计	
		B	标准误	Beta			下限	上限	容差	VIF
2	（常量）	1.098	0.271	—	4.054	0.000	0.565	1.632	—	—
	个体信任	0.445	0.056	0.399	7.888	0.000	0.334	0.556	0.924	1.083
	时机	0.269	0.049	0.277	5.470	0.000	0.172	0.366	0.924	1.083
3	（常量）	0.926	0.272	—	3.405	0.001	0.391	1.461	—	—
	个体信任	0.383	0.059	0.343	6.518	0.000	0.267	0.498	0.826	1.211
	时机	0.239	0.049	0.246	4.842	0.000	0.142	0.336	0.891	1.123
	媒体可信度	0.151	0.046	0.172	3.265	0.000	0.060	0.242	0.828	1.208

从表 4-31 中可以看出，从自变量相关系数矩阵出发，模型 3 计算得出了 4 个特征值，最大特征值为 3.950，最小特征值为 0.009。条件指标等于最大特征值除以相对特征值后再开方，标准化后方差为 1，每个特征值都能够刻画某个自变量的一定比例，所有特征值能够刻画某自变量的全部。基于上述逻辑，可以得出以下结论：个体信任在方差标准化后，第一个特征值解释了其方差的 0.00，第二个特征值解释了其方差的 0.00，第三个特征值解释了其方差的 0.31，第四个特征值解释了其方差的 0.69。时机在方差标准化后，第一个特征值解释了其方差的 0.00，第二个特征值解释了其方差的 0.25，第三个特征值解释其方差的 0.67，第四个特征值解释了其方差的 0.08。媒体可信度在方差标准化后，第一个特征值解释了其方差的 0.00，第二个特征值解释了其方差的 0.86，第三个特征值解释了其方差的 0.13，第四个特征值解释了其方差的 0.01。以上特征值没有哪一个能同时解释个体信任、时机和媒体可信度，因而上述三个变量之间的共线性较弱，进一步证明了表 4-30 的分析结果。

表 4-31　多元线性回归共线性诊断表 [a]

模型	维	特征值	条件指标	方差比例			
				（常量）	个体信任	时机	媒体可信度
1	1	1.991	1.000	0.00	0.00	—	—
	2	0.009	14.820	1.00	1.00	—	—

续表

模型	维	特征值	条件指标	方差比例			
				（常量）	个体信任	时机	媒体可信度
2	1	2.974	1.000	0.00	0.00	0.00	—
	2	0.017	13.140	0.05	0.28	0.92	—
	3	0.009	18.459	0.95	0.72	0.08	—
3	1	3.950	1.000	0.00	0.00	0.00	0.00
	2	0.025	12.626	0.03	0.00	0.25	0.86
	3	0.016	15.482	0.10	0.31	0.67	0.13
	4	0.009	21.313	0.87	0.69	0.08	0.01

注：a. 因变量：专家系统的社会信任评价。

基于 SPSS 的多元线性回归分析再次证明了个体信任、时机和媒体可信度对专家系统的社会信任的影响存在共线性关系，因此也可以接受之前的研究假设 H1。

三、专家系统的社会信任外生影响因素差异性分析

为进一步检视专家系统的社会信任在各外生影响因素中是否存在不同节点的变化，或者说，在因素的各个测量指标上是否存在显著性差异，本节利用 SPSS 23.0 中的单样本 t 检验对已经确认产生影响的各个外生因素的测量指标进行分析，以期获知这些具体指标在影响专家系统的社会信任时存在何种差异，并形成在微观层面上更为合理和科学的解释。

（一）时机因素中各测量指标的差异性分析

时机因素中的 3 个测量指标分别是早期、中期和长尾期，通过单样本 t 检验可以检视出专家系统的社会信任在这 3 个指标上体现的差异性。由于测量中采用利克特量表对题项进行赋值，1—5 分别代表公众对专家系统的社会信任由低到高的评价，因此单样本 t 检验中将检验值设为 5，在 95%置信区间下执行自助抽样并进行梅森旋转。

在早期、中期和长尾期，公众对专家系统的社会信任评价存在显著性差异（p 值均小于 0.01），因而接受研究假设 H2“专家系统介入公共卫生事件的时机节点不同会使公众对专家系统的社会信任评价存在显著性差异”。通过

均值比较发现，早期的评价均值为 3.85，中期的评价均值为 4.03，而长尾期的评价均值为 4.23。这表明，当专家系统介入公共卫生事件时，其早期的社会信任评价最低，反而是在进入长尾期后，公众对专家系统的社会信任的评价最高。这一结果也说明，在时机因素的不同水平下，公众对专家系统的社会信任的评价存在差异性，因而，可以接受研究假设 H2。

（二）个体信任因素中各测量指标的差异性分析

个体信任因素中的 3 个测量指标分别是个体安全感程度、个体信赖程度和性格感知，通过单样本 t 检验检视专家系统的社会信任在这 3 个指标上体现的差异性。由于测量中采用利克特量表对题项进行赋值，1—5 分别代表了公众对专家系统的社会信任由低到高的评价，因此单样本 t 检验中将检验值设为 5，在 95%置信区间下执行自助抽样并进行梅森旋转。

个体信任因素中公众对专家系统的社会信任评价较高，这从一个侧面表明，公众对专家系统的社会信任的评价更多依据的是自我判断。同时，在 3 个指标上，评价存在显著性差异（p 值均小于 0.01），因而接受研究假设 H3 “专家系统在公共卫生事件中个体信任度不同会使公众对专家系统的社会信任评价存在显著性差异”。通过均值比较发现，个体安全感程度的评价均值为 4.31，个体信赖程度的评价均值为 4.36，性格感知的评价均值为 4.34。这说明，在公共卫生事件中，当公众对专家系统产生信赖时，对其社会信任的评价也更高，性格感知层面的评价次之，产生安全感时的评价则最低。这一结果也表明，在公众个体信任的不同水平下，公众对专家系统的社会信任的评价存在差异性，因而可以接受研究假设 H3。

（三）媒体可信度因素中各测量指标的差异性分析

媒体可信度因素中的 3 个测量指标分别是媒体职业素质、媒体人文素质和媒体职业道德，通过单样本 t 检验检视专家系统的社会信任在这 3 个指标上体现的差异性。由于测量中采用利克特量表对题项进行赋值，1—5 分别代表了公众对专家系统的社会信任由低到高的评价，因此单样本 t 检验中将检验值设为 5，在 95%置信区间下执行自助抽样并进行梅森旋转。

在媒体可信度因素中，公众对专家系统的社会信任评价不高，这或许可以表明，专家系统所依托媒体的社会信任水平不高，会导致专家系统的社会信任降低。同时，3 个指标上，评价存在显著性差异（p 值均小于 0.01），因而接受研究假设 H4“专家系统在参与公共卫生事件时合作的媒体可信度不同会使公众对专家系统的社会信任评价存在显著性差异”。通过均值比较发现，媒体人文素质的评价均值为 3.80，媒体职业素质的评价均值为 3.75，媒体职业道德的评价均值为 3.74。这说明，专家系统依托媒体参与公共卫生事件时，公众对专家系统的社会信任的评价会受到媒体人文素质、职业素质和职业道德的影响。这一结果也表明，在媒体可信度的不同水平下，公众对专家系统的社会信任的评价存在差异性，因而可以接受研究假设 H4。

四、讨论与思考

通过对专家系统的社会信任外生影响因素的整体分析和对各个因素在影响性上的不同表现的探究，本节形成了以下认识：时机、个体信任与媒体可信度在形成对专家系统的社会信任的影响时，其发生机制既是由研究证明了的共线性存在，又是通过各个指标的作用形成对专家系统的社会信任在不同维度上的诠释。

其一，时机因素至少回应了现实社会中的两种实在。一方面，时机体现了在诸如由公共卫生事件引发的危机情境下，对不同传播阶段可能导致的不同传播效果的现实反映。为了准确回应公共卫生事件所引发的危机传播阶段的时长问题，科学场的智识生产已经形成了较为丰富的研究成果。比如罗伯特·希斯提出的 4R 模型[①]，斯蒂文·芬克的危机传播四阶段模型，李志宏等的五阶段模式[②]，李彪等的六阶段模式。可以看出，对时机问题的把握，是社会主体基于事件发生、发展过程对时间的再判断。而且，这种判断将运用于各种与感知、态度相关联的社会行动中。对专家系统的社会信任的判断当然也不例外，也必然面对在不同时机中可能形成的感知差异，当专家系统介入公共卫生事件并成为公众感知事件整体的一部分时，公众对专家系统的社会信任的判断也会沿着他们对事件不同阶段的时间划分而展开。另一方面，时机作用于专家系统的社会信任判断时，其本身又体现了社会整体对时间性问题的迫切回应。在科技和社会加速发展的过程中，公众对自身经验的信赖度持续降低，被界定为“当下”的时间区间也在不断萎缩。从某种程度上讲，公众借助专家系统来弥补自身经验世界的不足以及重新感知时间的需求在不断增长。与此同时，物质

---

① [美]罗伯特·希斯：《危机管理》，2 版，王成等译，北京：中信出版社，2004 年，第 66-70 页。

② 李志宏、何济乐、吴鹏飞：《突发性公共危机信息传播模式的时段性特征及管理对策》，《图书情报工作》2007 年第 10 期，第 88-91、99 页。

时间更容易掌握，但个体、群体、社会整体的时间性却面临“消失”的风险，这种矛盾与日俱增。当公众“沉沦”于这种矛盾中时，体验时间和记忆时间呈现出反比例特征，这进一步导致了知识的缺失和实践的困境，“既有的经验在越来越快的创新面前变得似乎毫无价值”[①]。在应对当下的时间性矛盾时，公众接触专家系统的行为，与其说是危机状态下的自我消解，不如说是他们希望借此实现自我调适和反思。另外，就时机因素中早期专家系统的社会信任评价水平不高这一情况而言，专家系统介入公共卫生事件的早期阶段，事件本身还处于潜伏期或刚刚爆发。专家系统基于自身的专业知识，往往能比普通公众更早地对公共卫生事件的态势和趋势做出判断。然而，当这些判断超出了公众原有的经验范式和行动逻辑时，公众甚至整个社会可能会对产生抵触情绪，甚至认为这种仅限于专业知识范畴的判断是一种误人误国的浮言。这实际上反映了专家系统在洞悉事态后形成的判断，需要通过制度化的渠道或机制来引起社会关注，而不是仅仅通过大众传播渠道简单发布。

其二，在本章的两种回归分析中，个体信任均被视为判断专家系统的社会信任最重要的外生因素（AMOS 回归分析中路径系数最大、SPSS 多元线性回归分析中影响占比最大）。尽管在卢曼的信任简化机制和吉登斯的信任-制度反思中，个体信任与系统信任存在区隔，但在网络场域中，私人领域中的个体信任与公共领域中的系统信任之间的联系愈发紧密。大众传播与自传播的相互嵌入、线下人际关系的线上网络化呈现驱动了两种信任的加速链接，这使得公众对于公共领域中那些界面人物的社会信任的评价更多地融入了安全、信赖和性格层面的个体判断因素。同时，随着当下网络社会中个性化发展思潮的兴盛，公众对公共事务形成更加个性化的认识，这也必然包括公众对在公共领域中借助公共事件发表意见、表达观点的专家系统进行完全基于个体信任的判断。在个体信任因素中，当公众对专家系统产生信赖时，对其社会信任的评价也更高。信赖不仅仅是个体信任的核心，也可以是社会信任的核心。信赖是人们在社会性体验中，基于某个特定对象履行承诺的过程而逐渐积累形成的。专家系统是公共领域中的特定对象，公众有期待其履行社会承诺的诉求。将个体信赖程度作为判断专家系统的社会信任的重要依据，这在本章的访谈中也进一步得到了证实。以下是 5 位受访者被问及“您在判断专家系统是否具有社会信任时会依据哪些因素”时的回答。

---

① 夏迪鑫、卢毅刚：《风险、加速与时间性：新冠疫情危机中的应急能力与社会适应研究》，2020 年国际健康传播年会会议论文，2020 年 11 月。

我的判断依据就是看他是否值得信赖。这具体体现在他是否曾经做过值得信赖的事或发表过值得信赖的意见。（Q3-a8）

感觉还是看信赖程度吧。互联网上所谓的专家鱼龙混杂，所以我经常会根据公众对他所传播知识的信赖度和对他本人的信赖度来判断。（Q3-a9）

看他之前做过什么事，说过什么话，老百姓对他的评价如何。如果他做的事、说的话不值得信赖的话，那就谈不上社会信任了。（Q3-b10）

在网络空间，专家系统无法直接参与现实的规划与决策，因此更需要具备足够的专业能力与专业素养。专家系统之前做出的判断以及给出的建议能否让大众信赖，就是一个极其重要的评价指标。（Q3-b12）

就我个人而言，一个专家值不值得我去信任，可能由我对他的第一印象决定。但是当他成为整个社会的专家系统时，人们会基于他的人品、知识和公正性做出判断，当大多数人信赖他时，他才能获得社会信任。（Q3-16）

其三，媒体可信度成为公众判断专家系统的社会信任的参考依据，这一特征十分显著。专家系统的社会信任建立过程中，媒体的推动作用不可忽视，专家系统在公共场域中的表意行动往往会通过大众媒体来实现。公众实际上也是将专家系统和媒体视为一个整体来判断专家系统的社会信任的。这就可能导致一种情况：即使专家系统本身具备较高的社会信任潜质，但如果它所依赖的媒体在公众心中评价不佳，那么专家系统的可信度也会受到影响，甚至受到质疑。在专家系统依托媒体建立社会信任的过程中，理论上存在表 4-32 所示的组合方式。

表 4-32　专家系统的社会信任与媒体可信度之间的相互关系

类别	可信度较高的媒体	可信度较低的媒体
具有较高社会信任潜质的专家系统	专家系统的社会信任高，影响力大	专家系统的社会信任一般，影响力一般
社会信任潜质一般的专家系统	专家系统的社会信任较高，影响力较大	专家系统的社会信任较低，影响力较小

在实际的运行中，情况可能更复杂，但无论如何，在判断的逻辑上，媒

体可信度已经嵌入专家系统的社会信任的整体评价当中。从专家系统的角度看，其能否自主选择媒体，这种自主选择的程度有多大，以及识别高可信度媒体的能力，将共同决定其在公共场域最终能产生的影响力的大小。而从媒体的角度看，其是否能提升自身可信度，是否能选择那些具备较高社会信任潜质的专家系统进行合作，也会决定双方合作后所能产生的影响力的大小，以及这种影响力能否在整个公共场域中有效释放。上述判断在本章所做的质性访谈中也得到了验证，当受访者被问到“您在判断专家系统是否具有社会信任时会依据哪些因素”时有以下的回答。

由于现在网络技术高度发达，一些不良媒体对专家系统的言论、文章进行断章取义，这种行为根本不值得信赖，而且会导致专家系统的社会信任受损。（Q3-b1）

网络媒体如果不能完全准确地传达专家系统的公开信息，最终可能引发网络喷子的造谣行为。（Q3-b13）

新媒体现在的门槛过低，什么人都能在上面传播一些可能不正确的言论。如果媒体缺乏人文关怀精神，总是和一些企业、广告商挂钩，那么这些媒体上的专业意见我是不会信任的。（Q3-b11）

我认为很重要的一点是某些媒体没有责任心，没有公德心，为了抓眼球，甚至杜撰专业知识，这就会引发公众的讨论，会使公众对专家系统的意见和观点产生怀疑，进而可能会削弱这些专家系统的社会信任。（Q3-a3）

有些媒体通过夸大其词的标题和不实报道来博取社会关注，在这些媒体上，专业意见的可信度大打折扣，难以获得公众的信任。更为严重的是，这些媒体频繁利用专家名义来打广告，毫无底线和道德意识。（Q3-a13）

如果媒体没有足够的社会良知，没有对老百姓负责的态度，那么这个媒体吹捧出的专家系统就是不可信赖的。（Q3-a14）

上述访谈内容也很好地解释了为何在媒体可信度的考量中，媒体职业道德在影响专家系统的社会信任方面评价较低。公众在对公共卫生事件的感知中，首先接触的是传播信息的媒体，其次才是在媒体上表达意见的专家系统，因而公众对媒体的选择和判断往往会决定其对专家系统传达信息的信任程度。媒体和专家系统之间存在共生关系，二者在可信度和社会信任方面所面对的问题有时是一致的。

本章小结

本章探讨专家系统社会信任的影响因素，首先通过文献综述与质性访谈分析，对影响因素进行了内外两个维度的划分。在第一节中，我们确定了用于调查研究专家系统的社会信任的内生与外生影响因素量表，为后续数据收集提供了可靠依据。接着，在第二节中，我们对专家系统的社会信任的内生影响因素进行了结构性分析。研究发现，专业素质并非直接判断专家系统的社会信任的最重要因素；相反，其影响是通过两条路径实现的，一是专业素质→社会关怀→专家系统的社会信任，二是专业素质→专业操守→社会关怀→专家系统的社会信任。这说明在专家系统的社会信任形成的过程中，缺乏专业操守和社会关怀都将导致专家系统的社会信任失效。在第三节中，我们深入探讨了专家系统的社会信任的外生影响因素，发现时机、个体信任及媒体可信度是关键因素，并在各个因素的不同水平下探讨了影响产生的差异性。具体而言，在时机因素方面，当专家系统介入公共卫生事件时，公众对专家系统的社会信任的评价在事件早期并不高，表现出一种较为审慎的态度。在个体信任层面，公众对专家系统的社会信任的评价更多基于个体信赖程度，展现出较高的自我感知能力。在媒体可信度层面，当专家系统通过媒体发声时，公众对专家系统的社会信任进行评价时往往倾向于同时对媒体的人文素质进行评价，甚至将两者视为一个整体进行综合判断。也就是说，在公共卫生事件中专家系统的社会信任存在两大失效风险：一是在事件早期，由于信息不足和不确定性高，专家系统的社会信任失效风险较高；二是当个体信赖度低且媒体人文素质评价不高时，专家系统的信任也存在失效风险。这些基于经验数据与访谈分析得出的结论，为识别微观层面的专家系统的社会信任失效节点提供了支撑。

本章的分析进一步回应了在公共卫生事件塑造的风险语境和决策语境中，专家系统、媒介系统和政治系统之间是如何形成一种相互联系的共同体的，这为在特定事件情境下应对风险和制定决策提供了一种具有系统性和结构性的解释。研究表明，媒介系统已经深深嵌入公众对专家系统的社会信任的评价中，成为其不可或缺的有机组成部分。政治系统作为一种具有共识性的影响因素，在专家系统的社会信任评价中产生环境性的作用，而这种作用的发挥依赖于个体对其重要性的评估。

与此同时，在本章的研究中，尽管两次调查统计所涉及的个体对专家系统的社会信任的测评结果不具有推论公众总体的统计基础，特别是两个样本[①]的年龄结构都偏向年轻世代，但是年轻世代通常是网络场域中最为活跃的群体，他们在公共事件发生后所做出的行动反应相较于其他群体更为积极。因此，两次调查的样本还是能够大致反映出公众对专家系统的社会信任失效问题的一些基本看法，尤其是专家系统的社会信任影响因素的内外维度区分和考察指标的确立，具有一定的指示意义。同时，我们将调查数据及其结果与访谈分析相结合后发现，在公共卫生事件的具体情境和网络场域的传播环境中，专家系统的社会信任的整体评价较低，专家系统的社会信任失效风险较高，这也为接下来进一步分析和探讨专家系统的社会信任失效的后果问题提供了依据。另外，也必须明确，本次调查在人口统计学相关指标中并未涉及具体的城市与乡村地域差异、收入差异等变量，而当这些变量被纳入专家系统的社会信任及其失效问题的测评中时，是否会引起结果的变化，则需要通过更为完善的测量来进行评估。

① 本书所采用的样本概念基于统计学意义，即样本（specimen）是观测或调查的一部分个体，是总体中抽取的所要考查的元素总称，样本中个体的多少为样本容量。

第五章

还原、实然与呈现：专家系统的社会信任失效风险及其后果

在探讨了专家系统的社会信任影响因素后，沿着本书的研究思路，我们需要进一步细致判断与深入分析专家系统的社会信任失效所引发的广泛社会性后果，从而明确信任失效现象如何加剧风险水平，并据此探讨应对这些风险所需的社会成本及相应策略。本章将结合相关因素的考察对专家系统的社会信任失效的后果进行阐述，剖析专家系统的社会信任在特定系统环境、公共场域以及社会信任结构中的定位与坐标。对专家系统的社会信任失效所引发的次生灾害、社会风险、社会信任重建困局的深入探讨，将使我们对后果这一问题的认识更加深刻，同时也为当前进一步反思专家系统的社会信任状况提供了充分的理由。具体而言，本章将展开分析专家系统的社会信任失效所带来的各种后果，并集中探讨以下三个核心问题：其一，专家系统的社会信任失效是否仅仅是对专家系统失信的回应，其可能引发哪些“次生灾害”？其二，专家系统的社会信任失效会引发哪些社会性风险，会造成哪些社会治理方面的困境？其三，专家系统的社会信任从失效到重建的过程中，会遇到哪些难点、痛点和堵点？

第一节　专家系统的社会信任失效风险之“次生灾害”

国外学者弗里茨认为“灾害”是一种社会网络遭到根本性破坏或急剧偏离正轨而无法发挥个人与社会团体功能的社会状态。[①]次生灾害的威胁在于对

① Fritz C E, Disasters, In R K Merton and R A Nisbet(Eds), *Contemporary Social Problems*, New York: Harcourt, Brace and Word, 1961, p.149.

整体结构的二次持续性摧毁，它区别于自然性灾害，主要是对人类精神文明世界中社会生活习惯、社会生活方式乃至社会文化进程的破坏。专家系统的社会信任失效的直接表征是传播内容的受限、传播媒介的异化、传播效力的消解，而这些现象引发的次生灾害则是多面向的降维。

一、媒体社会信任的伴随式下沉

从传统媒体时代到数字信息化时代，媒体不断被赋予新的内涵，受众对信息不确定性的消除，主要源自他们长期接触媒体内容所建立的信任。专家系统在媒体平台上发表的专业指导意见和权威性言论，往往对媒体社会信任的建立起到“锦上添花”乃至举足轻重的推动作用。然而，有些专家看似专业实则“跑偏”的职业素养和随意发表的言论无形中加剧了媒体社会信任的缺失，使得媒体在众声喧哗中难以站稳脚跟。

（一）媒体陷入“塔西佗陷阱”

在庞杂的媒介生态中，信息从生成、扩散传播到尘埃落定的过程并不因公众态度和心理的变化而变化，是媒体的报道节点、叙述方式和证据链的搭建决定了信息意义的输出与共享。公众对公共事件的判断与推论，除了个人体认外，主要依赖媒体提供的信息，当源自专家系统的存在准确性偏差的信息被广泛传播时，公众对媒体的信任度会急剧下降，媒体可能会陷入“塔西佗陷阱”。“塔西佗陷阱”源自史学家塔西佗的论著，他在论述罗马时期君王时提到，一旦揭露出彼时君王的真实面貌而使公众将其视作厌恶对象，无论行为好坏，他都会被视为厌恶的证据链，进而增加公众对其厌恶的深度与维度。这种观点后来被延伸成一种陷阱效应[①]，是指主体不认可他者进而完全否定他者的状态。也就是说，当公众因媒体中专家系统的偏差性话语表达而产生不满时，他们也会对媒体产生否定的态度，无论在此时间节点前后的信息准确性高还是低，他们对媒体已然形成不可逆转的不信任态度与判断。

此外，在社会剧烈转型变革的今天，一旦媒体中的专家系统在社会事件发生初期“晚作为”或“不作为”，社交媒体上的其他信息源，无论中性、正面还是负面，都足以充分调动公众的兴趣和传播偏好，公众的主观态度随即生

① 周望、孔新峰：《深耕“政无信不立”，避免“塔西佗陷阱”》，《光明日报》2014年10月11日第6版。

成，进而产生新的媒体信任感，并开始寻找补偿性信息和替代媒体，极易对先前"沉默媒体"产生负面态度，负面态度的不断积累会导致媒体社会信任的折损，加深公众对媒体公共性的质疑。即便媒体以"权威话语"进行信息的事实性还原，部分公众仍然对那些尚无法证明准确性的"小道信息"抱有热衷态度，逆反媒介接触心理会驱使他们倾向于相信庞杂传播渠道中的消极负面信息。在此情况下，对真相的追求远不及对媒体的反感与憎恶，媒体的"塔西佗陷阱"将不断加深，从而造成主观错误的"晕轮效应"。

（二）传播范畴中的价值引导功能失效

罗伯特·哈钦斯基于媒体出版经验，首次提出了"社会责任论"的观点，随后彼得森、施拉姆等传播学学者对此观点进行拓展，最终形成了一套完整的媒体社会责任论。我国新闻学奠基人之一徐宝璜就在《新闻学》中明确指出："新闻事业为神圣事业，新闻记者对于社会负有重大之责任。"[①]

传统媒体作为党、政府和人民的喉舌，其宣传地位与功能不断经受着时代的考验，承担着积极构建社会的重要职责。传统媒体，尤其是主流媒体最受公众信赖与认可，其在宣传主流价值观和履行社会监督责任的双重使命下，在新闻报道、舆论引导以及纠正新媒体乱象等方面发挥着不可替代的作用。然而，也正因为其具有权威性，所以一旦出现负面信息，其价值引导功能将会失效，社会信任将大打折扣，甚至可能引发公众的极端抵制行为。

二、科学信息与智识的传播力降低

当媒体的社会信任下降成为既定事实时，其所引发的危机是显而易见的。媒介通过内容生产与传播，已经深度融入了公众的日常生活环境，一旦公众对媒体构建的"拟态环境"产生信任偏离，那么知识转化为智识的传播渠道将受阻，媒介成为认知提升的洼地，科学信息与智识的传播力将衰退并出现异化现象，最终导致个体、群体，乃至社会整体智识水平的偏离。

（一）个体对科学信息的误读

当文本通过媒介传达并解释意义时，个体对编码内容的转译存在误解是一种正常现象。这是因为信息传播过程中不仅存在个体理解差异，还存在客观

① 徐宝璜：《新闻学》，北京：中国传媒大学出版社，2016 年，第 77 页。

信息熵，这些因素会削弱信息的准确性。在媒介系统日益多样化、接受渠道纷繁复杂的当下，面对接收内容的信息素养要求，任何专家系统在表达上的偏差或不完整，都可能导致个体对科学信息的误读，进而在群体乃至社会整体中引发谣言的传播。在突发公共卫生事件面前，世界卫生组织为了提升健康信息的准确性，持续向全球输出“信息疫情”的概念及其主张。这一概念指的是，在错综复杂的疫情信息环境中，公众难以分辨科学合理的信息源和内容，从而增加了自身健康知识建构过程的不确定性。以下是个体对科学信息产生误读的几种表现。

一是“权威性”误读，即把专家的言论视作必须奉行和绝对信任的标准，失去自己的判断能力和辩证性思维。如专家提倡什么，就误读为一定要去做什么，这种过于肯定的态度也使得专家被过度权威化。

二是“曲解性”误读，即片面理解专家的言论，舍本逐末，不去亲自实践，单纯就专家言论进行自我理解性的加工，从而草草下结论。例如，一些白酒行业的“专家”出于商业目的，利用“白酒可杀灭病毒”的虚假合成图佐证每天饮用一斤白酒的合理性。这种荒唐行为反映出科学知识传播效力的减弱。

三是“主观唯心性”误读，即从自我思想和主观感受出发，认为专家所说的一切都是毫无科学根据的“随心之言”，且逆反心理较强，将专家出于善意的论断及逆耳忠言视作“无用论”，带着抵触心理挑战权威，不断加深对真实科学信息的误读。

（二）群体对科学信息的误传

专家学者构成了网络专家群体，进而推动众多社会实践顺利进行，如果没有这些专家群体，即使互联网和传统媒体再发达，我们也难以看到媒体在国家与社会互动中所发挥的作用。换言之，正是由于网络专家群体的介入，传统媒体和新媒体才能充分发挥其潜能，促进公众的广泛参与。但群体是由个体聚合而成的，当个体对科学信息产生误读时，群体对科学信息的误传便成为共识，有技术加持的社交媒体又进一步激发误读体系的生成，其后果就是对科学信息的“群盲”。

（三）社会整体智识的偏离

迈克尔·吉本斯认为，社会知识生产已然产生了新的变化，包括科学知识、社会知识、文化知识等都在发生根本性变化，单学科影响下的研究已变为多学科、跨学科的多元构建。[①]社会整体知识构建是沿着“时-空”逻辑下“技术-主体”分析轴转变的，它是后工业时代的产物，与“模式知识生产”高度契合，也就是说社会整体都会围绕知识的易得和知识的话语权进行组织建构，继而延展出不断迭代的知识社会。但信息转化为知识进而形成智识多依赖于媒体的中介作用，贝尔纳在《科学的社会功能》中针对科学知识传播提出有力论断，他认为科学家是科学信息传播与民众交流间的唯一桥梁[②]，但今天媒介的中介效应导致信息的数量和质量不均衡，专家系统的观点输出在转化为科学信息传播的过程中造成了社会智识系统的偏差，倡导“自由主义话语权”的意识形态陷阱随即产生。网络群体中以兴趣爱好、共同生活经历为节点聚合的公众，在小节点专家（无论在主客观上是否存在恶意）的煽动下，将片面、孤立、主观渲染性强的内容加以吸收、改造和再传播，而此时专家系统的社会信任尚未完全建立，或已遭受误传、误解，这些内容很容易地被大规模加工成谣言，并进行再传递，从而抢先占据舆论导向的高地。这不仅会激发民众间、民众与官方间、民众与他文化间的区隔与敌对情绪，还会极化社会整体的知识生产成果，导致整体智识的偏离。

三、理性的缺失与情感的喧嚣

在突发公共卫生事件面前，公众的情绪变化是舆论场形成的前提，群体情绪是由群体成员情绪相互感染而形成的，是群体成员在集体行动中普遍具有的情绪状态。[③]信息传递扩散的过程其实是公共领域形成的必经阶段，舆论则是对这一过程中所接收信息的反馈，舆论场是决定信息发展方向的存在。当公共卫生事件的信息被公众接收后，公众会依据自身的认知和判断标准做出主观预设评判。当公共卫生事件发展到巅峰阶段，由于受到具有权威性的专家系统的影响，公众关注的内容和行为反应也会有所变化，这会进一步促使公共卫生事件舆情的走向发生变化。由专家系统所构建的舆论场作为群体议论的高级表现形式，势必对身处其中的公众产生影响。当团体效能被彻底激发，其情绪化

① [瑞士]海尔格·诺沃特尼、[英]彼得·斯科特、[英]迈克尔·吉本斯：《反思科学：不确定性时代的知识与公众》，冷民等译，上海：上海交通大学出版社，2011 年，第 3 页。

② [英]贝尔纳：《科学的社会功能》，陈体芳译，桂林：广西师范大学出版社，2003 年，第 342 页。

③ 张振宁：《不同框架下社会认同对网络集群行为的影响：群际同情和效能的中介作用》，天津师范大学博士学位论文，2015 年。

的高强度投入对舆论场、新闻场都会产生吞噬性影响，其中最显著的特征便是理性的缺失和情感的喧嚣。

（一）公众理性的扭曲

哈贝马斯认为，当公众对公共问题产生共同关注，并展开理性商讨时，就形成了公共话语空间。随着互联网的发展，信息传播不再是单向的，而是转变为双向互动过程，公众的线下讨论空间被转移至线上，于互联网端口形成了新的“公共话语空间”。在媒体的推动下，信息经历了分层传播和迭代反馈的过程，在这一过程中大量偏差信息往往会在短时间内迅速积聚，直至达到某个临界点后突然爆发，呈现出与源文本构建初期截然不同的逆向传播趋势。此外，部分网民的世界观、法律观、媒介素养等尚待提升，他们在发表言论、参与舆论活动的过程中，往往忽视或尚未意识到自己应承担的责任，盲目地释放表达欲望，跟风发表不当言论。这不仅影响了舆论走向，还造成了不该有的情绪化扭曲现象，从而导致公共话语空间中的理性心理构建难度陡增。

显而易见，在和谐的网络公共话语空间里，观点的表达与情感的抒发都应具有推动公共事务改革和促进社会发展的积极意义。此时，专家系统的职责也包括调和公众的情绪极化表达和纠正谬误，需要在公众主动接纳基础上依据自身专业素养与远见卓识来构建个体的理性思考方式，调整个体与环境间的逆向差，引导公众形成有价值的观点，从而营造出公共理性空间中协商、表达、公正、责任等一系列权责。相反，在事件发展脉络尚不明晰的情况下，若专家系统的观点前后矛盾、随意反转，会导致“群体公共理性空间”转变为“观点随意表达空间”，淹没公众的理性思考过程，给公众带来极大的心理负担和压力。这种负担和压力，一方面可能会引发显性疾病，如头痛、高血压、心律不齐等；另一方面，从精神状态来看，会导致悲观、厌世、恐慌、抑郁等隐性负面情绪的长期堆积，一旦非理性心理被激发，很可能会出现失控的宣泄行为。

（二）民众宣泄需求的激发

双向互动时代的信息互联互通使公众在传播活动中占据一定的主动地位，削弱了把关人效用。[①]传统媒体与新媒体的融合发展对社会发展和舆论走向产生了深远影响，使得少数派群体不再保持沉默，观点的表达也无须掩藏，

---

① 卢毅刚、方贤洁：《“角色重构”与“内容创新”：产业互联网中的数字出版转型研究》，《编辑之友》，2020 年第 5 期，第 8-14 页。

群体传播中的“沉默的螺旋”效应演变为网络空间的“反沉默螺旋”，表现为少数意见中的中坚分子聚集志同道合的伙伴，通过有效引导将处于劣势地位的观点展现出来，并使之逐渐扩大，甚至颠覆优势意见。[①]也就是说，公众对各类信息有了更多的选择性和创造性，能在舆论形成和传播中占有一席之地，其主观意识被激发，更为积极主动地参与到对公共事件的讨论中，一旦与“少数派”专家系统的观点不谋而合，则即刻激发对抗心理，与“多数派”意见相抗衡，以标新立异的方式发泄不满与非理性情绪。

康德在著述中曾表示我们的时代是一个批判的时代，一切事物都必须接受批判。[②]毛泽东同志曾表示：“因为我们是为人民服务的，所以，我们如果有缺点，就不怕别人批评指出。不管是什么人，谁向我们指出都行。”[③]但这并不意味着批判性思维可以无原则地滥用。宣泄情绪是人的自然生理需求，正向的宣泄如参与线上交流、进行心理咨询、从事兴趣爱好活动、参与体育活动等都具备合理性和合法性。然而，与之对立的负向情绪宣泄则完全背离了宣泄的初衷。例如，在新冠疫情期间，部分网民不断指责政府、官员、专家学者、医务工作者等，无视他们在特殊时期的贡献与付出，甚至进行恶意谩骂与诋毁。这种宣泄无疑已经演变成丧失理性的暴力行为，对当事人和参与讨论的其他公众造成了持续且难以估量的伤害。

四、有效社会行动的方向迷失

帕森斯在解释社会行动时，将其定义为有一定的目标指引，在特定情境中将一定因素作为行动条件，将其他因素作为行动手段，从而完成规范性的行为与调节。[④]布尔迪厄也曾指出社会行动方向最终会塑造一定的场域，场域力量和界限的变迁维持着社会整体运转。[⑤]专家系统的社会信任失效其实昭示着社会方

---

① 陈丽芳、郭奇文、陈默：《新媒体时代“反沉默螺旋”现象与网络舆论引导研究》，《出版广角》2019年第22期，第83-85页。

② [德]伊曼努尔·康德：《纯粹理性批判》，李秋零译，北京：中国人民大学出版社，2004年，第227页。

③ 毛泽东：《毛泽东选集》，第三卷，北京：人民出版社，1967年，第954页。

④ [美] 塔尔科特·帕森斯：《社会行动的结构》，张明德、夏遇南、彭刚译，南京：译林出版社，2012年，第77页。

⑤ [法] 皮埃尔·布迪厄、[美]华康德：《实践与反思：反思社会学导引》，李猛、李康译，北京：中央编译出版社，1998年，第93页。

向的某种偏离，即有效社会行动方向的迷失，具体表现为个体颠覆目的合理性的定位迷失、个体颠覆价值合理性的心态迷失、对抗—孤立—竞争的治理迷失。

（一）个体颠覆目的合理性的定位迷失

社会行动的构建其实是个体在自我与他者、主观与客观、感知与体验、目的与举措等二重性之间的实践，二重性区别于二元对立，呈现彼此互融之意。人类基于此特性，利用生产工具对生产资料进行加工与分配，这就构成了传统社会确定社会行动目的的逻辑。从主观角度来看，当个体处于自由状态时，其任何行为都会带有目的性倾向，但社会系统对个体的约束却构成了行为的界限，个体在一定范围内努力遵循“不越界”的行为规范。那么，个体的这种界限感是如何产生的？这种长期受规范约束的行为模式，被视为个体的惯习。正如布尔迪厄所言，“相关调节作用于特定阶级的生存条件形成惯习，惯习是一种持续但是可转移的倾向系统，它预先起到作为结构化的结构作用，是一种被结构化的结构”①。

然而，在互联网时代，构建社会存在的惯习已发生转变，个体在网络世界中的定位开始依赖于日常的低门槛信息互动行为，如点赞、关注、转发、评论以及主动传播等，这些行为成为个体塑造互联网形象的基础。与现实生活中依靠财富和知识资本来构建形象的方式截然不同，个体在网络社交中构筑自我形象的成本变得相对低廉。因此，一旦个体对专家系统的社会信任置若罔闻，颠覆目的合理性的习性就可能偏移，进而导致其在网络空间中的定位迷失。具体表现为：当社会公共事件成为公共交往的话语链接时，某些个体打着揭露社会发展弊端和提倡社会改革进步的旗号来塑造如爱国、爱岗、乐观、善良等的自我正面形象，却忽视了真正的科学性和公共性，妄论社会治理形式，从而造成了“搅局”现象。这不仅是一种不良的社会运行方式，更会导致个体在网络社会和现实社会中的双重迷失。尽管个体通过发布极端话语和耸人听闻的内容确实能在网络空间中成为“异类”，吸引眼球并可能获得额外的资源，但这反映出的仍是其社会定位的迷失。例如，在新冠疫情期间，一些自诩为“正义派”的网民热衷于传播“阴谋论”“病毒战”等不实信息，对官方发布的正能量新闻却视而不见，这就造成了定位的迷失，进而可能会演化为性格的冷漠甚至激进，引发更多恶性行为的循环。②

---

① Pierre B, *The Logic of Practice,* Redwood City: Stanford University Press, 1992, p.65.

② Pierre B, *The Logic of Practice*, Redwood City: Stanford University Press, 1992, p.117.

应该认识到，尤其当社会整体处于转型期时，存在方式的变动会使个体感到诸多方面的不适，数字化生存是生存数字化要求下的科技能力素养的体现，但个体的生活落脚点依旧是现实生活中的关系构建与角色定位，屏幕端与现实端不应该是割裂甚至对立的，而应该是交融互嵌、良性互动的，个体应在迷失与确认的交替过程中，不断体悟并确认自己社会定位的变迁。

（二）个体颠覆价值合理性的心态迷失

韦伯一直强调社会时代的使命是建构理性[①]，他认为社会行动的动静态构成是通过目的合理性与价值合理性功能间的相互补充来实现的。从文化学角度来看，目的合理性（又称工具合理性）是推动社会进程的动力因素，它在可能性集合中自主选择最优路径以破除前社会交往中诸如封建迷信、社会固化的一元模式，进而创造出新的社会空间环境。但破除既有社会存在模式并不是完全颠覆，而是整合社会行动的方向与内在普遍价值，也就是结合价值合理性来完成社会行动。一旦目的合理性成为推动社会发展的单动力，而价值合理性并未在其中发挥静态功能的互补作用，那么这种单动力的推动将会严重阻碍社会进步。因为价值合理性要求全体社会成员的行为遵循伦理上统一的内在律令，以纠正目的合理性在注重行动手段的自主性和自由选择性时可能导致的行为无政府化倾向。[②]实际上，纵观西方国家的发展历程，其在社会现代化进程中所倡导的目的合理性，始终融合了以社会思想、价值理想为表征的价值合理性因素。二者之间的冲突与平衡，也是克服“理性王国”危机的表现。专家系统的社会信任的失效，会直接导致个体颠覆目的合理性的定位迷失，进而引发颠覆价值合理性的心态迷失，具体表现为旁观者心态与道德冷漠的盛行。

在费希特看来，如果将人看作“旁观者”，那么人必须理解自身处境，跳出历史框架，把握历史方向，找寻自身使命。[③]旁观者心态与费希特的“旁观者”同源异构。旁观者心态是一种主体分散的心理状态，它源自对旁观者效应的观察，是基于群体协作中“责任弥散”与个体独立行动的全责效果之间的对比而产生的概念。具体而言，个体在群体行动中无意识地削弱自身责任感，

① [德]马克思·韦伯：《韦伯社会学文集》，阎克文译，北京：人民出版社，2010年，第155页。

② 袁阳：《工具合理性、价值合理性与现代化》，《社会科学研究》1991年第5期，第58-63页。

③ [德]费希特：《费希特著作选集》，第四卷，梁志学主编，北京：商务印书馆，2000年，第155页。

进而产生退缩和责任分散的心理，激发“法不责众”的他者隐蔽行为，如对社会事件产生无意识的消极态度，并最终演变为更深层次的道德冷漠。

当客观新闻建构出一种低下的专家系统传播效能，旁观者心态便会逐渐累积，进而形成社会性的道德冷漠。“冷漠”是心理学的测量维度，是一种消极情感的外在反应，它通常表现为对客体存在的不关心与漠视。道德冷漠即是社会危机产生的又一面向，因为当个体在面对宏大历史事件时采取淡漠麻痹的态度，那么正常的社会交往形态便会被打破，所谓的共情、共振、共鸣等社会集体精神也将荡然无存。当这些个体需要为自身做出抉择时，他们会完全基于利己的思想而非共赢的态度来行动，于是，大部分的隐性道德约束与显性正义行为都将消失，留下的只有不分是非、不论正误的道德缺失行为。

（三）对抗—孤立—竞争的治理迷失

在社会学中，对社会行动方向迷失问题的探讨往往基于规范性行为与失范性行为的对比逻辑。涂尔干认为，分工虽然会导致异化，但同时也会形成新的组织形式和结构，从而间接加强了个体间的联系，而集体关系的断裂则是失范性行动的表征。在传统社会中，整体行动方向往往处于失范与规范之间的秩序范畴内。[①]韦伯对社会行动的概念进行了更为深入的探讨，他引入了社会关系的概念，继而调和个体微观与社会宏观，补充了涂尔干自上而下的整体机制，构建出自下而上的社会行动机制，至此社会关系即统合了社会个体的离散行动。韦伯认为作为社会行动基础组成单位的个体主要通过习惯、习俗和利害关系三种制约形式完成整体社会行动。[②]在社会转型期的变革历程中，个体通过社会关系与他者进行链接，一旦个体出现定位迷失、心态迷失，就会给社会整体行动方向中的社会治理带来诸多困难，甚至导致方向的迷失。从分类学的角度来看，社会治理的衡量维度被划分为“对抗、孤立、竞争、合作、共生”五种类型。社会治理中的主客体关系逐渐加强，但同时也存在相互区隔和排斥的现象。

专家系统的社会信任失效往往带来三个维度的负面结果，即对抗、孤立和竞争。“对抗”行为非语义学中的冲突外化，而是在现代国家议题框架中的合法性民主对抗。如专家系统为获取第三方资本支持或出于其他目的，有意识

---

① [法]涂尔干：《社会分工论》，渠东译，北京：生活·读书·新知三联书店，2000年，第33页。

② [德]马克思·韦伯：《经济与社会（上）》，林荣远译，北京：商务印书馆，2004年，第70页。

地制造对抗情绪。一旦这种对抗成为社会治理的出发点，公众与政府之间的矛盾就会被放大，直接后果就是削弱了个体与社会之间的联系，影响社会行动方向标的确立，进而使社会治理逻辑滑向“孤立”状态。孤立是一种区别于对抗的压倒性形态，表现为政府树立无上的话语权威。孤立造成的权利压缩与收束，往往通过信息垄断、禁言压制等手段实现。这种信息孤岛的构建并不会带来社会整体行动方向的积极转变，反而会消耗大量社会资源，增加社会治理的难度，进而形成一种中心化的僵化闭合体系。在当今社会的发展历程中，多元化才合乎发展轨迹，孤立的状态极易削弱社会循环发展的动力，一旦社会治理超越了孤立状态，就会进入更为多元的“竞争”状态。竞争是一种“中心-边缘”路径可解释的阶段，其中社会治理主体（如政府、机构、商业主体）处于中心地位，而共存的个体则处于边缘。如果此时治理主体过分强调专家系统的社会信任失效，而缺乏边缘力量的制衡，那么社会治理可能会重返“家长制时代”。竞争逻辑下的集体行动只存在“利己”与“利他”两个固定维度，极易催生社会集体悲剧，引发危机。[①]

第二节　专家系统的社会信任失效风险之社会治理困境

如上一节所述，基于目的合理性和价值合理性的主体实践影响着社会行动方向的确立，这种社会关系的构建推动了时-空的现代性延展，但在吉登斯看来，现代技术介入后，这种对时-空的重组会导致社会体系“脱域”[②]，也就是说，由技术所塑造的新社会关系，因其片面性和主观性，往往难以与既有的社会实践合理融合。因此，这种社会体系的“脱域”与社会关系的再嵌入过程必然伴随着风险，当“脱域”成为社会现代性运行中循环往复的机制时，风险社会便应运而生。诚然，社会发展带来了诸多积极的变革，但与此同时，在更宏观的叙事框架下也催生了新的隐忧与风险。正如卡尔·波兰尼所言，转型社会展现出双重倾向：一方面是经济自由主义的组织原则与社会保护措施之间

① 柳亦博、玛尔哈巴·肖开提：《论行动主义治理：一种新的集体行动进路》，《中国行政管理》2018年第1期，第81-91页。

② [英]安东尼·吉登斯：《现代性的后果》，田禾译，南京：译林出版社，2011年，第19页。

的冲突，另一方面则是社会阶级之间的冲突。[①]

一、社会信任危机放大

社会信任的建立机制复杂多变，其危机的产生同样如此。从公众的主观角度看，他们通常对专家系统所呈现的客观信息持高度肯定与认同态度，即便其中夹杂着某些强烈的情绪色彩与预设态度。然而，一旦专家系统的社会信任失效，便会引发社会个体间的人际信任危机、个体与官方间的系统信任危机以及商业主体间的信任危机。

（一）社会个体间的人际信任危机

人际信任是一种传统社会惯习下约定俗成的人格内涵，主要体现在社会个体对熟人、陌生人、组织及群体的信赖水平上。这种信任源于个体早期在原生家庭中建立的信任感，并且正是这种信任感，使得个体能够形成自己的人生观、世界观和价值观。然而，在个体不断成长的过程中，其信赖水平会受到外界因素的影响，例如，当个体置身于某个具有共同特性的群体中时，群体对成员诚信行为的认可及持续性期望，会促使个体形成一种稳固且不易偏离的信任习惯和道德标准。

社会个体间的不信任是社会信任体系崩塌的根源，它表现为社会个体在身份背景、所处地域、阶级归属等方面的信任危机。社会个体对专家系统的社会信任的漠视，导致社会运行低效，进而造成个体间极大的不信任与排斥，使个体面临脱离地域、脱离传统社会惯习，甚至脱离民族的风险。随着人际交往的脆弱性增强和既往社会道德约束力的减弱，传统社会中陌生人间的基本信任、熟人间的默许信任正逐渐瓦解，原则难以坚守。一旦信任真空出现，破窗效应便会不断加剧这一趋势，使个体将人际信任转向对抽象体系的信任。

（二）个体与官方间的系统信任危机

当依赖熟人关系建立的人际信任开始动摇，由规范构建的系统信任便成为群体间交流的另一重要途径。然而，这条途径也面临着危机。首先，专家系统对社会信任的高要求与资本市场中某些金钱导向的冲突，导致部分专家出现

① [英]卡尔·波兰尼：《大转型：我们时代的政治与经济起源》，冯钢、刘阳译，杭州：浙江人民出版社，2007年，第35页。

失范行为，经过社会个体基于目的合理性和价值合理性的分析后，专家系统成为在伦理道德上不被信任的群体；其次，社会的发展和科学的演进使得学科细分、专业知识交叉融合的速度变快，相同领域的专家系统由于采用不同的研究范式，往往得出迥异的结论，这种对同一议题的差异观点容易造成社会个体的不认同与回避；最后，网络社会对现实社会的脱嵌-再嵌过程，虽然提高了专家系统知识传播效率，但也模糊了伪专家的界限，使其得以混杂其中，进而造成社会信任的断裂。

专家系统在个体与政府之间起桥梁作用，其意见的专业性与科学性使其成为政府的智囊，在国家决策、战略部署等方面为社会整体发展做出了卓越贡献。基于此，个体产生了一种专家系统的话语立场即代表政府立场的感觉，从而不自觉地将二者对等。一旦专家系统在涉及公众利益的问题上出现短视或偏差，个体极易产生与官方立场的对立与抗争，个体对官方的不信任感会陡增，系统信任岌岌可危。事实上，专家系统作为重要参考来源的价值不可否认，但这并不意味着其对政府决策有全面深入的理解，其话语表达所建构的权威与政府依据履职能力所建构的权威无法完全对等。甚至，有时专家系统提前发布的一些“内部内容”反而可能与政府权威的树立和民众信任的构建相悖，这为整体信任危机营造了可能空间。

（三）商业主体间的信任危机

商业主体间信任构建的逻辑在市场经济体制规范中得以完善，而商业主体间的信任危机则源于市场利益相关者之间信息的不对称，是经济领域危机的直观体现。当社会个体之间、社会个体与官方之间存在信任危机时，基于社会关系构建的经济建设与市场交换领域也会面临经济风险、金融风险乃至政治风险。

一旦商业主体间的信任水平下降，极易引发商业诈骗、商业失信等不良现象。而这些不良现象在商业圈中的连锁反应，又会进一步加剧社会信任的缺失，从而形成恶性循环。

二、现代社会治理压力增加

（一）观念碎片化的治理理念压力

数字化生存成为常态后，每个行动主体对信息的接受与反馈都呈现出差异性，碎片化媒介接触使得主体在各自领域形成了关于自己和他人的不同认知。将相似的认知集合，并经过社会系统不断运行与验证，便形成了稳定的观念。不可否认，地理、人文等环境因素所带来的差异是主体间进行文化理解和信息交换的必然特征，也正是这些差异决定了不同文化主体间交流的价值所在。网络社会的崛起推动了社会结构的变化，这种变化最明显的体现就是社会形态越来越碎片化。与此同时，人们不再是完全独立的个体，而是在"永恒时间"中为了某个临时议题迅速形成的"暂时联盟"，时间似乎已经被重塑，高速的信息化进程和大量超文本的传播打破了原有的顺序，创造了更多未分化的时间段，这使得文化主体在认识和理解周围世界时，必须借助与他人的互动来完成，甚至在理解自我时，也需要通过"我看人看我"的方式来达成。这种变化从时间上重新解构了信息社会，间接分离了原有的社会整体性，主体成为他者的主体，并在符号互动的过程中，为了获得意义而进入了区隔化的社群。因此，经由媒介传输的专家系统意见，不仅仅是简单的信息传播过程或单向传播，更是基于一定文化语境的主体间的对话，直至达成社会认同。然而，大范围的社会认同已经很难再像"钟摆时间"指引的那样，以共同经验的方式统一出现，"认同的分解，相当于作为一个有意义的社会系统的社会之分解"①，而这正是今天社会的具体情境。认同在整体社会中碎片化的解构，使认同重构本身成为再次形成社会凝聚力和自信力的关键，而这一问题在国家、民族、社会不得不面对的全球化进程中显得更加迫切，渐渐成为整体社会治理中观念压力的直接来源。

当低效的专家系统的社会信任出现并引发社会负向的连锁反应时，传统-现代、主流-大众、本土-外来这三个价值维度的理念都受到了考验。传统价值理念因其高度的稳定性而得以延续至今，但顺应时代发展新趋势的现代价值理念在当下社会发展进程中显得更为贴合实际。本土与外来价值理念在网络时代较难调和，因为它们本就是两种文化形态的产物。社会背景与文化环境直接影响主体对观念的塑造，而不同群体对感官世界或事物的解释倾向与流动记忆也存在差异。这些因素给社会治理带来了诸多挑战。

（二）主体多元化的治理内在压力

从理论上来看，社会治理的主体具有多元化特征，各主体因追求公共利

① [美]曼纽尔·卡斯特：《认同的力量》，夏铸九、黄丽玲等译，北京：社会科学文献出版社，2003年，第412页。

益最大化而采取相同的社会行动方向，这种治理理念构成了科学且和谐的协同治理模式。该模式不仅体现了各主体的诉求，还呈现了社会进程中的主要矛盾的解决面向，是一种合乎历史演进逻辑的治理模式。然而，在现实中，协同治理面临巨大压力。互联网的发展使公众能够轻易地在网络平台上参与日常生活的建构，而且各主体为实现自身多元利益往往会采取不同的行动策略，在面临共同利益时，部分主体可能会选择协商合作，也可能拒绝合作。这种不确定性给整体社会治理带来了不稳定性，导致协同治理陷入困境。

网络场域中专家系统的社会信任失效会放大此种困境。一方面，各主体会对专家系统的话语建构内容做出认同或抵抗的反应。例如，公众会依据自身利益诉求选择性理解与记忆专家系统的话语内核，将自身利益最大化的追求诉诸对突发社会问题的追责与质疑。从理论上看，这是社会监督的良性体现，但现实生活中各主体在科学理性等方面的认知存在差异，因此可能会出现片面甚至主观上难以调和的治理诉求。另一方面，当各主体的多元需求隐忧出现时，主体间的权责界限便开始变得模糊。原本，政府的治理职责是协调各主体间的矛盾，通过兼容并包的整体治理理念和吸纳多维度的意见来构建合理的社会系统；市场则通过经济利益的联结，搭建企业与消费者之间的沟通桥梁，从而制定出合理的市场规则；公众则通过自我学习和自我管理参与到社会运行中，成为社会治理的基础力量。但是，随着各主体在网络社会中的广泛参与，这种原有的逻辑开始受到挑战，不断有学者提出社会治理的新概念，如科利巴提出的“交叠部门”。该理论认为，在多元主体不断交织的状态下，会存在责任的重叠区域，这种共性的覆盖又与其他差异化需求相结合，形成了一种混合治理模式（图 5-1）。[①]

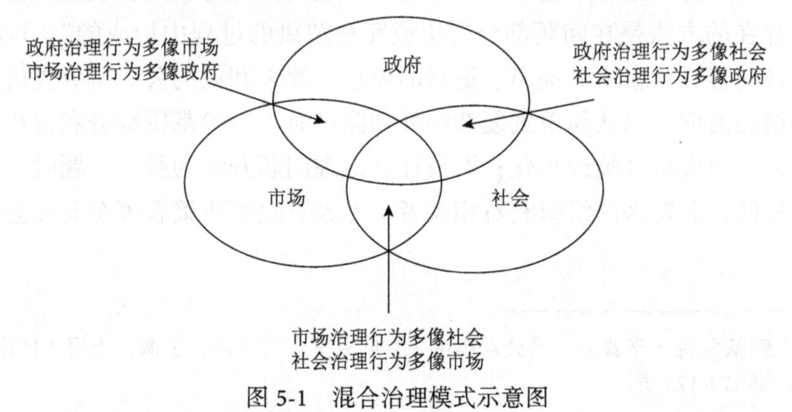

图 5-1　混合治理模式示意图

① Koliba C J, Meek J W, Zia A, et al., *Governance Networks in Public Administration and Public Policy*, Boca Raton: CRC Press, 2011, p.252.

这种混合形式的社会治理模式既具有动态的调整力，又存在异质的不稳定性，比如实施主体在进行责任划分和权力界定时，可能导致权力过度集中或职能缺位等诸多层面的治理困境。

（三）客体模糊化的治理外在压力

公共治理在亚当·斯密的眼中被划分为公共事务与私人事务两种。其一为公共事务，包括公共政治事务、公共文化事务。其二为私人事务，指个体在生存与发展中遇到困难并尝试解决时的诸多诉求。网络场域中的公共治理内容虽然相较以往更易于识别，但同时也打破了原有的清晰界限，导致私人事务与公共事务之间出现了模糊地带。[①]网络场域中的专家系统的社会信任失效，进一步加剧了这种模糊地带的形成，从而导致社会治理客体的模糊化。社会治理客体的模糊化是指在社会治理过程中，具体治理问题边界的模糊现象。其具备以下几个特点：①问题发生无定律，缺乏一套普遍适用的治理流程，故而较难有迹可循；②治理试错成本高昂，甚至治理主体不具备主观试错的机会与可能，故而每一次治理行动都至关重要；③治理方案缺乏多样性选择，不存在较好与较差的区别，只存在解决与否的结果导向认定；④每一个模糊化问题出现后，都需要即时应对，因为其可能成为另一个模糊化问题出现的表征与前提，故而需要用联系与发展的眼光来看待。巴林特等人将此状态的存在定义为社会治理的“棘手问题”[②]，即很难用框架去界定与规范，更难形成话语表述以对社会问题进行探索与分析，但是在制约社会发展进程中，这些问题却展现出一定的相似性。霍斯特·里特尔等人通过对此类问题的探讨与研究发现，具体识别客体问题存在的方法是在问题部分解决或完全解决的过程中形成的[③]，这种模糊性的治理内容对社会治理提出了更高的要求。澳大利亚的公共服务委员会针对此种类型的治理提出从简单到复杂的处理路径时，一般都围绕着利益相关者来展开对话，力求将分歧最小化；而当社会治理问题升级为棘手问题时，由于共识基础较低，需要多次组织利益相关者、专家、政府决策者等多元社会主体进

---

① [美]沃尔特·李普曼：《公众舆论》，阎克文、江红译，上海：上海人民出版社，2006年，第172-175页。

② Balint P J, Stewart R E, Desai A, *Wicked Environmental Problems: Managing Uncertainty and Conflict*, Washington, D.C: Island Press, 2011, p.11.

③ Rittel H W J, Webber M M, “Dilemmas in a General Theory of Planning”, *Policy Sciences*, 1973, 4(2): 155-169.

行协商与对话。[①]

三、整体社会风险应对能力分析

在德国社会学家贝克看来，社会风险贯穿人类社会发展始终，从个体生命成长的维度来看，死亡是最能被体认的风险形式。但是，随着社会进程的推进，这种自然属性风险渐渐让位于人类引发的社会属性风险，也就是说，社会对风险的类型与性质的感知发生了巨大的变化，因此产生了现代意义上的风险社会。[②]随后，社会学家吉登斯强化了此种观点，他认为可以根据人造风险（manufactured risk）对社会发展制约的程度来判断现代风险社会是否成立，而人造风险是指“由我们不断发展的知识对这个世界的影响所产生的风险，是指我们没有多少历史经验的情况下所产生的风险”[③]。卢曼在此基础上强调归因对风险识别的重要性，并提出在社会决策中不存在绝对的安全，也不存在绝对的风险，风险总是与决策并存。[④]基于以上分析，本书认为可以将专家系统的社会信任失效界定为一种人造风险，它起源于自然风险，又一定程度上体现了人的主动参与（即便这种参与是负向的），它深刻地塑造了整体社会风险的结构性威胁，必然导致社会风险应对能力的多维下降。

（一）转型社会与风险社会的双重负压

一方面，技术对转型社会的介入无疑起到了推动作用，催生了一种“时空压缩”的社会体验。在传统社会中，人类社会的主要威胁来自自然属性风险，如自然灾害等；进入工业社会后，这种自然属性风险依然存在，但与此同时，社会属性风险也逐渐显现，如生产风险、事故风险等；再到信息化时代或曰后工业时代，整体社会风险不仅在前两者的基础上衍生出更多形态，如自然属性风险中的生态风险，社会属性风险中的基因风险、生化风险等，还新增了

---

① Balint P J, Stewart R E, Desai A, *Wicked Environmental Problems: Managing Uncertainty and Conflict*, Washington, D.C: Island Press, 2011, p.10.

② [德]乌尔里希·贝克：《风险社会》，何博闻译，南京：译林出版社，2004 年，第 303 页。

③ [英]安东尼·吉登斯：《失控的世界：全球化如何重塑我们的生活》，周红云译，南昌：江西人民出版社，2001 年，第 33 页。

④ [德]尼克拉斯·卢曼：《风险社会学》，孙一洲译，南宁：广西人民出版社，2020 年，第 42-45 页。

信息风险、意识形态风险等诸多新的面向。双重负压体现为：其一，自然灾害等自然属性风险带来的压力，如公众因不可预测的自然灾害而面临失业、流动、疾病、死亡等风险；其二，社会发展进程中的社会属性风险带来的压力，如经济发展不均衡带来的贫富差距、经济发展对生态环境造成的破坏等。这两种状态相互交织，并可能组合产生更多的新型风险。

另一方面，这种“时-空”交叠所带来的感官冲击与社会适应能力之间并不匹配。专家系统的社会信任的失效风险可能会导致不当目的下的科学技术研究，以及对公众价值观的错误引导。对公众价值观的错误引导具体表现为，通过信息包装手段传播不当价值观，如享乐主义、拜金主义，以及利用“科普”“爆料”“绝密解封”等噱头，将民族虚无主义、历史虚无主义的信息灌输给公众，这些行为严重削弱了社会在各个层面的风险应对能力。

（二）对调适内部主体意识风险能力的要求提高

从上文分析可知，由专业操守、社会关怀、专业素质共同构建的专家系统的社会态度与社会行为，极大地影响了公众对日常生活风险的感知程度，其中作为社会关怀组成部分的道德情绪，如正负向情绪表达能较为直接地作用于公众。海特将道德情绪一词定义为：社会主体以社会整体道德框架和规范来对自身、他者或社会进行评价时所产生的相应情绪。①专家系统所表现的道德情绪，如愤怒、厌恶等，会成为公众情绪积累与释放的导火索，公众如果在现实生活中感知到这些道德情绪所强调的社会偏差，则可能会出现三种主体意识的反馈。

其一为主体意识的淡薄。媒介所构建的拟态环境，使得大部分公众习惯于认同专家系统传播的信息，并将社会发展中的诸多事务与社会发展本身相割裂，笼统地认为社会发展与社会治理是凌驾于日常生活之上的高阶产物，忽略了对自身道德规范和行为意识的感知。这就为基于不端目的的思维意识入侵埋下了隐患，成为危害社会主体意识的定时炸弹，并可能滋生更多的社会问题。人民群众是社会的主体，社会发展无疑需要群众具备“人人有责”的责任感。主体意识的淡薄，一方面反映了群众责任感的缺失，另一方面也反映了社会环境中一系列不良现象对群众的精神层面的负面影响。

其二为主体意识的过载。专家系统作为公众言论导向的权威代表，在树立社会良好行为方面具有指导和教化作用。若专家系统言行失当或价值导向偏颇，便会导致社会信任缺失。其社会信任的失效，在一定程度上体现为公众对

① Haidt J, “The Moral Emotions”, *Science*, 2003(11): 852-870.

其言论“教化”的无心接纳与不认可。专家系统在社会信任导向层面的重要作用是毋庸置疑的，正所谓“言传身教”，专家系统的社会担当意识与社会整体信任氛围的营造无疑是息息相关的。在参与社会治理的过程中，专家系统作为其中的一小部分群体，应当保持高度警觉。如果专家系统缺乏相应的社会关怀与专业素质，过度强调自身主体地位，将自己置于社会管理的高层，从而构建出一种不平等的对立价值观念，那么就会引发巨大的过载效应，如罔顾公众集体诉求，违背公平正义的法律精神，成为阻碍社会风险有效控制的隔膜。

其三为主体意识的迷失。具体表现为：人云亦云、丧失主体思考与主观判断能力，习惯性地将自身诉求寄托于少数社会管理人员；为获得社会认同，屈从于专家系统某些错误的论断，从而产生错误认识；在组织内部揣度管理者的心态，变相迎合其意志，最终导致主体意识的迷失与扭曲。

从斯科特·拉什等学者所倡导的文化反思视角出发，当社会主体的意识行为出现不确定性转向时，整体社会对内部文化的作用力将受到巨大冲击，同时，对应对社会风险能力的要求将持续提升。

（三）对抗击外部世界性风险能力的要求提高

在麦克卢汉看来，人的感知能力会经历“完整—分裂—再完整”的过程，而人类社会则会经历“部落化—非部落化—重新部落化”发展历程。“地球村”正是在重新部落化的阶段中形成的。[①]不可否认的是，“地球村”概念下的全球化趋势为世界各国带来了诸多机遇与挑战，而新冠疫情让公众深刻感受到全球互联互通的巨大影响力。疫情暴发后，世界各国面临的外部风险激增，如全球人口流动减少、跨国商业交流受阻等。基于跨国集团与跨国商业运作的欧美国家，因长期依赖的第三产业，如旅游业、餐饮业、金融业等发展停滞而陷入了社会经济增长的困境。疫情期间不断增长的病患数量，压倒性地证明了欧美国家某些政治领域的专家系统所倡导的“群体免疫”等策略的不适用性。同时，国外精英统治阶级所代表的专家系统曾经推崇的人权、民主等道德逻辑与价值框架，在现实裹挟下也遭到了前所未有的质疑与颠覆。

首先，从国家层面分析，当地域性或全国性的商业生产活动因政府、专家系统及社会组织专业能力的局限和社会关怀的不足而停滞时，政府在应对社会信任危机方面将处于极为不利的地位。如前文所述，信任的缺失会导致社会

① [加]马歇尔·麦克卢汉：《理解媒介：论人的延伸》，何道宽译，南京：译林出版社，2011 年，第 51 页。

行动方向的迷失，而商业、政治、文化发展的偏移，又会进一步影响国家间的互动，如外资企业的运营、全球产业链的布局、本国全球化经济与文化竞争力塑造、全球治理体系的构建都将受到影响。

其次，国际组织也面临着巨大的治理压力。意识形态的区别化、技术发展水平的差序化、公共卫生知识的地域化、道德准则的层级化等诸多国际差异难以调和，导致难以制定出统一的行动方案，而且目前尚无统一的科学体系用以应对全球风险。这些都表明全球社会应对风险的能力亟须提升。

最后，作为国际活动主要参与者的国家与国际组织对社会风险的认知水平不一，导致它们在基于国家利益的合作中仍然坚持零和博弈的思维模式，这给人类命运共同体的构建带来了巨大阻碍。

应当充分认识到，在充满竞争与合作的世界整体框架中，自然属性风险与社会属性风险交织后所形成的风险问题正日益凸显并加剧。全球范围内人员、物资、资本的频繁流动与交换，进一步增加了风险产生的可能性。这些都是当前社会在整体风险应对方面所面临的新挑战与新难题。

第三节　专家系统的社会信任失效风险之再构的艰难

阿尔文·托夫勒曾描绘了农业文明、工业文明的社会结构，并构想了第三次浪潮下的信息文明社会蓝图，强调了技术发展会引发多方面的社会变迁①，这种20世纪70年代的未来学社会构想如今已成为现实。技术的突飞猛进往往是为了解决现实中存在的困境，正如蒸汽机和发电机的发明适时地扭转了当时产能低下的局面。互联网最初的使命也是如此。然而，当互联网逐渐构建出自有场域逻辑时，其互联互通的特性却给专家系统的社会信任建构与社会再生产带来诸多困境。

一、传播特征为社会信任再构设置了较高门槛

互联网建构的传播场域相较于传统媒体时代，呈现出更为精准但也更为

① [美]阿尔文·托夫勒：《第三次浪潮》，黄明坚译，北京：中信出版社，2018年，第266页。

分散的空间特征。其精准性得益于技术赋能下的信息精准传播，而分散性则源于该场域内群体特征的多样性和群体偏好的显著差异。这些因素共同为社会信任的再构设置了较高的门槛。

（一）场域结构的复杂性增加了社会信任再构的难度

第 54 次《中国互联网络发展状况统计报告》显示，截至 2024 年 6 月，我国网民规模近 11 亿人，较 2023 年 12 月增长 742 万人，互联网普及率达 78.0%。[①]互联网场域建构的生活空间已成为公众日常生活的重要组成部分，数字化生存已成为现代社会公众的一项基本生存技能。

随着互联网的高速发展，网络场域群体呈现出多元性与复杂性的特征。在年龄、性别、职业、成长环境、受教育程度和社会背景等方面存在差异的个体，通过电脑、手机等终端成为互联网网民后，所构建的网络场域结构相较于现实生活更为复杂。尽管当前社交平台普遍要求账户实名认证，但网络世界的匿名性本质依然存在，个体能够在不同的社交平台、登录端口，通过不同的手机号进行注册，从而演绎出多副虚拟面孔，并塑造出多重网络身份。

网络平台的多元化造成网络场域的流动性与分散性。首先，移动端的技术改造和智能手机的普及使得公众的网络行为可以随时随地发生。第 54 次《中国互联网络发展状况统计报告》显示，截至 2024 年 6 月，我国手机网民规模达 10.96 亿人，网民使用手机上网的比例达 99.7%。其次，各类应用平台争相开发出吸引公众的多样化应用类型，如即时通信、网络视频（包括短视频）、网络音频、网络直播、网络游戏、在线教育等，不断分散并改变着公众的使用体验与使用习惯。公众在网络场域中可选择的平台和应用多种多样，视频、音频、文字传播形式交织并进，共同构建了生机勃勃的网络传播生态。最后，社交媒体的多平台构建也分散了公众的注意力。如以强链接关系为特征的微信、QQ 等平台，以加强现实生活的交流沟通为主要目的，用户间的交流主要集中在熟人社交范畴内，交流话题往往较为亲密。以微博、小红书、抖音等为代表的具有弱链接关系特征的平台，则凸显了公众满足与构建自我意识的需求。公众可以在此类平台中寻找与自身兴趣爱好相契合的内容，一方面满足自身的信息需求，另一方面则可以通过学习、模仿、超越等方式，实现更多相似或互补内容的输出。

---

① 中国互联网络信息中心：《第 54 次〈中国互联网络发展状况统计报告〉》，https://www.cnnic.net.cn/n4/2024/0829/c88-11065.html(2024-08-29)[2024-10-11].

早期传播学中的“魔弹论”强调媒介对公众行为具有深刻的支配性影响。然而，在网络场域中，公众的多元性、流动性和复杂性的叠加特征，打破了传统媒体时代社会信任建立的“魔弹效应”。不同的社会背景、分散的平台选择以及不固定的媒介使用时间，共同建构了网络场域的复杂特征，这使得一般意义上的普遍传播效果难以实现，社会信任再构难度增加。

（二）知识大众化解构了封建社会的威权话语

生产知识的过程是社会实践的必然结果，科学知识的生产应当重视生产的过程，而非仅关注结果，因为这决定了社会将处于何种经济时代[①]，这为当下的知识生产格局建构提供了可参考的思辨路径。封建社会的信息流动呈现出清晰的阶层性特征，特权阶级垄断了知识生产与传播的权力，他们通过掌控媒体和采用特定的传播形式对受众进行信息传播。如早期基督教中掌握文字识别能力的主教、牧师和修女等，通过编撰与注释《圣经》以及手抄书等方式，进行人际传播和群体传播，从而培养并驯化受众，这对社会秩序的建立与维护起到了至关重要的作用。在这一过程中，领导阶级和专家学者的话语内容成为建构权威的主导力量。

但是这种知识生产经营的垄断随着公众对知识载体（如语言和文字）的理解和对媒介的占有而逐渐被打破，互联网的巨大张力使得知识获取门槛的降低成为现实。对公众而言，软件技术与硬件设备的易得性，极大地降低了网络空间中知识的获取、生产和传播的门槛。作为历史进程推动主体的公众，他们的创造性内容生产贯穿于网络场域建构的始终，创造出了“前人所不能想象的资源”[②]。在网络场域中，人们构建出新的知识生产内容，这些内容的来源既可以是政企组织、媒体机构，也可以是自媒体平台或普通用户。这种多元化的内容生产，形成了一种解构威权话语的“PGC+UGC”新知识大众化态势。其中，PGC（Professional Generated Content）指的是专业生产内容，包括专业机构和专业创作人员的内容生产；UGC（User Generated Content）则是指用户生成内容。尽管这两种类型在内容生产的信度、受众的接受度以及信息的再生产方面存在一定区别（如表 5-1 所示），但它们作为不可忽视的“生产力量”，

---

① [德]马克思、恩格斯：《马克思恩格斯选集》，第二卷，2 版，中共中央马克思恩格斯列宁斯大林著作编译局编译，北京：人民出版社，1995 年，第 179 页。

② [美]克莱·舍基：《认知盈余：自由时间的力量》，胡泳、哈丽丝译，北京：中国人民大学出版社，2011 年，第 20 页。

在网络场域中互相作用、互为依存。互联网的知识生态系统在构建过程中，广泛吸纳海量内容创作者，不断提升创作者的多样性，形成了多样化的内容创作格局。这为更多“长尾创作者”提供了发展空间，并吸纳他们的产出内容，进而吸引了广大长尾用户参与到再生产的环节中来。

表 5-1　PGC 与 UGC 特征分析表

内容生产模式	优势	劣势
PGC	内容专业、权威；高价值信息筛选	生产成本高；公众互动效果差
UGC	低成本介入知识生产流程；满足受众的需求；受众黏性强	低质内容；平台运营成本较高；错误的价值观导向

诚然，知识的垄断会造成单一和狭隘的效应，网络场域中的知识生产则避免了此种结果，它用虚拟连接的方式将公众聚合，解构了原先属于不同社会背景、社会阶层的知识体系，重构了新的知识生产模式。无论从生产端还是传播端来看，知识的大众化确实解构了后现代主义学者眼中的“宏大叙述”，建立起符合后现代公众需求的互动性、即时性、场景性知识逻辑。

（三）网络场域中专家系统既有社会信任塑造方式与手段存在局限

基于网络场域结构的复杂性与多元性，公众参与具体知识生产与传播的流程变得简单，这使得现有的以知识传播为主的专家系统的社会信任塑造出现了分散效果。波珀曾指出，所有的科学都建立在流沙之上①，同样公众对科学的认知在网络场域中变得广泛且不确定，但并非代表专家系统的社会信任被互联网的巨浪所吞噬，相反，在价值塑造与精神追求层面，公众对专家系统的科学导向性需求更为迫切。诚如齐格蒙特·鲍曼所言，专家系统“这一角色由形成解释性话语的活动构成，这些话语以某种共同体传统为基础，目的就是让形成于此一共同体传统中的话语，能够被形成于彼一共同体传统的知识系统所理解”②，他们应当成为网络场域中的价值引领者，既是主心骨也是动力源，为驱动社会行动向正确方向发展而提供专业素养与社会人文关怀的支持。

然而，网络场域中专家系统既有的社会信任塑造方式和手段存在局限。

---

① Popper K, *Conjectures and Refutation*, London: Routledge, 2014, p.34.

② [英]齐格蒙·鲍曼：《立法者与阐释者：论现代性、后现代与知识分子》，洪涛译，上海：上海人民出版社，2000 年，第 6 页。

其一表现为缺乏“他者性”思维方式。在“文本-媒介-人”的链接通路中，专家系统仍固守着“文本-人”的单向灌输模式，其观念仅仅停留在主动传输和正确传播的传统合法框架内，却忽略了当下网络媒介之于人的深刻建构力。公众接触到片段性、场景化的信息后，往往会出现差异化的解读和创造性的再传播。即便是权威、科学的信息与知识，经由公众的发散性解读和在不当情境下的引用，也可能会沦为“臆想”。“时代不同了，条件不同了，对象不同了，因此解决问题的方法也不同。”[①]这一理念应成为未来专家系统的社会信任提升的依据。其二表现为缺乏观念与行为的系统性规范，导致社会信任塑造在执行层面出现极大误差。一方面，专家系统对“元文本”的掌握存在一定的差序，而网络场域中信息传播的标配应该是快、全、准的。这种差异会导致内容认知、发布时间、发布立场的多重不一致，不仅未能对信任体系的构建起到聚合作用，反而分散了公众的认知注意力。另一方面，专家系统对公众舆论的研判不及时，致使网络场域中充斥着肆意歪曲真相的信息和各种嘈杂的声音。专家系统未能有效掌握公共舆论的主导权，在观点的交流与碰撞中“不发声”“迟发声”“乱发声”。在应当树立权威社会信任的事件面前保持沉默，在公众对事件发展进程有强烈知情意愿时迟迟不表态，在违背社会整体发展意愿的关键内容传播上强制说服、僵化说教。

基于网络场域的传播特征，我们应构建一套新的专家系统的社会信任生成逻辑。这套逻辑需要聚合多元的社会主体、产业组织、治理部门的基础共识，以传递信息、引导观念，直至上升为整个社会道德构建层面的规范。

二、从社会信任失效向社会信任确立的再转化成本高昂

社会学家西美尔认为，“离开了人们之间的一般性信任，社会自身将变成一盘沙，因为几乎很少有什么关系不是建立在对他人确定的认知上”[②]，信任是人与人之间建立社会关系的一种基本交往态度。人类的社会活动大多建立在信任的基础之上，而社会信任的建构则是个体信任上升到更高维度的社会集体信任的过程。因为商业运营、组织关系的建构都将信任作为逻辑起点，这体现出互动双方为实现共同社会目标而不断调整、促进的相互作用关系。理顺上

① 邓小平：《邓小平文选》，第二卷，2版，北京：人民出版社，1994年，第133页。

② [德]西美尔：《货币哲学》，陈戎女、耿开君、文聘元译，北京：华夏出版社，2007年，第111页。

述关系后，我们可以发现，专家系统的社会信任建立的逻辑可以简化为专家系统与关联主体在互动中承诺-兑现的达成。

（一）社会信任构建的本质是承诺-兑现的达成

专家系统的社会信任构建脱离不了整体社会进程中信任关系的构建原则，但同时又具有其他主体社会信任建构中所不具备的特殊性。一方面，专家系统继承了传统社会中的人格特征要素，使得公众在很大程度上依据其个性魅力和话语表达的吸引力来判定其信息加工内容的可信度，极具初级阶段的“人格信任”意味。另一方面，专家系统又秉承现代社会中契约精神的逻辑，公众会根据其传播内容的承诺，以及兑现程度，来决定信任的有无或多少。这种承诺-兑现的框架体系既包含专家系统的承诺主体，也包含信息接收受众的兑现客体。建立专家系统的社会信任的核心问题在于承诺内容与兑现内容之间存在差距。当承诺与兑现之间的差距足够小时，公众总体的信任度将达到最高值；反之，则会削弱主客体之间的信任，进而影响下一轮承诺的作出与兑现。

专家系统的社会信任塑造需要在与公众、组织、政府等互动对象的交互中完成。这种承诺-兑现的模式具有三种特性：交互、理解、验证。

其一，于互动对象而言，专家系统能否与自身建立交互关系至关重要。因为承诺主体必须与兑现客体形成一种链接，这样才能实现信息的交换，进而建立起承诺-兑现的契约关系。在交互的过程中，社会信任的许诺方与被动兑现方一直处于博弈状态，双方都会以自身的利益为基础，来研判对方的履约程度和履约效能。

其二，就承诺-兑现的内容而言，互动对象首先期望专家系统能满足他们在客观信息获取、专业知识补充以及价值观与世界观匹配等方面的诉求，并进一步期望专家系统能就这些问题作出全面的承诺。对内容的理解涉及两个维度：一是专家系统能以清晰、恰当的方式传达信息；二是互动对象能有效理解传播内容，互动双方都需明确自己的交流内容。因此，只有当信任者与被信任者真正理解对方行为背后的意图与要求时，他们才能正面影响对方的意识与行为，进而促使对方采取行动以实现自身目的。[①]

其三，就承诺-兑现的最终效能而言，互动对象会通过观察客观现实的发展和结合自身的实践经验来验证专家系统兑现承诺的可能性。例如，互动对象

① 李喆：《转型期中国信任危机阐释及信任机制的重建》，《西安邮电学院学报》2006年第2期，第104-106，118页。

会评估专家系统在提供日常智识、生活经验等方面是否能为自己解决当前困境提供有价值的参考。这种解决问题的可能性不一定局限于当下困境，甚至可以具备极大的时间差，专家系统只需在长期的个体实践与社会发展过程中逐渐展现出合规性和有效性，互动对象对其的信任就会持续增强，进而将其的观点与意见主动纳入日常生活的参考范畴。信任者的信任感来源于对被信任者内在人格和品行的认可，而被信任者的能力及其历史行为则是信任者决定是否给予具体信任的主要缘由。

（二）社会信任失效途径多样且方式简单

在了解了社会信任建构的本质之后，前文所论述的社会信任消弭的原因也变得有迹可循。在日常生活中，主体对客体的信任崩塌，无论是瞬时的还是逐渐累积的，都较容易发生。同理，以信任为基础的社会信任的失效也呈现出方式简单、途径多样的特点。从承诺-兑现的逻辑来看，专家系统的自身属性、承诺内容的可验证性以及兑现对象的契合度，都对社会信任的建构产生深远影响，一旦其中一方或多方出现问题，社会信任失效的结果将不可避免，并可能引发更多的连锁反应。

首先是专家系统自身的原因。如前所述，专业素养决定了专家系统话语输出的科学性与可验证性。同时，专家自身的立场抉择也需经过核验，以判断其本义是进行科学传播，还是受到政治或经济利益的驱使。此外，针对同一问题，专家系统内部的态度不一致也会造成对事实认知的差异和不可验证性。由于专家系统专业素养与知识结构的差异，甚至部分专家系统“为了在科学共同体中保持一定位置，必须把自己的研究集中在某一个学科非常狭小的问题之上”[①]，因此所作出的判断并不一定具备高度同一性，进而造成对某一具体问题深入研究的同时，对相关边缘问题的认知出现偏颇。当专家系统多次作出前后不一的承诺与兑现行为时，公众对其的信任度会显著降低。

其次是媒介的放大效应。网络场域中的不同媒体与不同平台影响了专家系统与公众、政府、组织等主体的交互过程。从媒介的公共性角度来看，若媒体在追求商业价值时超越了公共性原则的界限，就可能出现为了营造话题流量而断章取义、虚拟炮制，甚至不当传播内容等行为。这些信息在聚集后，会使公众陷入认知冲突的状态，从而导致对媒体和专家系统发布内容的不信任。但

① [英]约翰·齐曼：《元科学导论》，刘珺珺、张平、孟建伟译，长沙：湖南人民出版社，1988 年，第 109 页。

如果过分强调权威话语的一致性和统一性，也会让公众产生距离感。

最后是公众对文本转译的差异化解读。公众基于自身实践和既有知识积累来解读专家系统输出的内容，与此同时，公众的自我意识逐渐凸显与强化，更加关注涉及自身利益的多重维度。不仅如此，公众还广泛关注社会整体运行的诸多方面，例如弱势群体利益、政府治理能力。这会促使多种自发组织的形成，它们对既有的传播体系进行监督，并对信息进行再传播，进而产生更为深远的影响。

社会信任的失效是在社会发展过程中各种复杂因素交织下产生的。托马斯·霍布斯、埃德蒙德·胡塞尔等学者在各自著作中明确了在复杂社会系统中由不可测行动者的共同作用所带来的信任风险。社会信任的建构本就复杂，而观察其失效过程可以发现，无论是途径还是方式上的任一因素，无论是单独作用还是叠加组合，都可能导致社会信任被消解。

（三）社会信任再造过程艰难且周期难追溯

社会信任的建立本就充满挑战，而一旦失效，其再造过程将面临更为复杂与严峻的考验，这不仅意味着过程的艰难，还预示着周期的难追溯。何以见得？卢曼曾言，建立信任远比失去信任要困难得多[①]，更何况是失去信任后的重塑。社会信任再造的实质是主体对客体的多重劝服，即通过多维度的举措，不仅调适负面态度，还塑造出正向的信任态度，这就需要在原有态度劝服的基础上调用更多的社会资源来进行大规模再造。

传播学奠基人卡尔·霍夫兰在第二次世界大战期间对态度与说服之间的关系做过深入研究，他认为公众行为的改变基于态度的转变，而态度的转变在很大程度上可以通过一定的途径与手段达成，这种干涉行为就包括了多主体的相互影响与运作，核心要素为说服者、说服对象、说服内容和说服情景等四个维度。从社会信任再造的角度来看，说服者在这里指的是专家系统；说服对象则是指社会信任效度建立的目标群体，即公众；说服内容是指令公众态度转变的传播信息与科学知识；说服情景则可被理解为依托大众媒体与网络场域构建的媒体环境和现实生活环境。要充分调动以上要素的能动性，并推动它们朝着同一正向方向发展，在流程的执行上就需要有极为严格和精细的操作方法。由此可见，社会信任的再造在诸多环节面临挑战。

首先，对公众的说服成本高昂。网络场域中社会信任再造时的说服对象

---

① [德]尼克拉斯·卢曼：《信任：一个社会复杂性的简化机制》，瞿铁鹏、李强译，上海：上海人民出版社，2005年，第279页。

即为公众，而说服网络时代日益个性化的公众，并使他们形成一致的意见和态度的可能性极小，且此种论断本就是伪命题，无法被理论与现实所验证。专家系统的社会信任一旦失效，部分公众便会基于自身的主动性对其产生怀疑甚至进行攻击，心理上陷入不认同的状态，对其形成负面的刻板认知，即使是权威性高、社会信任强的专家系统，也难以重新获得这部分人的信任。要消除公众的刻板印象已经十分不易，而要重新建立这种社会信任更是难上加难。

其次，媒体塑造拟态环境的成本相对较高。随着短视频和直播的兴起，信息传播的范围进一步扩大、速度再次提升。一旦专家系统的社会信任失效，将会被媒体无限放大，从而加速社会信任的崩溃。相反，如果想要重新建立这种社会信任，就必须综合运用多种媒体进行组合式传播。如果媒体间缺乏统一行动的设计方案、优质的传播资源以及精准的说服策略，那么专家系统的社会信任的再造成本将会增加。

最后，社会信任的再造需要多方共同努力。这种联动机制意味着单方面的行动是被嵌入多方合力的复杂网络中的，换句话说，要想再造社会信任，就必须充分调动各方力量，使其相互影响、相互作用，并清晰定位各自在说服行为中的功能，继而搭建高效的信息交流联动平台，以促进共同行动。显然，这并非一蹴而就的事情，考虑到现实运行层面参与执行个体的各种无法预测的复杂因素，社会信任的再造显得尤为艰难。

三、专家系统的社会信任缺失与社会信任内卷化、空心化

卢曼把信任称为“社会复杂性的简化机制”[①]，他认为信任是应对主体与外部环境间不确定性的基本力量。诚然，对专家系统的信任是其社会信任建构的具象表征，社会信任的缺失不仅会导致传统意义上主体间的交流不对等呈现，如专家系统与公众的态度基调对立，而且由于专家系统是社会整体信任系统的一部分，还会引发其他子系统信任建构的危机，进而使社会陷入现代性困境，造成整个社会系统的信任空心化。

（一）“刺猬效应”的现代性困境

文艺复兴以来，西方世界开始追求理性社会，诸如涂尔干、韦伯、哈贝

① [德]尼克拉斯·卢曼：《信任：一个社会复杂性的简化机制》，瞿铁鹏、李强译，上海：上海人民出版社，2005年，第132页。

马斯、吉登斯等学者不断推动现代性研究的思辨，并形成了一条清晰的现代性分析轨迹，即对社会发展中既存精神文化、制度、价值进行当下审视与反思。现代性要求以强烈的批判视角来审视传统的价值观念与逻辑，而基于信任逻辑，也就产生了信任危机。

“刺猬效应”起源于生物学观察，并逐渐被引申至心理学研究中。它原是指刺猬每逢冬日来临，因为体温较低而互相寻求依偎，但是由于身上都带有刺，所以一旦聚拢成团就会被彼此伤害，这种近距离的接触虽然带来了片刻的温暖，但是也造成了对自身的伤害，于是刺猬们采取了保持一定安全距离的方式，这样不仅可以为彼此带来温暖，也避免了互相伤害。此效应被叔本华和弗洛伊德的心理学研究所借鉴，并赋予了新的社会解释，即社会个体出于自身利益和安全考虑，会与他人保持一定的心理或物理空间距离，以此保护自己，同时也不至于脱离群体。这种效应也体现在专家系统与公众的交流过程中。面对庞大的科学体系，公众往往无法理解其内在逻辑，因此只能追随专家系统的步伐，依赖专家系统的内容输出（尽管专家系统的专业素养和社会关怀可能并不足以完全支撑），进而产生了“刺猬效应”。也就是说，公众通过专家系统的话语来认识客观世界，借助“智囊”的工具属性来感知世界，但又因为对专家系统自身特性或传播内容的怀疑而对其保持低置信的态度，呈现出一种既依赖又抵抗的态势。这其实是现代性危机的一种表征。当公众对专家系统传播的信息保持警惕和质疑时，这些信息就难以被有效吸纳，而一旦有谣言、利益等负面因素介入，公众对信息的整体信任度就会进一步降低。学者郭喨等曾对我国公众对专家的信任度做过深入研究，发现整体而言，公众对专家的信任度普遍不高，并且因地域差异而有所不同，例如，欠发达地区的信任度普遍低于经济发展水平较高的地区。此外，专家的话语表达、态度等因素也是决定公众疏离与否的重要因素。[①]

如何使公众、政府、相关机构、商业主体间相互借力而不至于彼此耗损？如何使公众融入社群话语结构而不至于湮灭个性？这些都是专家系统再造过程中必须重视的维度。现代社会中某些专家系统会受到资本或利益集团的干预，然而，政府治理、公众监督以及行业组织的监管，始终贯穿于社会发展的整个过程。我们应当认识到，专家系统的社会信任的衰退或失效，不仅仅会引起人际疏离、组织疏离、社会关系疏离，还会在更大范围内引发社会信任的内

① 郭喨、张学义：《“专家信任”及其重建策略：一项实证研究》，《自然辩证法通讯》2017 年第 4 期，第 82-92 页。

卷化，从而带来更严重的后果。

（二）社会信任的内卷化

将专家系统的社会信任置于更宽泛的社会系统中考察，可以观测到其对公众、产业、政府等的发展起到了正向推动作用。首先，在公众层面，专家系统凭借其权威性和专业性，为公众提供科学知识，及时识别并纠正错误信息，引导公众形成正确认识，降低公众的不安全感。其次，在产业层面，专家系统通过其专业素养的供给，使得人与人之间倚靠信任搭建起合理分工的基础运行逻辑，带动了产业的科技创新与实践创新。最后，在政府层面，专家系统既是政府政策的"传声筒"，助力政府决策与国家战略的有效实施，又是公众信任的载体，监督并促进国家治理体系的不断完善。由此可见，一旦专家系统的信任体系崩塌，将会导致公众、产业与政府三个维度上的社会信任危机，进而引发内卷化现象。

内卷化理论自康德、克利福德·格尔茨以降逐渐从经济学领域扩展至政治学、历史学、社会学等领域。康德认为内卷化是一种反复内向复杂化的过程，它导致社会或个体停留在某一发展阶段，无法再向更高阶模式上升，它与演化理论一同用于解释社会发展进程。[①]随后，格尔茨运用此概念分析了爪哇岛的农业生产，认为生产内卷是不断重复密集劳动的生产方式，难以实现向更高层次生产模式的升级。黄宗智则将内卷化引入中国分析，认为农业生产的内卷其实是一种生产过密化，即在生产方式上精耕细作但仍旧无法带来生产方式的结构性变革。[②]专家系统的社会信任失效的严重后果就是导致社会系统陷入内卷化困境，具体体现在国家战略、政治生态和社会规则三个方面。

从国家战略角度来看，诸多国家战略旨在通过教育与知识的普及，培养创新型专家系统，以推动社会发展。专家系统的社会信任失效后，很可能会在国家战略实施层面引发内卷现象，不仅会打乱国家战略实施步伐，挤压战略实施空间，还会破坏知识传承和科技创新话语结构中专家系统的社会信任的构建，进而导致社会中出现大范围的"知识鸿沟"，无法推动知识社会的演进。

从政治生态角度来看，专家系统通常被公众视为政府的"代言人"，其社会信任的失效，一方面可能导致政府及相关机构的社会信任受损，另一方面

① [德]伊曼努尔·康德：《判断力批判》，邓晓芒译，北京：人民出版社，2002年，第221页。

② [美]黄宗智：《华北的小农经济与社会变迁》，北京：中华书局，2000年，第6页。

可能导致政府失去专家系统的助力，社会治理风险随之增大。

从社会规则的角度看，专家系统的社会信任失效后，传统的价值观念和道德逻辑有可能被颠覆与摒弃，自利的个体或组织可能会出现，此时，是非辨别与客观公正被个人利益所取代，传统社会中的信任框架被打破，整合群体共识、聚合社会资源将变得异常艰难，更遑论统合社会前进方向了。

（三）社会信任的空心化

“空心化”概念最早用于描述产业发展进程中主体缺失的现象，随着研究的深入，逐渐成为社会学、心理学领域的研究热点，用以分析城乡结构变迁、社会成员结构变迁中的主体流失现象。社会信任的空心化是一种隐喻表达，深刻揭示了社会发展历程中信任的缺失状态，是专家系统的社会信任失效导致的社会信任内卷化的产物。具体体现在以下方面。

首先是专家信任的空心化。如前所述，社会主体对专家系统产生怀疑与偏见源于多种风险因素的叠加，但根本原因在于专家系统的合法性未得到充分验证与界定。随着科技的飞速发展，众多新兴领域的研究被提上日程，具备了某一特长的人才即被传统观念界赋予专家系统的地位，但其实专家系统的合法性并不能仅凭其在某一领域获得话语权这一表象来判定。专业人才的培养与输出机制不同，资金来源与支持目的不同，这些外部因素不可避免地影响专家系统的研究成果导向与价值观念，由此引发专家系统内部的认知分歧与价值观冲突，进而导致成员之间的信任逐渐流失，出现空心化现象。

其次是机构组织信任的空心化。机构组织与专家系统之间的交互关系被部分学者指摘为工具性利用。然而，现实情况是，一旦专家系统的社会信任遭到质疑，便会直接波及机构组织的信任构建。因为在客观事实面前，公众对事件真相的求知欲往往会导致他们对机构组织“缺席”或“迟到”的不满，此时，专家系统无论采用何种态度占领舆论的制高点（如对机构组织行为的过度认同、对政府行为的极端否定），一旦显露出非公正的态度倾向，便会被公众捕捉并放大，进而引发机构组织的信任危机。

最后是社会整体信任机制的空心化。公众对专家系统的质疑会造成基于熟人网络的人际信任危机，接着组织、行业、产业间的信任便会可能出现松动，继而产生系统信任危机，最终利益成为彼此连接的基础纽带，进而深刻影响社会正常秩序的构建，导致社会整体运行机制的偏移。

本 章 小 结

首先，本章的研究回应了三个方面的问题：专家系统的社会信任失效是否仅仅是对专家系统的失信的回应，其可能引发哪些“次生灾害”？专家系统的社会信任失效会引发哪些社会性风险？专家系统的社会信任从失效到重建的过程中，会遇到哪些难点、痛点和堵点？

其次，本章分析认为，在网络场域中，专家系统的社会信任失效的后果将直观地从媒体社会信任、科学智识传播和社会情感宣泄等多个维度扩散开来，产生负面的蔓延效应，最终导致社会行动方向的迷失。这种迷失又消弭了人与人、人与媒介、人与社会三层逻辑间的信任度，从而引发了现代性风险的蝴蝶效应，导致社会陷入社会信任再生产的困局。信任作为社会行动的内在动力属性被不断证实，它会引发认同、归属的潜在心理效应，并形成社会主体行动的驱动力。

再次，在风险语境和决策语境下，专家系统的社会信任构建对于促进公众人际交往、组织运营、社会运行等至关重要。一旦专家系统的社会信任失效，反科学与反人类的倾向可能会愈发显著，社会整体的发展轨迹可能滑向不可预测的深渊，同时，社会在应对风险时所需的群体决策可能因缺乏科学根据而陷入盲目状态。因此，对专家系统社会信任的研究必须引起全社会的高度重视。

最后，本章的分析为进一步探讨在风险语境和决策语境下专家系统的社会信任重建策略奠定了基础。历史经验提醒我们，在现代社会治理过程中，不应也无法苛求政府实现全面的直接治理，因为直接治理本身所带来的现代性风险远远大于其效果。借助各领域专家系统的力量实现间接治理，既是一种简化机制，也是风险规避的有效手段。结合本章的论证与第四章的研究结论，在我国社会治理的具体语境下，专家系统的社会信任失效同时指向政府的社会信任问题。在抗击疫情的过程中，频繁出场的专家系统中许多人的身份背景信息标注着“国家卫生健康委专家”，这无形中使公众在感知专家系统的社会信任的同时，也在审视和评价政府的社会信任。因此，本书所关注的专家系统的社会信任重建问题，从某种程度上说，也是对政府社会信任如何建设的回应。这进一步凸显了在现代社会治理的间接路径中，研究专家系统的社会信任失效问题的重要性和必要性，它表明专家系统的社会信任本身就是国家治理体系中不可或缺的一环。

第六章

微观、中观与宏观：专家系统的社会信任失效风险应对

上一章基于公共卫生事件的发生、发展及其在网络场域中的传播实在，讨论了专家系统的社会信任失效风险及其后果，在风险语境和决策语境下，这些风险和后果是显见的、深刻的和值得思考的，而这同时也正是本章设置的主要目的。

如何基于现行制度有效发挥专家系统的社会信任的影响力，以应对其面临失效风险时的重建问题是本书最终的落点。本章通过考量“专家系统的社会信任处于失效风险情境下时该如何干预”“专家系统的社会信任失效风险该如何防范”“专家系统的社会信任在失效后如何重建”这三个问题，从行动、观念和思想层面来整体回应我国当下专家系统的社会信任建设问题。具体而言，干预是专家系统的社会信任出现失效风险时或正处于失效过程中的一种行动逻辑；防范则是将专家系统的社会信任失效问题前置于观念逻辑中进行探讨，以期达到防患于未然的目的；只有在行动层面明确了干预专家系统的社会信任失效的关键节点，在观念层面理解了如何防范其失效的思维偏差，才能进一步探讨专家系统的社会信任该如何重建。

第一节　专家系统的社会信任失效干预手段

如果要廓清网络场域中专家系统的社会信任失效时，应采用何种手段对其进行一定的干预，那么首先需要解释清楚的问题是专家系统的社会信任在“行进”的过程中接受哪些系统性环节的支配。也就是说，只有明确专家系统

的社会信任在整个社会信任系统中所处的位置，才能对可能采取的干预方式了然于胸。社会信任的系统性建构基于两个并行且交互的层面，一方面是个体信任在日常生活世界中发挥作用，另一方面是系统信任在个体与社会的连接中产生影响。社会实在中，个体信任与系统信任并非孤立存在，而是在运行过程中交汇融合，形成了一个新体系，即抽象体系。在这个抽象体系的交汇处，当面的承诺成为连接非专业人士与信任关系的桥梁，通常体现为被确认的诚实性和可信任性。也就是说，抽象体系这一关键交汇处实际存在着某种代理人机制，普通公众将自己的个体信任托付给专家系统，从而实现更广泛的社会信任，专家系统因此成为抽象体系信任机制中的核心要素。从日常事件的突发性和组织社会实践的知识反思性两个维度来看，抽象体系信任机制的特征指向了对已经确立的专业知识的可信任性。通常情况下，非专业人士对专家系统的信赖涉及两个方面的问题：一是如何从孤立且不确定性的事件中寻求安全感；二是如何通过专家系统提供的专业知识，在不断消解和反思中计算出利益得失。但是，不能忽略的一个问题是，专家系统提供信任的前提是，其发挥作用的场域不再是私人的而是公共的。也就是说，只有在公共场域中通过专家系统建立抽象体系信任机制，并指向整个社会信任系统，形成对某些制度体系的反思，这样的信任构建才有意义。此外，专家系统在公共场域中的运行离不开传播，也正是通过传播系统，专家系统中的个体或组织才能凭借其专业知识成为专家，确立其在公共场域中的话语权和权威性，并在个体信赖感不断积累的基础上形成社会信任。上述分析逻辑不仅揭示了专家系统在整个社会信任系统中的位置，还凸显了三个关键节点。其一，交汇处抽象体系信任机制中的专家系统，是专家系统的社会信任的源头；其二，专家系统的社会信任在构建过程中所依赖的空间是公共场域；其三，制度体系既是抽象体系信任机制的反思对象，又可能在现实社会生活中对专家系统的社会信任失效风险进行调控性干预。因为一旦专家系统的社会信任失效，就可能意味着作为抽象体系信任机制核心的专家系统的失信，同时也无法再进行有效的体系化反思，当相关机制需要通过信任性的反思在运动的社会实在中不断完善自身时，其有必然的和主动的诉求去保证专家系统的社会信任以确保反思通道的顺畅。综上，可以得出，专家系统的社会信任失效时存在三种可能的干预，即专家系统的干预、公共场域的干预和制度体系的干预（图 6-1）。

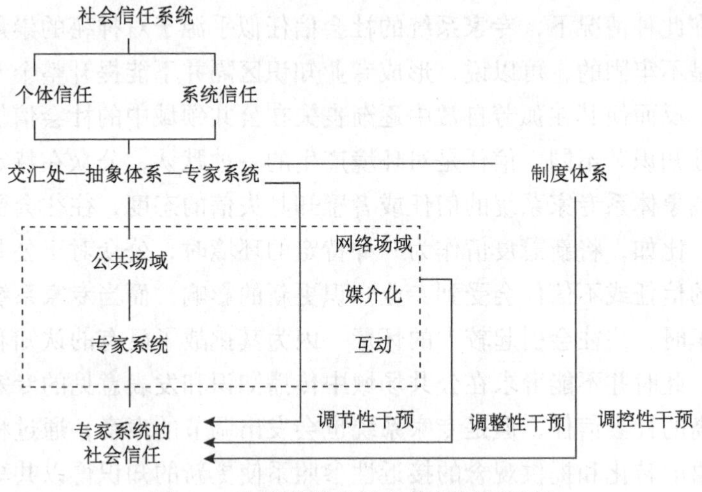

图 6-1　专家系统的社会信任干预机制

一、专家系统的调节性干预

专家系统是专业化不断发展的结果。专家系统在专业化的过程中通过反思和理性建构确立了专业本身受到社会尊重和信任的基础。人们可以意识到，与这种信任相关的社会化是十分重要的。专业化知识通过教育培养逐步形成，不仅传授技术发现的具体内容，更是在塑造一种社会态度，而这种态度进一步决定了人们是否会选择尊重技术知识。那些从专家系统中脱颖而出成为公共场域中发挥重要作用的个体或组织，与专家系统中的其他成员一样，只有长期置身于科学领域，才有可能知道什么是足以引起怀疑的问题，也才有可能通过理性判断和反思意识到某些被称为知识的内容同样有出错的可能。也就是说，专家系统所具备的自我反思能力，使其在公共场域中能够保持具有社会信任的知识形象。这一过程当然也包括对某些导致社会信任降低或失效的情况进行知识层面的调节性干预，旨在预防情况进一步恶化。

但仍然需要注意的是，通常情况下，科学场外的公众对科学、技术和知识的态度呈现出某种矛盾的心理。更为重要的是，这种矛盾心理无论是在以专家系统为基础的抽象体系信任中，还是在个人的信任关系中都处于核心位置。因为就信任产生的需求而言，人们看到的是一种无知状态。这并不是一种贬损式的解释，应该说无知总是会为怀疑提供基础。普通公众对科学、技术和知识常怀敬畏之心，由专业知识建构起来的专业领域通常是普通公众难以进入和理解的，专业人员通过专门知识和专门术语筑起的高大壁垒阻隔着外人，也区隔着自我。在此种情况下，专家系统的社会信任似乎源于对神秘的崇拜和艳羡，但其根基是不牢固的，可以说，形成专业知识区隔并不能提升整个专家系统的反思能力，反而使其在孤芳自赏中逐渐丧失在公共领域中的社会信任。信任和“弱归纳性知识”不同，信任是对环境产生的一种默认，公众在特定环境中对代表特定抽象体系专家系统的信任或者感知其失信的态度，往往会受到知识更新的影响。比如，将新冠疫情作为一种特定的环境时，公众对于公共卫生领域专家系统的信任或不信任会受到专业知识更新的影响，而当专家系统阐述这些更新的知识时，往往会引起较大的怀疑，因为其挑战了已有的认知和固化的观念。显然，此时并不能奢求在公共场域中传播知识和发表意见的专家系统能立刻获得较高的社会信任，但是专家系统也会发出调节的声音，通过将知识话语向大众话语的转化和提供观念的接近性参照系使更新的知识得以共享，使新的观点和意见形成说服力，从而重新赢得公众的信赖，实现对可能逐渐失效的社会信任的有效干预。

可以说，某个专家系统对出自本系统的其他专家系统及其社会信任失效的调节性干预的关键点仍然在于抽象体系信任机制的交汇处。一个不容置疑的事实是，交汇处是专业知识和非专业人士以怀疑主义为态度核心而形成的紧张关系地带，这往往也是专家系统的社会信任失效的根源之一。当公众在交汇处感知到水平较低甚至是无法信任的专业知识时，这一不幸的经验会导致其断绝和专家系统之间的联系，继而有可能以一种不信任的态度进行评价。当上述的不幸经验在公共场域中更大的群体中蔓延时，专家系统的社会信任便会出现失效的风险。应该看到，公众越来越多地感知到各种专门知识的传播，也越来越多地受到各类抽象体系的影响，因而，专家系统也是普通大众中的一员。与此形成对比的是，专业化绝非一种单向运动，而是依赖越来越细的专业知识分工。比如，一名普通的外科医生可能并非特定医学领域的专家，他往往会判断某位患者是否需要与其病症相对应的专家。但是，在普通公众或外行人眼中，这位外科医生就是专家。通过这种对比可以直观地看出，专家系统自身所拥有的智慧使其在社群中仍然保持了全面而显著的地位，而与智慧形成观照的是能力，其明确地与专业化相关联。尽管在更多的抽象体系中，某些专家只是外行中的一员，没有可能也没有必要成为专家系统并获得社会信任，但是在其专门知识领域和对应的抽象体系信任中，其依然可能通过智慧和能力保持较高的可信度。甚至，拥有作为理性存在的智慧和能力的专家即便在其他领域也能展现出较好的识别力和判断力，进而形成整个专家系统中的知识互证，通过这种互证，专家系统内部形成了可能因专家发表意见而导致的社会信任失效风险的纠错机制。

综上所述，专家系统通过反思式调节、转化性调节和纠错式调节对在公共领域出现的由自身导致的专家系统的社会信任失效情况进行干预。也应该看到，这种干预一方面能有效保证从专业知识到专业意见再到专家系统的社会信任的持续输出；另一方面也是专家系统维系自身在社会中获得的尊重和信任的本能性反应。

二、公共场域的调整性干预

公共场域是专家系统进行社会信任构建的行动舞台，它为专家系统的活动提供了结构性框架。在这一场域中，专家系统的运行及其社会信任水平受到其所处环境特性和表现形式的显著影响。随着现代社会的演进，特别是媒介社会在技术逻辑推动下的形成，传统的公共场域——无论是实体的物理空间还是抽象的精神领域——都在经历一场变革性的迁移。互联网技术和网络化生活方式已经成为公众日常生活的关键组成部分，其促使传统的公共场域特征被融入网络场域之中，展现出网络场域特有的高度互动性。网络公共场域的形成不仅重新定义了传统的公共资源分配，也引发了公共精神的转型。因此，在探讨公共场域对专家系统的社会信任失效的干预策略时，我们必须深入考虑网络公共场域的核心特性及其主要表现形式，以及这些因素如何塑造干预措施。这要求我们对网络环境下的公共场域进行细致的分析，以识别和构建有效的干预机制，从而在维护专家系统的社会信任的同时，增强其在现代公共生活中的影响力。

网络公共场域的核心特征——互动性及其媒介化，对专家系统的社会信任的失效问题提出了需求性调整的挑战。在媒介化风险社会的视角下，我们审视网络公共场域中专家系统信任危机的表现形式，即专家系统的社会信任的失效。在此过程中，我们必须认识到媒介的演变，尤其是技术驱动下的媒介变革与社会发展的现代性紧密相连。现代性的社会制度，相较于前现代，不仅促进了社会的发展，还因其可学习性和可模仿性，成为不同社会共有的媒介工具。这些制度创造了一个充满安全感和成就感的生活和社会环境。然而，现代性的双重性质也意味着，虽然它为社会带来了机遇，但也伴随着风险和挑战。在现代性的后期发展阶段，社会对于现代性潜在的负面后果的预期已经远远超出了最初的想象。特别是，具有前现代特征的专制主义的出现，提醒我们极权主义并没有被现代性所消除，而是在一定程度上被现代性的制度结构所包容。这种对现代性的双重性质的认识，促使我们意识到，对现代性问题的反思不应仅仅停留在表面，而应更加深入和全面。在人文社会科学研究中，面对现代性问题，研究者应采取一种客观和冷静的辩证思维方式，以全面揭示研究课题的多维性质。在当代公共场域中，专家系统的社会信任问题同样复杂。媒介化因素在其中扮演着重要角色，技术进步推动了传统公共场域向网络公共场域的转变。然而，我们不能仅仅关注媒介化的影响，还必须考虑公共场域主体的现代性特征，包括个体化的深化、社会关系的现代性重构，以及文本的现代性转变。特别是在专家系统发起的文本传播过程中，非语言符号所传达的非逻辑和非理性意义可能超越了语言符号的事实和逻辑意义。这种转变提示我们，过度的媒介化可能导致个体差异的丧失，人的内在灵魂和智慧可能无处安放，从而引发关于个体身份和自我认同的危机。这种对"我是谁"的追问，正是风险社会中一个深刻的风险所在。正因为如此，在公共卫生事件中，当危险激活个体安全感时，个体在本能的行为反应中，需要借助同感者的互动行动和集体呼唤应对风险，并通过群体的力量提升抵御风险时的无畏感，此正所谓当下网络公共场域形成时的一种社会心态。这也需要社会提供能够回应公众对相关专业知识和意见渴求的专家系统，但是，通过上述分析可以看到，对专家系统的需求高并不意味着专家系统的社会信任也一定高。在同样被媒介化的专家系统那里，其社会信任是在网络公共场域的互动实在中被检验的；是在互动媒介的发生机制中通过即时的反馈被调整的，而这种调整从本质上讲又是一种需求的再现。

网络舆论作为网络公共场域的显著表现形式，在专家系统的社会信任的监督性调整中发挥着关键作用。随着传播方式的革新，网络舆论的传播变得更加迅速和广泛，极大地增强了互动性。在这一过程中，专业意见的表达和演变不仅在社会实践、社会交往和社会协作中扮演着重要角色，而且通过互动，专业意见阐释了社会信任的概念，并协助社会共同防范风险。专业意见的形成和发展，根植于具有一定结构性的社会关系，这构成了其组织语境。这种关系不仅体现在公众和群体的统计学概念上，更体现在能够明确表达社会关系的社群之中。在生活世界里，个人通过交往形成并维持各种社交圈，这些圈子的维系依赖于互动，其中也包括由专家系统所传播的信息。互动本质上是一种传播形式，它通过语言和非语言的方式呈现，并逐渐成为社交圈稳定和凝聚力形成的动力源泉。尤为重要的是，这种互动的动量最初体现为具有特定方向性和强度的指标，形成了圈子内部的意见向量。这些意见向量各有差异，并在一定程度上允许相互之间的批判和讨论。正如哈贝马斯所述，在交往行为中，互动的有效性取决于参与者是否能够在主体间性层面上对彼此与世界的关联做出有效的评价。因此，网络舆论为专家系统的社会信任失效提供了一种监督性调整的可能，通过促进开放和批判性的讨论，提升了社会信任的深度和质量，而且通过不断的互动和反馈，促使专家系统与公众之间建立起更为坚实和动态的关系，从而在网络公共场域中构建了一个更为健康和活跃的讨论环境。

在互联网时代，社会关系的构建越来越展现出自组织的特性，这种组织性在达成共识的过程中发挥着重要作用。专家系统正是在这样的背景下，通过整合各种社会意识，形成稳固的社会信任。这一过程涉及个体或社群成员在不同程度上的主动或被动参与，他们通过交往行动，经历着社会意识的整合，可能导致形成哈贝马斯所描述的"有效共识"或"无效共识"。普遍的共识性是专家系统的社会信任形成的基石，这一点已在学术界形成共识。无论是主动参与还是被动接受，人们在社会互动中努力维护和发展社会关系，专家系统的意见在这一过程中起到了促进共识形成的作用，这种共识是舆论发展的基础。在网络舆论的传播中，社会信任得以显现，专家系统在其中扮演着双重角色：既是网络舆论形成的动力源泉，也受到现有网络舆论的监督和调整。这一监督性调整的目的是确保公众在共识的基础上，通过信任的感知，获得对社会关系安全性的确认。专家系统必须在维护社会信任的同时，对网络舆论进行积极的引导和回应，确保其建议和行动能够促进社会关系的稳定和发展。

另外，在新传播形式的影响下，专家系统的意见表达变得更加个性化，这不仅反映了个体的自主性，也体现了社会关系在传播和互动中的核心作用。社会关系的真实意义在于它通过个体间的互动转化为群体间的动态联系，这种联系推动了社会主体的观念更新、身份认同和文化形态的塑造。专家系统在这一过程中扮演着至关重要的角色，其专业意见的传播不是信息的单向流动，而是社会互动和文化形成的双向互动的一部分。正如卡斯特在谈到新的传播形式下的网络舆论时所说："形成网络舆论的基本材料有三种，价值观、群体倾向和实质的自我利益，现有研究表明，群体倾向性和价值观在观点形成中比实质的自我利益更有发言权。"①

但是，专家系统在自我意见表达过程中赢得公众信任的难度日益增加。在网络场域，公众越来越多地依据个人立场进行评价和判断，在个人难以作出

① [美]曼纽尔·卡斯特：《传播力》，汤景泰、星辰译，北京：社会科学文献出版社，2018年，第189页。

准确判断的情况下，网络舆论作为群体性意见的反映，成为公众评价和判断的主要依据。专家系统的社会信任失效，通常与网络舆论对其评价的降低有关。因此，专家系统需要利用网络舆论中形成的评价和判断来进行自我调整和改进。虽然重新建立社会信任比初次建立更为艰难，但只要存在通过调整来恢复信任的机会，专家系统就应该抓住，通过积极的互动和透明的沟通，努力赢回公众的信任。这一过程不仅要求专家系统对网络舆论保持敏感和响应，还要求其在专业行为和公共沟通中展现出更高的责任感和诚信度。

随着经济和社会的快速发展及转型，以及技术的媒介化和媒介的技术化速度加快，专家系统在互联网上的意见表达平台变得多样化，这些平台成为连接个人与公共空间的关键途径。这种趋势要求我们重新审视专家系统的社会信任的形成与失效，尤其是在研究对象和环境变化带来的新情境下。当前，专家系统的社会信任与网络舆论之间存在密切的互动关系。网络舆论不仅反映了专家系统的社会信任的有效性和失效风险，而且提供了干预专家系统的社会信任失效的可能。然而，这种干预更多地体现为对现状的调整，而非根本性的变革。专家系统必须认识到，网络舆论是公众信任感知的晴雨表，其反馈可以帮助专家系统进行自我改进和策略调整。在这一过程中，专家系统需要积极适应媒介社会的发展趋势，通过提高透明度、加强沟通和扩大公众参与，来构建和维护公众信任。同时，专家系统也应将网络舆论作为反馈机制，及时发现并解决可能导致信任失效的问题，确保其研究和建议与公众的期望和需求保持一致。通过这种持续的互动和调整，专家系统可以更好地在社会信任的构建中发挥作用。

三、制度体系的调控性干预

应该看到，随着社会转型、信息技术发展和媒介互联互通的深度延伸，专家系统生存和产生影响力的现实空间也在改变。这种改变进一步体现在生活方式、社会意识和多元文化塑造的话语空间中，也就是说，专家系统在公共场域中的行动指向了如何影响生活方式、如何通过对社会表层意识的干预而影响社会稳态意识和固态意识、如何适应多元文化的话语空间以形成更广泛的社会认同。这些问题反映了社会环境改变对专家系统的社会信任评价的影响，并催生了新的社会框架，而且这个新框架也在推动制度体系的更新，这也就意味着，随着社会的发展，制度体系本身也在不断调整和完善，这为客观上介入并干预专家系统的社会信任失效问题提供了可能。另外，专家系统的社会信任实质上展示和反映了信任，对信任与失信的反思必然会将问题引向制度体系层面，也就是说，专家系统的社会信任及其有效/失效问题是间接反映制度体系信任的关联性因素。当制度体系需要形成对社会的有效规约并被广泛地认同时，就不得不去考量那些指向自身信任和影响自身信任程度的关联性因素。因而，从主观角度讲，制度体系有可能也更有必要对那些影响自身信度的关联因素进行干预，以维护自身在社会运行中的效度。但同时也要注意到，制度体系的这种干预行动并不是微观和中观层面上的，而是在宏观层面形成的一种调控性干预。为厘清制度体系调控性干预问题的发生逻辑，需要进一步通过应然和实然的阐释进行分析。

从应然的逻辑上讲，制度体系对专家系统的社会信任失效的调控性干预具有紧迫性和必要性。在网络公共空间中，社会矛盾、社会冲突及社会问题得以显现，它们作为表层意识折射出社会的特质，并通过舆论传播的方式反映出社会心态。在这些基本层面上，传统与现代公共空间并无本质差异。同时，这也塑造了社会对诸如专家系统之类的社会参与形式和民主表达方式的信任。但是，作为社会稳定机制的有机组成部分，专家系统及其社会信任的动量和价值可以指向现代社会的社会意识、社会制度和社会文化。随着传统向现代的过渡、演进，现代社会的意识、文化和制度之间形成了必然的联系，这种联系也必然会体现在网络公共空间中专家系统的表意及其传播实践上，而这些表意和实践又可视为表层意识的一种折射和反映。当然，现代性问题的讨论本身是抽象且复杂的，但其终极目的仍然是通过反思去观照人类社会的实践，所以，以一种实在的社会行动为观相去考察和反思现代性问题同样存在逻辑上的合理性。现代社会的确立在某种程度上是对传统的抽离，因而与传统不同的是，现代社会对稳定的诉求更依赖于制度的可靠性以及为个体提供安全感和确定的生活方式。但在实然的社会运行中，某种制度的可靠性并不一定是全面地通过了社会实践的检测，其存在着不足并在进一步演进的现代性中存在断裂的风险，制度的风险伴随着对其信任问题的讨论成为现代社会分析中常规和核心的命题。吉登斯将抽象体系作为探讨制度风险的理论工具，并进一步通过抽象体系的概念解释降维了关于制度风险问题的分析，这比卢曼先验地认为只要抓住信任问题就可以获得一种社会复杂性的简化方法更具有可操作性。况且，后者仍然是以抽象的信任机制去解释抽象的制度风险甚至是现代性风险。对于抽象体系的分析同样需要一个实在的观相以回应风险和信任问题，而现代社会的专家系统的社会信任正是呈现风险和折射信任的社会界面。由于虚假信息的泛滥，近年网络空间中出现了一些专家变成“砖家”、教授变成“叫兽”的身份异化现象，这是对专家系统的社会信任失效风险的一种警示，折射出公众对该系统的信任危机。综合以上，在应然的逻辑上，制度体系在面对自身可能存在的信任危机时应该去观照那些关联性影响因素，应重视专家系统的社会信任失效问题，并进行反思，同时在宏观层面实施必要的调控性干预。

从实然的逻辑上看，制度体系对专家系统的社会信任失效问题的调控性干预可以通过舆论引导和相关制度建设来实现。基于互联网技术建立的不仅仅是信息平台，同时也是借助专家系统的社会信任驱动正向舆论生成时的意见表达平台和意见聚合平台。当互联网生活已经成为个人生活中重要的组成部分时，公众通过网络建立超越血缘的新型社会关系并以社群的方式部落化、不论是对大众媒体议题还是对自媒体传播议题的选择都表现出更高的自我性、意见表达时呈现出“分区自制”“抱团取暖”“巴尔干化”的舆情分布，这些都体现了公众对新传播形式中自我性和互动性的现实回应。这正是当前网络舆论引导所面对的实然传播环境。从上述对意识环境和传播环境变化的简短分析中并不难发现，网络舆论传播出现了新结构、新特征和新趋势，专家系统发生作用的舆论环境在发生变化，因而基于互联网的舆论引导也需要进行相应的调整和改变。基于上述分析，专家系统的社会信任失效问题研究正是在回应如何通过舆论引导来重塑专家系统的社会信任，并为制度体系在现代社会中的信任建构提供依据。

此外，如果说通过舆论引导来实现专家系统的社会信任失效的调控性干预是一种间接手段的话，那么在具体的制度建设层面，制度体系的调控性干预行动则可以是直接且具化的。比如，是否可以建立专业知识和意见的互证机制？在公共事件中，公众对专业意见的诉求首先是其真实性和可靠性。从对事件真实性考察的角度看，没有哪一种科学可以单独地完成完全呈现真相这一任务，知识的互证本身就是通过不同学科视角对同一议题进行回应，从而形成无限趋近于真实的可能。同时，专业知识和意见的互证也在证明的过程中提供了一定的理性判断，也更有利于专业意见可以快速转化为社会行动效能，这一点在公共卫生事件中颇为重要。又比如，是否可以建立专家系统素质综合评价机制？专业素质、专业操守和社会关怀相结合才能形成更高的专家系统的社会信任，这不仅仅是本书之前研究得出的应然结论，也应该是在现实实践中形成的实然反应。专家系统对普通公众形成示范作用，作为界面人物，其表现出的道德情操和人文关怀也会影响公众面对社会时的信念和价值观。专家系统本身应该具备影响公众道德评价的能力：能够准确把握和利用正确价值观来引导公众，尤其在一些公共事件早期存在的浮动意见时；[①]能够了解公众情感诉求，具有推己及人的同理心等。再比如，是否可以建立专家系统发言的媒体选择机制？应该看到，网络场域中各种媒体，尤其是新媒体多如牛毛，媒体内容质量良莠不齐。媒体社会信任影响着借助媒体表态的专家系统的社会信任。形成媒体选择机制不仅可以保障专家系统的社会信任的提升，也可进一步强化合作媒体的社会信任，这种举措对媒体和专家系统而言是一种双赢策略，且媒体社会信任和专家系统的社会信任均与社会信任的整体提高存在高度关联性。

第二节　专家系统的社会信任失效防范策略

与本章前一节阐释的网络场域中专家系统的社会信任失效干预手段相比，本节对网络场域专家系统的社会信任失效问题做出更前置性的回应。也就是说，干预是对已经出现的问题进行补救或挽回，防范则是提前对可能产生的问题进行规避。如果说干预是对行动层面的影响，那么防范则是对观念层面的修正。基于这样的考量，本节将着重阐述如何防范网络场域中专家系统的社会信任失效问题，具体从以下三个方面展开。其一，专家系统在进入公共场域，特别是网络公共场域时，首先应对所处的公共意识环境和相关情境进行清晰有效的识别，通过识别来正确判断社会切实的需求是什么，这样才能做出正确的行动决策。这正如社会心理学在进行行为研究时所采用的一般范式，需要对行为产生的社会环境和社会情境进行相关的考察。其二，专家系统在社会中的角色期待将会作为一种具有中心性的指向，指明其社会信任评价的基本维度，尽管公众对专家系统所提供的专业知识的需求是有差别的，但是他们在专家系统履行社会职能的问题上是高度一致的。其三，专家系统是否会与特殊利益形成共谋，这不仅仅关乎专家系统的社会信任评价，更关乎对社会信任的整体评价，因而对这一问题的认识实际上是专家系统的社会信任失效防范中的一个关键。

一、准确识别社会需求

从公共卫生事件角度来看，其所展现出的整体公共意识环境是基于信任

① 刘建明：《舆论传播》，北京：清华大学出版社，2001年，第136页。

的本体性安全构建的。这里必须指出，本体性安全并不仅仅是一种广义上的安全感存在形式，更是一种在特定环境中十分重要的形式。从本质上讲，本体性安全是物质世界与社会世界形成恒常性的联系时自我的连续性认同，同时也是一种可靠性的感受，这对于产生信任而言非常重要，因为其已经渗透在心理层面并发生作用。在公共卫生事件中，公众会意识到风险甚至是危险的存在，有时这种被媒介传播放大的风险或危险，在同化评定的作用下，会使公众认为其超越了自身能力的范畴，甚至也超越了团体和国家的管理范畴。在此种情况下，公共意识环境中形成了一种最主流的、基于本体性安全需求积累的安全性需要。另外，当面对超越自身经验范式和认识水平的情况时，公众的安全感需要进一步转化为对相关知识和信息的渴求。也正因为如此，专家系统才能在上述公共意识环境和折射意识环境的公共场域中发挥作用。然而，如果专家系统在公共场域中未能满足公众对安全感的诉求，公众便会产生强烈的挫折感，很可能对事物形成负向评价，那么专家系统的社会信任失效就会出现。所以，准确判断公众在公众意识环境中的首要需求——安全感，并积极去满足这一需求，是防范专家系统的社会信任失效的关键所在。

对危机与非危机情境的识别有利于专家系统降低被怀疑的可能性。在危机情境下，专家系统需要为公众提供合理有序的行动指导，而在非危机情境下，专家系统则应致力于引导公众养成正确的社会生活习惯。从危机的实际情境来看，中介因素的分析至关重要。在互联网生活中，存在这样的情况，即某些公众拿着放大镜去关注很小的事件，并紧盯其每一步进展，当发现事态的发展与自身既有的忧虑性判断相吻合或基本符合时，舆论发酵便可能脱离官方的管控，进而向极端方向发展。在此意义上，由专家系统的社会信任失效所引发的危机事件在近些年频繁发生，这可能导致个体安全感的降低以及对整体社会的不信任，从而进一步加剧社会风险。正因为如此，专家系统的社会信任失效问题在某种程度上可以看作是网络危机传播引发社会危机的中介因素，并且这种中介因素的发生机制与专家系统自身的结构和作用于专家系统的制度体系之间存在某种相关性（比如危机事件的应对机制）。从某种程度上讲，制度体系发生作用并形成信任机制是通过专家系统的社会信任水平进行解释的，也就是说，进一步的中介因素分析必然会考量在危机传播的自身结构中专家系统的社会信任如何构建公众对于制度体系的信任，以及如何确保公众通过对专家系统的信任来实现社会动员。反之亦然，当专家系统的受信程度较低甚至出现社会信任失效时，公众对制度体系的信任也会降低，这种信任的缺失会进一步削弱公众通过对专家系统的信任进行社会参与的积极性，导致公众产生消解和怀疑的心态。更重要的是，专家系统的社会信任的失效会进一步导致制度体系的风险，并指向危机情境的频繁化。由此可见，在社会实践中，专家系统需要对危机和非危机的情境进行有效的识别，这样才能在防范自身社会信任失效的同时，维护制度体系在公众评价中的信任程度。

综上所述，在专家系统的社会信任失效防范中，专家系统需要首先廓清公共意识环境中的主体诉求，这样才能在发挥作用时有的放矢地满足公众的现实需求；其次专家系统也需要对危机和非危机情境做出判断，选择恰当的行动方式来保障自身的社会信任水平。当然，专家系统对环境和情境进行厘定时也需要媒介系统和制度体系的共同协作。

二、准确洞察社会角色期待

公众对专家系统社会角色的期待形成了专家系统的社会信任建构的中心指向。从社会发展的历史进程来看，社会结构的差异和发展阶段的不同，均会影响公众对专家系统所承担的社会功能和所扮演的社会角色的期望和要求。就专家系统所表现出的专业特质而言，公众在不同阶段也会形成不同的要求。正如在互联网还未像当下这般成为公众日常生活的有机组成部分时，公众对专家系统的感知大多源自传统大众媒体。这种情况下，大众媒体的身份特征与专家系统的身份特征往往相互交织，公众对专家系统的要求与对大众媒体的要求趋于一致，对媒体的可信度与专家系统的社会信任的判断几乎不存在区隔。因此，对于专家系统，公众并不期望其成为守望者，而是期望其成为与大众传媒一样的传播者。换句话讲，只有当专家系统能够与社会发展阶段相适应，并能有效履行其社会功能，同时与公众的期望相符时，专家系统才能获得较高的社会信任评价。这一点在本书所做的访谈中也得到了印证，当受访者被问及“在面对公共卫生事件等情境时您期望专家系统扮演什么样的角色”时，他们给出了如下回答。

当前事实的客观描述者、公共卫生事件的科学解读者、有效应对策略的提供者。（Q4-a3）

指导者、倡议者、先锋者、研究者。（Q4-a4）

安抚社会恐慌情绪，及时发布正确真实的信息，阻断社会流言。（Q4-a5）

领导民众，带动民众。在民众心中树立起较高的威望。能用自

己的专业知识去帮助民众，让民众理解相关知识，实现知识的普及。（Q4-a7）

提出意见，给出解决方案和措施。（Q4-a8）

比民众早一步发现问题，并积极努力解决问题。（Q4-a9）

带领大家共同渡过难关。（Q4-a11）

领导者的角色。他可以疏导民众情绪，安慰民众，引领民众走出困境。（Q4-a12）

客观、冷静、理智的角色，不随意发表言论误导他人或引起社会恐慌。（Q4-a13）

发声者以及勇于报道事情真相的人。（Q4-a14）

在面对诸如公共卫生事件这样的挑战时，期待专家系统勇担领导者的重任，不畏惧任何困难，冲在第一线，将群众利益放在首位，保护好每一位患者的生命安全。（Q4-a15）

一个在广大群众面对危险时能够稳定人心、指引方向并保护大家安全的角色。（Q4-b5）

能及时澄清事件真相，解释相关情况，持续跟进事件进展，引导人们科学合理地规避风险。（Q4-b7）

我觉得专家系统应该时刻关注公众利益、公众安全及家人安全。（Q4-b13）

在面对公共卫生事件时，我当然是希望专家系统能够充分运用专业知识来提供指导，以减少人民群众的生命和财产损失。（Q4-b15）

从以上访谈内容中可以看到，公众对于专家系统的角色期待是与社会发展的特定阶段和特定事物发生发展的具体环境相吻合的。在访谈中，公众期望专家系统能成为事实真相的还原者，这正是回应后真相时代的一种现实诉求；公众期望专家系统能成为领导者，这实际上反映了在公共卫生事件等特定情境下，超越了原有经验范式的感知导致公众出现判断的焦虑和行动方向的模糊，此时公众需要专家系统提供清晰准确的行动指南；公众期待专家系统能成为情绪的安抚者，这恰切地反映了在特定事物发展的特定阶段，比如公共卫生事件的危机时期，公众在紧急情绪状态下需要借助理性的声音和力量来恢复心理的平稳状态。

公众对专家系统的社会信任的评价也源自其对专家系统社会角色的感知

与认同。应该说，公众对专家系统的社会信任评价是在公众自身的社会体验中完成的，如果将这种评价视为一种价值判断，那么它就不可能仅与专家系统所展现出的专业素质有关，而是进一步延展为公众对特定专家系统在观念上和情感上的认同。正如卡斯特所言，意义是通过认同来建立的，而角色则构建起特定的功能，因此，认同所构建的意义就是行动者为了实现其行动目的而对某种象征进行的确认。[①]在网络场域中，多元文化和多元利益使得在产生认同的过程中信任的建立比以往更加困难；新媒介技术的蓬勃发展和网络社会新格局的形成可能导致达成某种认同的人数减少、规模缩小；个性化和大众化使得以往专家系统能够轻易通过知识权威建立起来的社会信任受到极大挑战，专家系统与公众之间的关系呈现为知识大众化背景下更高要求的对等，甚至是某种程度的对立。尽管上述这些变动着的因素使得公众在形成对专家系统的社会信任判断时面临更为多元和复杂的情况，但在具体的现实情境中，公众对专家系统社会角色的感知和认同却存在合一性，公众对专家系统的社会信任的判断准则也具有较强的一致性。在访谈中我们也发现，尽管受访者对专家系统社会角色的感知与认同存在形式上的差异，但是究其内里又可以看到某种一致性。

从自身做起，树立榜样。以国家和人民利益为重，有大义，不自私。（Q4-a6）

这取决于他所从事的职业。例如，在新冠疫情中，如果他是医生，我希望他能冲锋在前，第一时间奔赴疫情前线；如果他是科学家，我希望他能在第一时间站出来，对突发事件进行专业解读和表态。站在自己专业领域的第一线，这就是对他专业素养的最好诠释。（Q4-b1）

吹哨人、瞭望塔，给大众提供真实可靠的信息。（Q4-b6）

面对突发公共卫生事件，专家系统需要明确应该传递什么样的信息，怎样去安抚公众，扮演好在政府与群众之间搭建沟通桥梁的角色。（Q4-b14）

传递真实信息，做事实真相的守护者；及时公开情报，做大众情绪的安抚者；普及卫生知识，做健康行为的宣导者；纠正虚假错误，做喧哗舆论的引导者；桥接主流媒体，做官方声音的传播

① [美]曼纽尔·卡斯特：《传播力》，汤景泰、星辰译，北京：社会科学文献出版社，2018年，第31页。

者。（Q4-b3）

从以上访谈内容中我们可以观察到以下两点关于专家系统社会角色的一致性感知与认同。其一是专家系统所扮演的社会角色需要具有一定的公共精神而不只是囿于专业精神，与此同时，公众更期待专家系统能在公共场域履行其角色功能。也就是说，公众将专家系统感知为一种在公共领域中体现公共精神的社会角色，这种公共精神则表现为专家系统的专业操守和社会关怀。其二是专家系统应更好地为国家服务和为政府代言。公众对专家系统的信任更多地体现为对专家系统政治身份的信任，而且通过专家系统强化了对政府权威的信任以及对国家的认同。

综上所述，专家系统的社会信任失效防范见诸观念层面时，应该形成正确的公众对专家系统所扮演社会角色期待之判断，同时应充分了解公众对专家系统形成了何种较为一致性的感知和认同，因为只有判断准确、了解透彻，才能避免在接下来的行动中出现逻辑偏差，进而防止公众产生期待落差，以及形成对专家系统的社会信任的反向评价。

三、准确对标公共利益

在现代社会的发展过程中，知识与权力逐渐形成了一种结合的状态。与此同时，专家系统的建构离不开专家自身对专业知识的运用，但当这些运用变成一种应用和推广的时候，其又无法脱离现实权力的许可或助力。因此，一个基本的判断是，专家系统若要正常且有效地运转，必须依靠知识与权力的共在与交互作用。因而，由专家系统的社会信任失效所折射出的专家系统的信任危机，并不是由知识与权力的合作引发的，而是某些特殊利益驱动下的知识与权力的共谋所导致的。如果说专家系统自身的脆弱性是导致其失信的内生因素，那么特殊利益驱动下知识与权力的共谋则是导致其失信的外生因素。进一步来说，这一外生因素是一种具有特定目标并伴随特殊利益获取的有意识行为，也正因为如此，在通常情况下，一旦公众感知到这种行为的存在，便更容易触动敏感的神经，出现对专家系统的失信评价，最终导致专家系统的社会信任失效。在访谈中，上述判断也清晰可见。

专家起码要说真话，谣言止于智者，但是智者也得知道真相，很多时候无知才会造成猜忌，如果消除了猜忌，就不会有无根据的

传言。最为关键的是，专家不应沦为资本的傀儡，利用专业知识推销药品的行为实在可恨。（Q4-b4）

有些专家自身存在问题，水平不行，人品不行，为广告代言，为商品代言，还大言不惭地说是为了公众利益。（Q6-b5）

专家本应为大众服务，特别是在疫情防控这样的关键时刻。如果专家在讲解过程中推荐某种药物，甚至提及具体的厂家和价格，那他们给人的感觉就像是在做药品推销，而非提供专业建议。一旦碰到这种情况，我会立刻选择停止接收这类信息，因为这样的信息已经失去了可信度。（Q6-b6）

我认为，专家在发表看法时夹杂打广告或推荐商品的行为是我对他们产生不信任的主要因素。因为专家做广告很容易让人怀疑他们是否收了广告费，在这种情况下，即使他们说得再有道理，我也会持质疑态度。（Q6-b16）

客观地讲，专家系统本质上是由专业知识建构起来的。从知识的原始特质看，知识是人类在生活世界和社会实践中，以好奇和求知为动力，在思维发生作用的过程中形成的结果，也正是因为这样，知识通常也是人类作为认识主体对认识客体形成的直接、纯净、正当和独立存在的认知。[①]但同时要明确的是，知识也包含了真理、正义和实用等性征，这些性征的存在促使知识与现实的权力和某些利益发生关联。在人类社会实践的检验过程中，当知识与权力结合时，知识的作用才会延伸，正如议程设置理论作为知识，在与媒介权力的结合中形成了对社会议题的框架制定。从过往的知识与权力发生关联的经验来看，知识与权力关联可能形成三种结果：其一是知识被权力挤压甚至被消灭；其二是知识与权力形成良性互动并转变为社会良性运转的动力；其三是知识与权力形成共谋，产生一种支配体系并从中获得特殊的利益。正是第三种结果引发了专家系统的信任危机，这种危机在公共场域中体现为专家系统的社会信任失效，同时也造成了公众本体性安全危机。这种结果所带来的社会风险不仅体现在社会个体会强化对风险甚至危险的感知，还表现在社会整体运行因社会信任的断裂或缺失而面临更高的风险。

从权力发生的角度看，作为一种人类能动性的表现形式，权力本身存在

① 张之沧：《从知识权力到权力知识》，《学术研究》2005 年第 12 期，第 14-20，147 页。

着一定的强制性。权力可以为人们实现自身利益而服务。在传统社会中，正如韦伯所指出的那样，权力被集中在宗教和国家的统治者那里，在日常经验的解释过程中形成威权式的控制。在现代社会中，专家系统逐渐拥有了更高的社会地位，也就是说，知识及其生产者不再是权力的附属品，权力需要借助知识及其生产者来获得合法性和正当性，与此同时，知识也通过与权力的关联实现了再生产。更为值得关注的现实是，在现代社会中，专业知识的反思与传统社会的地域性和经验性的知识不同，专业知识的反思往往是专家系统所独有的，而普通大众即便可以接触到这些知识也很难理解这些知识是如何生产出来的。随着社会的不断发展，专家系统及其生产的知识体系越来越深入地融入人们的日常生活，不断影响甚至改造着人类的行动方式，人们已经很难想象一个没有专业知识的世界将如何运转和完成社会化。值得注意的是，如果专家系统所生产的知识不再纯洁，不再具有真理性，那么，权力也就不再是公共的，不再为维护社会正义而存在。在此种情况下，专家系统成了谋取利益的工具，其在公众心目中的特殊地位开始动摇。公众因此获得的不是安全感、幸福感而是被欺骗感和剥夺感，进而会失去对专家系统的信任，导致公共场域中专家系统的社会信任失效，使社会陷入高风险状态。

结合上述阐释，可以发现，在现代社会中，尤其是当社会进入多元化和复杂化的进程中时，公众对社会信任的需求与日俱增。专家系统在公共场域中运用专业知识影响公众，在观念上应该树立一种公共性而不是利己性。在公共场域的具体实践中，专家系统应当始终以公共利益为核心并体现出较高的公共价值。需要进一步明确的是，专家系统的身份不仅是由知识性赋予的，更是由公共性所塑造的，同时也源自公众对专家系统社会角色的期待。因此，在防范专家系统的社会信任失效的过程中，需要特别注意培育专业精神和公共精神兼备的专家系统，需要防范特殊利益驱动下形成的知识与权力的共谋，这不仅需要专家系统在自身发展过程中不断改进和更新，还需要制度层面建立起相应的保障和规约。

第三节　专家系统的社会信任重建思路

本章前两节分别探讨了在网络场域中如何干预和防范专家系统的社会信任失效的问题，应该说，只有明确了在行动中如何进行有效干预，以及在观念上如何进行有效防范，才能去谈重建的问题。为了能够科学地总结专家系统的社会信任的重建方式，本节首先对我国科学场中的相关文献进行梳理和分析。由于我国关于专家系统社会信任重建的研究与西方研究并不是在相同的政治场域和文化场域中进行的，对这一问题的探讨本身就是对我国现实社会的回应，因此，我们只对我国学者近年来关于专家系统的研究文献进行分析。通过进一步的文献整理，本节对所掌握的文章中涉及的专家系统的社会信任重建问题进行了归纳和总结，对各种被提及的思路、方法与对策建议进行了如下归类。

第一类，关于专家系统的社会信任重建的保障性研究。学者们普遍认为，专家系统的社会信任重建需要制度的保障，并提出了一系列具体的保障措施，诸如引入竞争机制，建立道德约束体系，加强法律监管[①]，建立预警系统，实行严格的准入制度[②]，完善共识机制[③]，形成有效的监督机制[④]。

第二类，关于专家系统的社会信任重建的途径研究。学者们提出的相关途径有：对信任与信用的重建[⑤]；设立权威媒体发布平台，建构和谐的公众舆论环境[⑥]；在协调沟通中促进参与主体的信息交换[⑦]；兑现专业承诺且强调社会责任[⑧]；建立公平公正的表意环境[⑨]；通过公众需求来完善意见引导

---

① 宋春艳：《网络意见领袖公信力的批判与重建》，《湖南师范大学社会科学学报》2016 年第 4 期，第 5-9 页。

② 接玉芹：《公共危机管理中新媒体公信力的缺失与重建》，《学校党建与思想教育》2015 年第 10 期，第 65-67 页。

③ 陈阳：《公信力的破损与重建：网络社会媒体的信任问题》，《东南传播》2020 年第 1 期，第 104-106 页。

④ 陶贤都、曹娇：《智能传播时代新型主流媒体公信力建设研究》，《中国编辑》2023 年第 11 期，第 44-50 页。

⑤ 王恩、翟敏：《从发展心理学的视角分析媒体公信力的下降及重建》，《传媒法与法治新闻研究》2016 年第 10 期，第 286-293 页。

⑥ 接玉芹：《公共危机管理中新媒体公信力的缺失与重建》，《学校党建与思想教育》2015 年第 10 期，第 65-67 页。

⑦ 韩兆柱、赵洁：《新冠肺炎疫情应对中慈善组织公信力缺失的网络化治理研究》，《学习论坛》2020 年第 10 期，第 75-83 页。

⑧ 刘行芳、刘修兵：《兑现专业承诺与重建传媒公信力》，《新闻爱好者》2014 年第 3 期，第 4-9 页。

⑨ 马长山：《让公共舆论回归理性重建司法公信力》，《学术界》2015 年第 6 期，第 250 页。

的指向。[①]

第三类，关于专家系统的社会信任重建的具体方式研究。学者们提出以下行动方式：加强对专家系统的宣传力度[②]；通过有效方式清除垃圾信息以保障专家系统信息传播的及时性和有效性[③]；强化专家系统信息传播的深度，促进网络场域中专家系统与公众的互动[④]；专家系统与媒体形成合力，信任共担。[⑤]

为使对专家系统的社会信任重建问题的探讨具有科学性、合理性和可操作性，本节进一步梳理和分析了针对这一问题的访谈内容，并得到以下结果（表6-1）。

表 6-1　受访者对专家系统的社会信任重建建议提及频次与频率

序号	专家系统的社会信任重建建议	提及频次/次	提及频率/%
1	提高辨认信息真假的能力	17	56.7
2	培养较高的人文素养	16	53.3
3	形成道德评价	14	46.7
4	政府提供相应的制度保障	12	40.0
5	提高和媒体的合作能力	11	36.7
6	选择媒体的可信度	10	33.3
7	拓展学术知识传播范围	8	26.7
8	提高及时回答问题的能力	4	13.3
9	舆论监督常态化	2	6.7

由表 6-1 可以看出，尽管公众对专家系统的社会信任重建建议形成了较为多元的认识，但也可以基本归为以下几类：关于专家系统专业能力的建设（如

① 王新根：《财经新媒体公信力建设研究》，华中师范大学博士学位论文，2015 年。

② 王恩、翟敏：《从发展心理学的视角分析媒体意见领袖公信力的下降及重建》，《传媒法与法治新闻研究》2016 年第 10 期，第 286-293 页。

③ 接玉芹：《公共危机管理中新媒体公信力的缺失与重建》，《学校党建与思想教育》2015 年第 10 期，第 65-67 页。

④ 王新根：《财经新媒体公信力建设研究》，华中师范大学博士学位论文，2015 年。

⑤ 陈阳：《公信力的破损与重建：网络社会媒体的信任问题》，《东南传播》2020 年第 1 期，第 104-106 页。

提高辨认信息真假的能力、拓展学术知识传播范围和提高及时回答问题的能力）；关于专家系统道德层面的建设（如培养较高的人文素养、形成道德评价）；关于专家系统与媒体的合作机制建构（如提高和媒体的合作能力、选择媒体的可信度）；关于专家系统的社会信任建设的制度保障（如政府提供相应的制度保障、舆论监督常态化）。

结合文献梳理、访谈内容分析、本书第四章对专家系统的社会信任影响因素的探讨以及本章前两节关于专家系统的社会信任失效的干预与防范的认识，本节将从三个维度对专家系统的社会信任重建思路进行阐述，即在宏观层面建立专家系统的社会信任重建机制，在中观层面设置专家系统的社会信任重建路径，在微观层面形成专家系统的社会信任重建方法。

一、宏观层面的机制重建

制度不仅是一系列规则和程序，更是通过其形成机制来保障和规范特定事物运行的基础，从而反映出制度本身的合理性。在专家系统的社会信任重建过程中，制度的支撑作用尤为关键，这一作用需要在机制的构建和实施过程中得到充分体现。结合前述研究，本节认为专家系统的社会信任重建可以形成以下机制。

其一，建立专业知识和意见的互证机制。在处理公共事件，尤其是公共卫生事件时，公众对专业意见的核心需求是其具有真实性和可靠性。然而，对事物真实性的探究极为复杂，没有任何单一科学领域能够独立承担这一重任，因此，知识的互证变得尤为重要。它通过集合不同学科的视角和方法，对同一议题进行多维度的分析和讨论，以逐步逼近事物的真相。这一过程不仅促进了公众对专业知识的深入理解和验证，而且增强了公众对专业意见的信心。专业知识和意见的互证过程本身也提供了一种理性判断的机制，有助于公众将专业意见迅速转化为有效的社会行动。在公共卫生事件中，这一点尤为关键，因为及时准确的专业意见能够指导公众采取正确的预防和应对措施。互证机制的实施，还能有效减少错误知识的传播，确保在公共讨论中那些经过严格检验的、真正有价值的专业知识和理论得以凸显。

其二，建立专家系统素质综合评价机制。为了塑造更受社会信任的专家系统，我们必须将专业素质、专业操守和社会关怀三者相结合。这一认识不仅源自理论推导，更应转化为实际行动中的具体举措。专家系统不仅要在专业领域内展现出高水平的知识和技能，还应在道德操守和对社会的关怀上做出表率，这样的专家系统才能成为公众心中积极正面的榜样。专家系统的道德情操和人文关怀对于塑造公众的社会信念和价值观具有深远影响。专家系统应具备引导公众形成道德评价的能力，要通过准确理解和运用正确的价值观来影响公众意见，特别是在公共事件发生初期，要有效地引导那些尚未定型的公众观点。此外，专家系统还需要展现出对公众情感的深刻理解，能够从公众的视角出发，感受并回应他们的需求和关切。建立一个综合评价机制，将专家系统的专业素质、专业操守和社会关怀纳入统一的评价体系，是确保专家系统在公共领域中赢得社会信任的关键。这一机制要求专家系统在具备深厚的专业知识和技能的同时，还应具备高尚的道德品质和深切的社会责任感。专家系统只有在这三个维度上都达到一定标准，才能被认定为真正有效的专家系统，并在公共事务的讨论和决策中发挥领导作用，赢得公众的广泛信任。

其三，建立专家系统发言的媒体选择机制。网络场域中媒体众多，质量参差不齐，对专家系统的社会信任有直接影响。建立媒体选择机制，筛选信誉良好的媒体合作，可以提升专家系统及其合作媒体的社会信任，实现双赢。媒体社会信任与专家系统的社会信任高度相关，共同促进社会信任体系的整体提升。专家系统应与专业媒体合作，确保信息的准确性和权威性，同时媒体通过合作也能提升内容质量，增强公众信任。

其四，建立专家意见公共场域准入机制。专家系统具有广泛而潜在的影响力，因此在公共场域中的意见表达必须谨慎和理性。网络场域的特殊性，特别是信息的可接触性、网民数量的庞大以及分布的广泛性，要求专家系统在发表意见时要更加小心，以免不当言论引发网络舆情的剧烈波动。尤其是在公共卫生事件等危机性情境中，不实的信息传播可能会加剧公众的恐慌情绪，导致群体极化等不良后果。鉴于此，在网络公共场域，专家系统的言论必须以事实和专业知识为基础，同时，为确保其意见的真实性和建设性，还应当建立一套完善的准入机制来进行规范。这一机制要求专家意见无论是通过传统媒体还是自媒体发布，都应接受严格的内容审核。审核工作应由具有责任感和专业能力的机构或平台来执行，并承担相应责任。此外，专家意见的发布应遵循道德准则和法律规范，确保其对公共事务产生积极影响，满足公众的实际需求，并有助于塑造正确的社会信念和价值观。这种机制可以提高专家意见的质量和可信度，减少误导信息的传播风险，从而在维护社会稳定和公共安全的同时，增强专家系统的社会信任度，有助于构建一个更加健康、理性的公共讨论环境，促进基于专业知识和社会责任的专家意见在社会中发挥积极作用。

其五，建立专家系统的社会信任监督机制。鉴于专家系统在获得社会信任后将在公共领域内发挥显著的影响力，并据此获得相应的权力，因此，专家系统的社会信任监督是构建权力结构的一个关键要素。一方面，专家系统需要建立内部监督机制，对系统内的个体、组织或机构进行专业科学性、准确性和应用性的审查，确保其传播的知识和意见具有高度的科学性和合理性。这种自我监督有助于维护专家系统的权威性和专业性，保障其在公共领域的信息发布和意见表达的准确性。另一方面，公共领域内的舆论监督对于专家系统的社会信任同样重要。公众的监督能够使专家系统的行为和决策更加符合公共价值，更具公共性、社会性和人文关怀。这种外部监督促使专家系统的行为更加贴近公众的期望，从而在实践中建立起更加坚实的社会信任基础，并推动理论成果与实践效果的有效结合，实现正向的社会影响。

其六，进一步建立健全网络环境法律监管体系。近年来我国颁布了《中华人民共和国网络安全法》《中华人民共和国个人信息保护法》《中华人民共和国数据安全法》等一系列法律法规，我国从法律监管的角度对网络环境实施了越来越精细化的管理。但是，网络环境的发展形式、变化和问题在不断演进，一些新情况的出现必然要求网络环境的法律监管进一步完善。当原有的网络环境因新事物的刺激而发生改变，当这种改变并不是短暂的而是长期的时，那么为应对这种变化可能造成的社会性危机，具有针对性、前瞻性和预判性的新法律法规的出台就十分有必要。应该看到，网络环境治理相关法律法规的进一步完善也为专家系统提供了更加安全和具有保障的“舞台”，使专家系统能够在更加清朗的网络环境中形成社会信任并持续发挥后疫情时代的舆论引导作用、社会观念平衡作用，为公众的安全性需求和建构合理的日常生活行为模式提供更大的助力。

在本书上述所建议的六种专家系统的社会信任重建机制中，专业知识和意见的互证机制、专家系统素质综合评价机制、专家系统发言的媒体选择机制和专家意见公共场域准入机制可以视为机制建设的短期目标，而专家系统的社会信任监督机制和建立健全网络环境法律监管体系则是长期目标。在专家系统的社会信任重建过程中，短期目标和长期目标应齐头并进、齐抓共管。这既是在制度层面为专家系统的社会信任提供规约和保障，更是通过制度的完善来更好地满足公众的安全性诉求（图 6-2）。

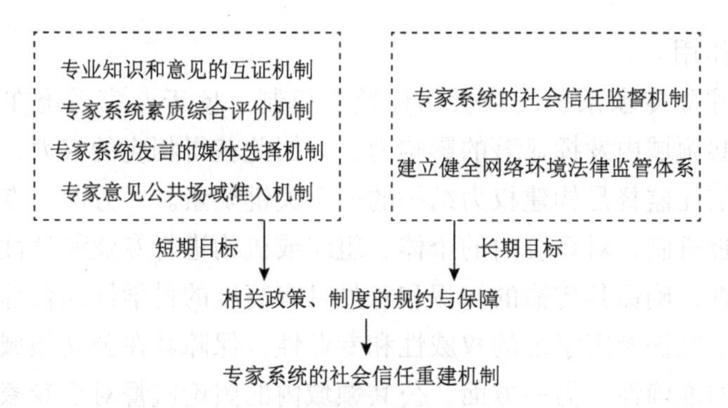

图 6-2　专家系统的社会信任重建机制示意图

二、中观层面的路径重置

专家系统的社会信任重建是一个复杂的过程，不能仅仅依赖于专业素质的提高来简单化地解决。根据本书第四章的研究成果，结合专家系统在传播环境中建立社会信任的实际情况，可以将重建路径划分为核心路径和外围路径。核心路径强调专家系统在重建信任过程中必须综合提升专业素质，坚守专业操守，并展现社会关怀。这三个方面相辅相成，共同构成专家系统赢得社会信任的基础。外围路径则侧重于专家系统与媒体之间的深度合作，通过有效的沟通和协作，增强专家系统的公信力和影响力，如图 6-3 所示。

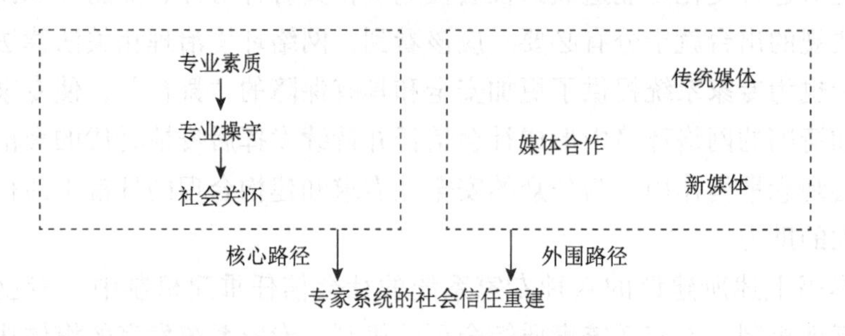

图 6-3　专家系统的社会信任重建路径示意图

首先，从核心路径出发，公众对专家系统的社会信任的评价不仅仅基于其专业能力的展示，更在于专家系统所展现的专业操守和社会责任感。公众期望专家系统在提供专业意见时，能够体现对公共利益的维护、对弱势群体的关怀，以及具备公共批评的勇气。专家系统应以谦逊平等的态度与公众交流，避免商业推广、产品推销和谣言传播。这些因素共同构成了公众对专家系统的社会信任的评价标准。专家系统的素质评价不是由单一因素决定的，而是通过公众的系统性感知和综合判断形成的。专业素质虽是基础，但缺乏专业操守和社会关怀同样会导致社会信任的缺失。研究发现，专家系统的社会信任是通过一系列链式中介效应形成的，这一点在公共卫生事件中尤为明显。在这些事件中，公众不仅需要专业知识来调整认知，更需要专家系统以公正、关爱的态度来缓解他们的紧张、焦虑和恐惧情绪。

专家系统若能展现深厚的社会关怀，将显著促进其在公共领域内建立社会信任。这种社会关怀不仅体现了对人性深刻的洞察和理解，也是履行公共责任和体现公共精神的重要体现，这有助于诠释和提升公共价值。专家系统在关注专业的同时，不能忽视对个体基本境遇的关注。在公共卫生危机等紧急情况下，公众可能会出现极端心理，此时，专家系统通过心理调适和情感支持来缓解公众的极化情绪，可能比单纯传播专业知识更为关键，也更能赢得公众的信任。专家系统如果仅僵化地依赖专业逻辑，可能会遭遇公众对其专业合法性的质疑。此外，专家系统应被视为公共领域中的意见领袖，不仅要引导态度和观念，还要体现公共责任和公共精神。专家系统的公共属性包括对社会责任的承担和对个体精神价值的体现，这些都是公众对专家系统角色的期待。

其次，从外围路径来看，专家系统要将其专业意见有效地传达给广大受众，就必须与媒体建立紧密的合作关系。虽然基于社交媒体的人际传播也能在一定程度上建立社会信任，但由于社交媒体可信度的局限性，这种信任并不总是能有效地转化为具有实质公共价值的影响力。相比之下，与公共媒体的合作，无论是通过传统媒体的线上平台还是新媒体平台，都能更有效地提高专家系统的社会影响力，增加其在公众中的积极评价，并在更高层面上构建社会信任。媒体的专业主义精神是其赢得公众信任的关键，这对于专家系统的社会信任构建同样至关重要。专家系统在与媒体合作时，应选择那些信誉良好、专业性强的媒体伙伴，这样不仅能够提升信息的传播效果，还能够增强信息的权威性和可信度。研究表明，媒体的可信度与专家系统的社会信任之间存在着正向的相关性。公共媒体在传播市场中的分量、在公共话语空间中的力量，都建立在其可信度的基础之上。公共媒体的可信度是其与专家系统合作成功的关键，也是专家系统的社会信任不可或缺的组成部分。专家系统应当重视与媒体的互动，通过透明、开放的沟通方式，共同促进知识的传播和社会信任的建立。这种合作不仅限于信息的发布，还包括对公共议题的深入讨论、对公众关切的及时响应，以及在危急时刻提供专业的指导和建议。通过这样的合作，专家系统能够在社会中建立起更加坚实和持久的信任关系，从而在公共事件中发挥更大的作用。

三、微观层面的方法重构

在宏观和中观层面讨论了专家系统的社会信任重建机制和路径后，在微观层面的方法中又需要重视什么并做出怎样的改变呢？本书认为，在公共事件，尤其是公共卫生事件中，专家系统的社会信任重建的具体方法可以从以下四个方面加以考量。

其一，对时机的有效把握。在公共卫生事件的初期阶段，专家系统应精准把握介入时机，利用其专业知识对事件的潜在发展趋势进行预判。专家系统由于具备对事件态势和走向的早期洞察力，往往能够在公众认知之前对事件进行评估。然而，专家系统的专业判断若超出了公众的认知范畴和经验框架，可能会遭到公众的抵触，甚至被视为无端的误导。这种情况凸显了专家系统在进行前瞻性分析和判断时，需要通过正式的制度化途径来提升其观点的社会认可度，而不能仅仅依赖于大众传播媒介的传播。这意味着专家系统在提出预判和建议时，应通过权威机构的审查和认可，确保其意见的科学性和权威性，从而促进公众和决策者的信任与接受。

其二，对个体信任的认识与重视。在网络场域中，个体信任与系统信任之间的界限虽存在，但其联系日益紧密。随着大众传播与个体传播的融合，以及线下人际关系向线上的转移，公众对专家系统的社会信任评价不仅基于其专业表现，还越来越多地包含了对其个人品质、安全性和信赖度的考量。在网络社会个性化发展趋势下，公众对公共事务的认知和行为更加个性化，这同样适用于他们对专家系统的社会信任的评价。公众对专家系统的信任不再仅限于其专业知识，还包括对其个人行为和价值观的认同。个体信任的构成，即基于个人对特定对象履行承诺的社会性体验的积累，对专家系统的社会信任具有重要影响。专家系统在履行其公共角色时，必须意识到公众对其个人品质的期待，并应在行为上体现出对社会承诺的尊重和兑现。专家系统的社会信任不仅建立在专业知识的基础之上，还需要通过建立和维护个体层面的信任关系来巩固。这种基于个体信任的社会信任评价，对专家系统的社会信任重构具有决定性的作用。

其三，与媒体可信度的匹配共生。在专家系统的社会信任重构中，媒体发挥着不可或缺的推动作用，专家系统依赖大众传播媒体传达其观点和意见。因此，公众对专家系统的社会信任进行评价时，往往将专家系统与媒体视为一个整体，这意味着媒体的可信度直接影响公众对专家系统的看法。如果媒体的可信度不高，专家系统即使本身具有较高的社会信任潜力，也可能遭到质疑，从而影响专家系统的整体可信度。专家系统应具有自主性和辨识力，选择那些在公众心目中具有高可信度的媒体进行合作，这有助于增强专家系统在公共场域中的影响力。同时，媒体也应致力于提升自身的可信度，并选择那些具有社会信任潜力的专家系统进行合作，以共同构建强大的影响力。在公共卫生事件的传播中，公众首先通过媒体接触信息，然后才会关注到专家系统的意见。媒体的选择和公众的评价，将决定公众对所传播信息的信任程度。媒体与专家系统之间的共生关系要求双方在追求可信度和社会信任方面共同努力，以确保信息的权威性和专业性得到认可。

其四，对新的媒介技术的合理利用。比如，在构建专家系统的社会信任重建机制时，可以考虑整合区块链技术，以促进网络社区中共识的形成，为专家系统的社会信任重建打下坚实的基础。此外，专家系统的社会信任也可以通过网络舆情监控系统得到加强。目前，现有的舆情监测工具，如人民网舆情数据中心和清博舆情分析系统，尚未专门针对专家系统的社会信任进行观测，这可能是因为这些系统未能明确区分专家系统与其他社会实体，而是采用了接触指数、互动指数和情感指数等通用指标进行分析。然而，在公共卫生事件（如新冠疫情）期间及后疫情时代，社会对专业知识的需求和对专家系统观点及方法的依赖达到了前所未有的高度。专家系统的社会信任已成为公共领域和网络舆情中一个日益重要的观测指标。因此，网络舆情监测系统纳入专家系统的社会信任指数，将有助于其更直观、更精准地分析舆情动态和网络公共空间的发展趋势。这不仅是对后疫情时代变化的一种适应，也是在方法论上的一个重要创新。

本 章 小 结

在本章的讨论中，我们围绕专家系统的社会信任如何在现行制度层面发挥有效作用，来探讨专家系统的社会信任重建问题。公共卫生事件的发生、发展中存在着未知性和不确定的风险，在这一情境下，社会作出的群体决策不只是单纯依靠政府及其相关机构来完成，而是需要动员和纳入具有专业知识背景的专家系统来参与决策。这既是社会整体共同应对风险的需求，也是政府及其相关机构完善自身决策机制的重要契机。正是出于上述原因，本章对专家系统的社会信任失效问题进行了反思性的研究，并通过三个维度进行了考量。

首先探讨了如何对专家系统的社会信任失效进行干预，本章认为专家系统自身的调节性干预可以形成从专业知识到专业意见再到专家系统的社会信任的持续输出，这种干预也是专家系统维系自身在社会中获得的尊重和信任的本能性反应；网络公共场域的属性特征及作为其表现形式的网络舆论对专家系统的社会信任失效形成了调整性干预；制度体系则可以在外部实现对专家系统的社会信任失效的调控性干预。其次探讨了如何防范专家系统的社会信任失效，本章认为应当从三个方面建构从观念到行动的防范逻辑：准确识别社会需求，防范社会挫折感造成的负向评价；准确洞察社会角色期待，防范期待落差形成的反向评价；准确对标公共利益，防范特殊利益驱动下知识与权力共谋形成的质疑评价。最后探讨了如何重建专家系统的社会信任，本章结合前述章节和相关认识提出了专家系统的社会信任重建的宏观、中观和微观层面的建议。

第七章

反思、创新与进路：从专家系统到社会信任的可持续性研究

本书针对专家系统在网络场域中的社会信任失效问题进行了深入探讨，在把握网络场域营造的传播环境和公共场域特征的基础上对专家系统的社会信任失效风险进行了发现问题、寻找成因和反思问题的研究逻辑建构，以期形成对该问题较为全面、客观和准确的科学回应，通过对专家系统的社会信任失效的实践考察，最终形成了解决问题层面的机制、路径和方法。

第一节　从研究反思到社会反思

在技术革新的推动下，网络场域的信息互动与社交互动日益频繁，构成了现代社会的常态。在此背景下，本书针对专家系统在公共卫生事件中的作用及其对社会信任的影响进行分析。在感知、理解与信任的交互作用下，公众在面对公共卫生事件时，通过专家系统的引导，更加自主地表达对相关人物、事件的态度、观念和情感，形成意见并进行社会表达。这一过程比单一的认知-反映模式要复杂，风险感知在信息接收与社交互动中扮演着关键的激活角色。特别是在处理与个人安全相关的议题时，个体表达的目的在于寻求共鸣，而专家系统的引导在一定程度上促进了集体的共鸣反应，但这种反应又受限于公众对专家系统的信任度。

换言之，专家系统的社会信任不仅影响公众对现实世界的态度和情感倾向，而且这种信任本身是多种系统性因素共同作用的结果，而非单一因素所能决定。这些系统性因素的交织使得专家系统的社会信任成为一个值得深入探究的重要议题。专家系统的社会信任体系虽不可见，但其通过抽象的方式和结构

上的平衡发挥作用，确保其功能的正常运行。在公共卫生事件的网络舆论传播中，专家系统的社会信任体系间接地影响着所有相关行动。公众对这一系统的信任不仅体现了专家系统作为社会参与方式的持久效用，也反映了对更广泛社会信任体系的响应。

在这一信任传导机制中，专家系统的社会信任失效问题直接映射出其失信风险，并可能将这种风险扩散至整个社会信任体系。因此，本章将专家系统的社会信任纳入更广泛的社会信任体系中进行深入分析，旨在描述其社会意义，并评估其作为社会风险信号的价值。鉴于专家系统的社会信任的研究相对匮乏，本章在有限的前人研究基础上，按照专家系统的社会信任的概念界定、失效表现、成因、后果以及干预、防范和重建的逻辑线索进行论证，得出以下结论。

（1）通过对专家与专家系统、信任与社会信任之间的关联分析，本书认为专家系统的社会信任的概念是：在公众与专家系统产生的相互作用的关系中，专家系统获得公众信任的能力。从专家系统方面看，其内容是专家系统的信用情况，而信用也是专家系统的社会信任的评价内容。公众的评价是通过认知形成的判断，专家系统的社会信任指向公众的主观评价行为。与此同时，专家系统的社会信任是通过传播过程来实现的，是一种传播活动的结果，并影响着接下来可能产生的公众的社会行动。

（2）在深入探讨专家系统的社会信任影响因素时，本书首先通过系统的文献回顾和质性访谈的方法，对影响因素进行了细致的分类，区分为内生因素和外生因素两个主要维度。为了确保后续研究数据的可靠性，本书特别设计了针对专家系统的社会信任的内生因素和外生因素的调查量表，为实证分析奠定了坚实的基础。进一步的结构性分析揭示了专业素质并非评判专家系统的社会信任的唯一决定性因素。研究发现，专家系统的社会信任构建路径并非单一，而是“专业素质→社会关怀→专家系统的社会信任”“专业素质→专业操守→社会关怀→专家系统的社会信任”两条路径共同作用的结果。这一发现强调了在专家系统的社会信任的形成过程中，专业操守的缺失和社会关怀的不足均可能导致社会信任的瓦解。同时，本书探讨了专家系统的社会信任的外生影响因素，包括时机、个体信任以及媒体可信度。这些因素在不同层面上对专家系统的社会信任产生了显著的影响，并且书中进一步分析了这些因素如何在不同水平上产生差异性影响，为识别和理解专家系统的社会信任的微观影响节点提供了有力的支持。结合调查数据和访谈分析，本书还发现，在公共卫生事件的背景下，专家系统的社会信任整体评价偏低，且失效风险较高。这一发现为深入分析和探讨专家系统的社会信任失效的后果提供了实证基础，并为后续研究指明了方向。

（3）在剖析专家系统的社会信任失效的潜在后果时，本书提出，在网络场域中，专家系统的社会信任的缺失风险将从媒体社会信任、科学智识传播和社会情感宣泄等多个维度扩散，进而导致社会行动方向的迷失。这种迷失进一步削弱了个体间、个体与媒介间、媒体与社会间的信任联系，触发了现代性风险的蝴蝶效应，可能导致社会信任的再生产机制陷入困境。信任作为社会行动的核心动力，已被证实能够激发认同感和归属感，形成推动社会主体行动的心理动力。专家系统的社会信任不仅关系到公众的人际互动、组织运营、社会运作等关键领域的良性互动，而且对维护社会整体的有效运行具有不可替代的作用。专家系统的社会信任受损，将可能导致社会整体陷入不可预测的危机之中。因此，本书强调，专家系统的社会信任问题不容忽视，其研究对学术界具有重要的理论意义，对政策制定者和社会管理者也具有重要的实践参考意义，应引起社会各界的广泛关注和高度重视。

（4）在对专家系统的社会信任失效风险的深入分析基础上，本书提出了一个多维度的考量框架，旨在全面审视该问题。就专家系统的社会信任失效的干预策略而言，本书认为专家系统自身的调节性干预是关键，这种干预不仅能够促进从专业知识到专业意见再到专家系统的社会信任的正向循环，而且是专家系统在社会中维护尊重与信任的本能性反应。此外，网络公共场域的特性及其舆论表达机制对专家系统的社会信任产生了调整性影响，而制度体系则为专家系统的社会信任提供了宏观层面的调控性干预。就防范专家系统的社会信任失效的策略而言，本书建议从准确识别社会需求、精准洞察社会角色期待以及准确对标公共利益三个层面构建防范机制。这不仅有助于预防由社会挫折感引发的负面评价，也有助于避免由角色期待落差导致的反向评价，以及特殊利益驱动下可能出现的质疑评价。就专家系统的社会信任重建而言，本书结合当前社会需求，提出了涵盖宏观、中观和微观三个层面的综合性建议。同时，本书进一步探讨了网络场域中新兴的权力结构模式。在这一模式下，信息和知识的传播力不断提升，分布式社会结构与大众传播时代的社会结构存在显著差异，公众获取信息、表达意见的渠道越来越多样化，这些因素重塑着公众对权力的认知和权力的运作方式。特别是在网络场域中的圈层化传播现象中，圈层的参照意义、信息茧房的自激效应以及非理性和非逻辑因素在社会沟通与共识形成中的作用，标志着社会运作方式的重大转变。在网络场域中，专家命名权的新分配现象，不仅是网络权力生产的特征，也对现代社会治理提出了新的挑战。

这要求宏观层面的治理理念与时俱进，并且，在中观和微观层面政府如何借助间接方式实现治理政策的落地，成为值得深思的问题。

第二节　从研究创新到范式创新

本书所展示的是以公共卫生事件为背景，由网络场域切入，对专家系统的社会信任及其失效成因、后果与应对思路的系统研究。在研究不断深入的过程中，本书所观照的是如何在学术研究的基础上，构建一个能够回应和解释社会信任失效现象与问题的范式。

从理论层面看，本书的主要价值体现在以下几个方面。

（1）融合了风险社会理论的系统环境视角与政治心理学中的群体决策理论，构建了一个理论框架，用以分析和阐释专家系统的社会信任及其潜在的失效问题。

在探讨公共卫生事件中的专家系统的社会信任时，本书指出，在由特定公共卫生事件所构成的风险和决策语境下，风险社会理论提供了一个有力的视角，解释了公众对专家系统的高度需求。公众对专家系统的依赖反映了一种期待性诉求，旨在减轻或消除由所处环境中的风险状态引发的紧张、焦虑和恐慌情绪。进一步地，公众期望专家系统能够与政治群体进行有效沟通与互动，从而促成有效的群体决策，以应对风险。对于政治群体而言，面对未知和复杂情境，亦须将专家系统的意见纳入决策过程，这不仅是为了满足公众的共同需求，也是为了通过开放参与的方式，增强政治系统的社会信任和有效性。本书进一步强调，系统环境视角和群体决策理论不仅为专家系统的社会信任研究提供了理论支持，还有助于建立分析公共卫生事件中专家系统的社会信任的多维视角。基于系统环境的研究逻辑，网络场域是专家系统行动的舞台，而公共卫生事件则构成了具体的行动情境。网络场域的特性和公共卫生事件的特点均须纳入考量，以全面评估专家系统的社会信任。随着对公共卫生事件风险性认知的深化，社会对群体决策的需求日益增长，专家系统与政治群体之间的沟通与合作显得尤为重要，这不仅关乎群体决策的有效性，也影响着政治群体对专家系统的社会信任的看法。因此，专家系统与政治群体之间的关系，以及这种关系如何塑造政治群体对专家系统的社会信任的看法，成了分析公共卫生事件中专家系统的社会信任的关键维度。

（2）进一步丰富了舆论学研究的理论路径。在当前复杂多变的舆论环境中，媒介技术的进步为舆论传播注入了新的活力。然而，传统的舆论传播理论在解释新的舆论现象时显得力不从心，甚至出现了理论与实际脱节的问题。在这种新的舆论生态下，舆论学研究迫切需要整合多学科的理论知识，以丰富和完善自身的理论体系，这已成为学术界的共识。本书采纳了社会信任的视角，该视角融合了社会学、传播学、心理学和管理学等多学科的研究成果，对于社会转型中的多种现象具有显著的解释力。它不仅关注事件、信息和技术在现代化进程中的逻辑发展，而且深入探讨了个体、传播、制度和文化在现代性背景下所经历的层次性、系统性、结构性变化，进而深入分析了社会稳定与社会心态的深层次问题。尤为重要的是，专家系统的社会信任研究与当前网络舆论中集体生活方式的易变性模式紧密相连。传统习俗和风尚因其在地性和集中性，通常与日常生活的社会规范密切相关。然而，在现代社会的行动情境中，传统生活方式的概念和形式显得不再那么有效。现代生活方式的选择不仅对日常生活具有建构性意义，而且还受到舆论场中专家系统等因素的影响。从这个意义上说，网络舆论传播作为一种现代生活方式，既是日常性的，也是与舆论场中的特定影响因素相互作用和适应的过程。本质上，在一个快速变化的生活世界中，如果社会组织脱离了传统的基础，它们可能会依赖于“具有潜在不稳定性的信任机制”[①]。当这种信任机制在舆论中体现为专家系统的社会信任失效时，它可能导致公众对群体共鸣特征的舆论传播的不信任，进而引发对整个社会智识生产系统的专家系统的不信任。网络化生活改变了我们的生活方式，也增加了专家系统在网络舆论传播中发生深刻裂变和失信的风险。这正是网络舆论传播与传统舆论传播在现代社会中所表现出的关键差异。

（3）为专家的相关研究开拓了新视角。传播学的传统研究将专家视为二级传播模型中的关键致效因素，主要从功能论角度分析其如何构建影响力。然而，在网络场域的背景下，传统专家构成的单一机制已逐渐解体，为多元建构机制所取代。尽管如此，一些流量网红、网络大V等新兴角色在公共场域中仍保有一定影响力。但是，这种影响力并不总能转化为社会信任，有时反而成为社会信任瓦解的催化剂。在公众日益渴望通过专家来感知真相、获得安全感，以及以更科学的方法指导生活实践的今天，对专家的需求不断上升。特别

① [德]乌尔里希·贝克、[英]安东尼·吉登斯、[英]斯科特·拉什：《自反性现代化：现代社会秩序中的政治、传统与美学》，赵文书译，北京：商务印书馆，2014 年，第 114 页。

是在本书所聚焦的公共卫生事件领域，专家系统通过与公众的互动获得社会信任，这种信任的建立和维持依赖于公众的需求及专家系统满足这些需求的能力。公众对专家系统的信用评价促成了社会信任的再生产。基于此，本书对专家系统的社会信任的分析和界定，弥补了现有专家研究的不足，提供了一个更为全面的理解框架。本书的研究不仅揭示了专家系统在社会信任构建中的作用，而且强调了专家系统与公众互动的重要性，以及这种互动如何影响社会信任的形成和维持。通过这一分析，本书为理解专家系统在现代公共场域中的角色和影响力提供了新的视角，并为专家系统如何在社会信任构建中发挥作用提供了深刻的洞见。

（4）对专家系统的社会信任影响因素进行了较为细致和全面的考察。在内生因素层面，公众对专家系统的社会信任的评判，不仅仅局限于其专业素质，如专业能力、水平和职称，更关键的是专家系统所展现的专业操守和社会责任感。公众期望专家系统在具备专业素质的同时，能够体现对公共利益的维护、对弱势群体的关怀，以及具备公共批评的勇气。专家系统在表达意见时，应站在公众立场，避免商业推广、产品推销和谣言传播。这些因素均是公众评价专家系统的社会信任的重要标准。专家系统的素质评价并非单一维度所能决定，而应是一个系统性的认知和评价过程。专业素质是基础，但缺乏专业操守和社会关怀将难以形成有效的社会信任。专家系统的社会信任研究显示，社会关怀的展现对于专家系统在公共场域中建立信任具有显著影响。社会关怀不仅体现了对人性的深刻洞察，也是履行公共责任和体现公共精神的重要途径，这一过程的实现是对公共价值的深刻诠释。此外，专家系统在公共场域中，尤其是在公共卫生事件等紧急情况下的良好表现，对于缓解公众情绪、提供心理支持具有重要作用，这可能比单纯传播专业知识更能赢得公众的信任。专家系统应被视为公共领域中的意见领袖，不仅要引导态度和观念，还要体现公共责任和公共精神。专家系统的公共属性，包括对社会责任的承担和对个体精神价值的体现，这些也是公众对其角色的期待。

在探讨影响专家系统的社会信任的外生因素时，本书识别了时机、个体信任和媒体可信度等关键因素。研究揭示了这些因素在不同层面上对专家系统的社会信任的影响，并分析了它们如何产生差异性结果。在时机选择层面，研究发现，在新冠疫情等不确定性较高的公共卫生事件初期，公众对专家系统的社会信任评价往往较低，这反映了公众的审慎态度。在个体信任层面，公众对专家系统的社会信任评价高度依赖于个人的信任感知，显示出个体对专家系统的信任具有较高的主观性。此外，当专家系统通过媒体进行传播时，公众的评价不仅仅基于专家系统本身，同时也受到媒体人文素质的影响，这可能导致公众对两者进行综合评估。研究指出，专家系统在公共卫生事件中存在早期信任失效的高风险，而个体信任的缺乏和媒体人文素质的不足都可能导致专家系统社会信任的失效。通过实证数据和访谈分析，本书为识别专家系统的社会信任失效的微观节点提供了依据。值得注意的是，专家系统在大众传播环境中发表专业意见时需要与媒体合作，以触及更广泛的公众。尽管社交媒体提供了一种人际传播的途径，但其可信度限制了社会信任向公共价值的转化。与公共媒体的合作，包括传统媒体的线上平台和新媒体，能够使专家系统的社会影响力最大化，并在建立良好的社会信任方面发挥关键作用。从深层次来看，无论是传统媒体还是新媒体，其专业主义精神对于促进专家系统社会信任的建立至关重要。此外，外生因素的分析结果也阐释了在公共卫生事件中，专家系统、媒介系统和政治系统之间如何形成了一个相互联系的共同体。这种系统性和结构性的解释为在特定情境下应对风险和制定决策提供了理论支持。研究表明，媒介系统已成为公众对专家系统的社会信任评价的有机组成部分，而政治系统则通过其共识性影响，在专家系统的社会信任评价中发挥着环境性作用，这种作用取决于个体对政治系统重要性的评估。

从实践层面看，本书的主要价值体现在以下几个方面。

（1）提供了专家系统的社会信任失效的干预手段。在面对专家系统的社会信任失效的现实挑战时，本书提出了三种干预方式。首先是专家系统的自我调节性干预。专家系统的核心在于专业化的发展，在专业化的过程中，专家系统通过不断的反思和理性建构，确立了专业领域在社会中获得尊重和信任的基础。专业化知识的教育培养，不仅传授技术发现的具体内容，更重要的是培养一种社会态度，这种态度决定了技术知识是否得到尊重。专家系统中的个体或组织，通过长期的科学实践，能够识别出值得怀疑的问题，并通过理性判断和反思，意识到所谓的知识也可能存在错误。因此，专家系统的自我反思能力对于维持其在公共领域中的具有社会信任的知识形象至关重要，同时其也包括对可能导致社会信任失效情况的知识层面的调节，以防止情况进一步恶化。其次是公共场域的调整性干预。公共场域为专家系统的社会信任建构提供了行动的舞台，并设定了行动框架。在这一领域中，专家系统及其社会信任的水平受到其所处环境特性和表现形式的影响。随着现代社会的发展，尤其是媒介社会技术逻辑的形成，传统的公共场域正在经历一场变革性的迁移。互联网技术和网络化生活模式的兴起，已经重新定义了公共资源分配，并引发了公共精神的转型。因此，讨论公共场域对专家系统的社会信任失效的干预策略时，必须深入考虑网络公共场域的核心特性及其主要表现形式，以及这些因素如何塑造有效的干预措施。最后是制度体系的调整性干预。社会转型、信息技术的发展和媒介的互联互通正在改变专家系统的生存和产生影响力的空间。这种变化体现在生活方式、社会意识和多元文化塑造的话语空间中。专家系统在公共场域中的行动，指向了如何具体影响生活方式、如何通过对社会意识的干预影响社会稳态和固态意识，以及如何适应多元文化的话语空间以形成更广泛的社会认同。这些行动不仅仅是对社会环境变化的回应，也指向了制度体系的更新。随着社会的发展，社会制度体系不断调整和完善，这为客观上介入并干预专家系统的社会信任失效问题提供了可能。

（2）构建了专家系统的社会信任失效的防范策略。通过深入研究分析，本书提出从三个关键维度对专家系统的社会信任失效进行有效防范。其一，专家系统在融入公共场域，尤其是网络公共场域之际，必须对所处的公共意识环境及相关情境进行准确识别。这种识别是确保行动决策正确性的基础，类似于社会心理学在行为研究中对社会环境和情境的考察。在实践操作中，专家系统应通过政府和媒体的舆论引导，对网络信息环境进行识别，从而确保其行动路径的正确性和合理性。其二，专家系统在社会中的角色预期，构成了社会信任评价的核心维度。尽管公众对专家系统提供的专业知识需求各异，但在专家系统履行社会职能的期望上却高度一致。在具体操作中，尤其是在公共卫生事件的背景下，明确公众对专家系统的角色期待，并将其转化为增强公众信任的动力至关重要。其三，专家系统是否与特殊利益集团形成共谋，这不仅关系到专家系统的社会信任的评价，更影响着对整个社会信任体系的评价。因此，对这一问题的认识是防范专家系统的社会信任失效的一个关键点。在实际操作中，可以利用网络大数据技术，结合专家系统平台的准入机制，进行有效的甄别和梳理，以确保专家系统的客观性。

（3）拓展了专家系统的社会信任重建的方法。本书深入探讨了专家系统的社会信任的重建方法，提出了在不同层面上的具体策略。在宏观层面，书中提出了专家系统的社会信任的重建机制，并详细阐述了六种关键机制。其中，专业知识和意见的互证机制、专家系统素质综合评价机制、专家系统发言的媒体选择机制、专家意见公共场域准入机制被视为机制建设的短期目标，专家系统的社会信任监督机制和建立健全网络环境法律监管体系则是长期目标。书中强调，短期与长期目标应同步进行，在制度层面为专家系统的社会信任提供规范与保障，有效回应公众对安全性的深层需求。在中观层面，书中明确了专家系统的社会信任的重建路径，区分为核心路径与外围路径。核心路径着重于专业素质、专业操守和社会关怀的共同提升，外围路径则侧重于与媒体的深度合作，以增强专家系统的公信力和影响力。在微观层面，书中提出了四种具体的重建方法：首先是对时机的有效把握，确保专家系统能够在关键时刻提供专业指导；其次是对个体信任的认识与重视，这是社会信任构建的基础；再次是与媒体可信度的匹配共生，选择信誉良好的媒体进行合作；最后是对新媒介技术的合理利用，以提升专家系统的社会信任的传播效果和影响力。通过这些策略，本书旨在为专家系统的社会信任提供一套全面的重建框架，以应对当前社会信任面临的挑战，并促进其长期稳定发展。

（4）为公共卫生传播中正确有力的社会舆论引导提供风险防控参照。网络空间的个体化趋势和多元化结构特征，使得专家系统在其中的作用呈现出分散化和扁平化的特点，同时，网民对专家系统的社会信任的评价也表现出显著的多样性。网络场域不仅是专家系统发挥作用的传播平台，其本身也是影响信任构建的媒介之一。在这一环境中，不信任现象尤为明显，包括对特定个体和事件的偏见、对专家意见的讽刺与诋毁，以及对权威观点的质疑。这些行为可能导致某些事件难以控制，并以更极端的形式出现，从而使得传统专家系统的社会信任受到侵蚀，甚至面临失效的风险。然而，不可否认的是，专家系统在处理公共事件，尤其是公共卫生事件时，仍具有不可替代的作用。专家系统通过传播知识来缓解认知失调，减少情绪极化；提供基于专业意见的风险规避和应对策略；运用科学逻辑来澄清事实。这些能力满足了公众的现实需求，对网络场域中专家系统的社会信任的重建具有重要的现实意义。本书的研究成果不仅为公共卫生传播提供了理论支持，也为实践操作提供了具体的风险防控指导，有助于在网络环境中建立更为稳健和有效的社会信任机制。

在网络场域的背景下，公共卫生传播融合了人际传播、大众传播和组织传播的独特属性，形成了一个专门的传播语境。在这一语境下，网络空间中舆论的形成和发展趋势呈现出新的特点，这要求我国在社会舆论的治理与引导工作中必须对其予以关注和应对。尽管网络舆论释放了个体的能量，但在面对如公共卫生事件这类重大社会事件和广泛的社会风险时，专家系统的作用仍然不可替代。专家系统在调节公众认知、缓解情绪、提供行动策略、解读政策以及参与群体决策方面的能力，确保了其在网络舆论发展中承担独特且关键的角色。本书针对公共卫生事件中专家系统的社会信任失效问题进行了深入分析和阐释，为在公共卫生传播中构建正确而有力的社会舆论引导机制提供了宝贵的风险防控参考，以及具有实践指导意义的逻辑框架。这些讨论有助于我们更好地理解和应对网络舆论场的复杂性，为维护社会稳定和保障公众健康提供了科学的策略和方法。

第三节　从研究不足到研究展望

任何研究都可能存在认识论上的偏差，每一项研究都无法做到绝对的全面。在使相关研究无限接近科学的过程中，也必须承认研究中存在的不足，并对未来进一步的修正和完善形成展望。本书存在的不足主要体现在以下几个方面。

（1）由于研究样本的局限性，本书对专家系统的内外两个方面的影响因素的分析难免会在结论的普遍性上存在瑕疵。尽管在研究过程中，本书力求量表设计全面、客观、准确，但随着社会的变动和发展，量表设置及基于量表所得出的结论是否依然有效，仍然需要在后续的研究中进一步证实。

（2）由于本书的研究是在公共卫生事件的语境下开展的，因此研究结果主要对应这一语境下专家系统的社会信任失效问题。其在其他公共事件，比如公共教育事件、公共灾害事件、公共政治事件中是否依然具有科学的解释性，同样需要在接下来的研究工作中去验证或形成更新的结论。毕竟专家系统出现在各行各业，其针对的是不同公共事件语境，因而有必要考虑专业差异可能造成的结果差异。

（3）本书在专家系统与媒体合作构建社会信任的探讨中并未对媒体的种类进行划分，这也可能导致结论停留在宏观层面而未能对中观和微观层面的问题进行更为有效的回应。比如，专家系统的社会信任与媒体可信度之间存在相关性，那么不同媒体的可信度在影响与其合作的专家系统建立社会信任的过程中是否存在差异？再比如，专家系统的社会信任重建需要通过与媒体合作来实现，那么媒体的技术、理念、市场需求和媒体文化的不同是否会产生不同的合作方式？这些问题也值得进一步去分析和讨论。

（4）本书针对专家系统的社会信任失效问题形成的干预、防范和重建策略是基于本书研究的逻辑分析梳理而成的，在具体的实践、操作和运行中仍然需要进行检验，而一旦出现新的检验结果也会为研究本身提供更大的探讨空间。

（5）除上述基于本书的不足而形成的研究展望外，专家系统的社会信任在后续的研究中还可以关注以下几个方面的问题。其一，可以进一步尝试探讨专家系统的社会信任在整个社会信任系统中的位置和坐标，使这一主题的研究在理论意义和实践意义上得到强化。其二，可以通过专家系统的社会信任的研究去回应现代社会对时间性问题的认识。专家系统的社会信任研究本身就是时间与事件及其状态在信任体系中形成的建构，其需要以时间为变量考察社会信任历时的发展轨迹和变动情况。其三，可以通过专家系统的社会信任的研究去展示公共场域中公共话语的建构方式，并以此回应公共场域中公共精神的存在状态。

主要参考文献

[美]阿尔文·托夫勒：《第三次浪潮》，黄明坚译，北京：中信出版社，2018 年。
艾风：《舆论监督与新闻策划》，成都：四川人民出版社，1999 年。
[英]安东尼·吉登斯：《失控的世界：全球化如何重塑我们的生活》，周红云译，南昌：江西人民出版社，2001 年。
[英]安东尼·吉登斯：《现代性的后果》，田禾译，南京：译林出版社，2011 年。
[英]贝尔纳：《科学的社会功能》，陈体芳译，桂林：广西师范大学出版社，2003 年。
曹荣湘：《走出囚徒困境：社会资本与制度分析》，上海：上海三联书店，2003 年。
常江：《互联网时代新闻媒体的公信力问题》，《青年记者》2020 年第 10 期，第 93 页。
陈崇山、弭秀玲：《中国传播效果透视》，沈阳：沈阳出版社，1989 年。
陈力丹：《舆论学：舆论导向研究》，北京：中国广播电视出版社，1999 年。
[法]达尼洛·马尔图切利：《现代性社会学》，姜志辉译，南京：译林出版社，2007 年。
邓小平：《邓小平文选》，第二卷，2 版，北京：人民出版社，1994 年。
邓志强：《网络场域：青年研究的时空转向：基于五种青年研究期刊的内容分析》，《中国青年研究》2019 年第 10 期，第 98-105 页。
[美]杜赞奇：《文化、权力与国家：1900—1942 年的华北农村》，王福明译，南京：江苏人民出版社，2003 年。
凡欣：《网络舆论场中我国主流意识形态建设研究》，《思想政治教育研究》2019 年第 4 期，第 84-88 页。
[德]费希特：《费希特著作选集》，第四卷，梁志学主编，北京：商务印书馆，2000 年。
甘莅豪：《大数据时代专家在舆论场中的公信力分析》，《北京理工大学学报（社会科学版）》2019 年第 4 期，第 181-188 页。
[瑞士]海尔格·诺沃特尼、[英]彼得·斯科特、[英]迈克尔·吉本斯：《反思科学：不确定性时代的知识与公众》，冷民等译，上海：上海交通大学出版社，2011 年。
韩兆柱、赵洁：《新冠肺炎疫情应对中慈善组织公信力缺失的网络化治理研究》，《学习论坛》2020 年第 10 期，第 75-83 页。
何国永、单滨新：《再塑重大突发事件舆论场的主流媒体公信力：以绍兴市新闻传媒中心战疫报道为例》，《中国广播电视学刊》2020 年第 5 期，第 38-41 页。
何天秀：《公共卫生事件网络舆情治理与法律规制》，《青年记者》2020 年第 26 期，第 9-10 页。
黄清源：《专业型意见领袖的责任担当与话题策略》，《新闻前哨》2016 年第 8 期，第

44-45页。
[美]黄宗智：《华北的小农经济与社会变迁》，北京：中华书局，2000年。
姜楠、闫玉荣：《场域转换与文化反哺：青年群体与变迁社会的信息互动》，《当代青年研究》2020年第2期，第39-45页。
金飞：《网络舆情与地方政府公信力互动关系研究》，《理论月刊》2018年第3期，第173-177页。
[英]卡尔·波兰尼：《大转型：我们时代的政治与经济起源》，冯钢、刘阳译，杭州：浙江人民出版社，2007年。
[美]克莱·舍基：《认知盈余：自由时间的力量》，胡泳、哈丽丝译，北京：中国人民大学出版社，2011年。
孔子：《论语》，北京：中华书局，2006年。
李惠斌、杨雪冬：《社会资本与社会发展》，北京：社会科学文献出版社，2000年。
李慧：《探讨网络场域下的大学生心理健康教育》，《赤峰学院学报（自然科学版）》2017年第2期，第113-115页。
李京：《媒体公信力：历史根基、理论渊源与现实逻辑》，《编辑之友》2018年第5期，第55-60页。
李庆真：《场域论视角下的青年网络行为拟剧化分析》，《学习与实践》2017年第8期，第132-140页。
林之达：《传播心理学新探》，北京：北京大学出版社，2004年。
刘栢慧：《网络场域中舆论生成的影响因素研究》，《声屏世界》2019年第9期，第91-92页。
刘迪、张会来：《网络舆情治理中意见领袖舆论引导的研究热点和前沿探析》，《现代情报》2020年第9期，第144-155页。
刘建明：《天理民心：当代中国的社会舆论问题》，北京：今日中国出版社，1998年。
刘建明：《舆论传播》，北京：清华大学出版社，2001年。
刘扬：《疫情中媒体传播公信力的提升与挑战》，《青年记者》2020年第12期，第18-20页。
陆扬、王毅：《大众文化与传媒》，上海：上海三联书店，2000年。
[美]罗伯特·希斯：《危机管理》，2版，王成等译，北京：中信出版社，2004年。
[美]罗德尼·本森、[法]艾瑞克·内维尔：《布尔迪厄与新闻场域》，张斌译，杭州：浙江大学出版社，2017年。
[德]马克思·韦伯：《经济与社会（上）》，林荣远译，北京：商务印书馆，2006年。
[德]马克思·韦伯：《韦伯社会学文集》，阎克文译，北京：人民出版社，2010年。
[加]马歇尔·麦克卢汉：《理解媒介：论人的延伸》，何道宽译，南京：译林出版社，2011年。
马续补、陈颖、秦春秀：《突发公共卫生事件科研信息报道的网络舆情特征分析及应对策略》，《现代情报》2020年第10期，第3-10，61页。
[美]玛莎·努斯鲍姆：《善的脆弱性》，徐向东等译，北京：北京大学出版社，2018年。
[美]曼纽尔·卡斯特：《传播力》，汤景泰、星辰译，北京：社会科学文献出版社，2018年。

[美]曼纽尔·卡斯特：《认同的力量》，夏铸九、黄丽玲等译，北京：社会科学文献出版社，2003年。
毛泽东：《毛泽东选集》，第三卷，2版，北京：人民出版社，1991年。
[德]尼克拉斯·卢曼：《信任：一个社会复杂性的简化机制》，瞿铁鹏、李强译，上海：上海人民出版社，2005年。
宁德鹏：《新时代中国城市治理中政府公信力问题的几点思考》，《中国行政管理》2020年第6期，第157-159页。
[法]皮埃尔·布迪厄、[美]华康德：《实践与反思：反思社会学导引》，李猛、李康译，北京：中央编译出版社，1998年。
[法]皮埃尔·布尔迪厄：《科学之科学与反观性：法兰西学院专题讲座（2000—2001学年）》，陈圣生、涂释文、梁亚红等译，桂林：广西师范大学出版社，2006年。
[法]皮埃尔·布尔迪厄：《区分：判断力的社会批判》，刘晖译，北京：商务印书馆，2015年。
[英]齐格蒙·鲍曼：《立法者与阐释者：论现代性、后现代与知识分子》，洪涛译，上海：上海人民出版社，2000年。
[美]塞缪尔·P. 亨廷顿：《变化社会中的政治秩序》，王冠华等译，上海：上海人民出版社，1989年。
山小琪：《现代性的制度之维：吉登斯现代性理论研究》，北京：人民出版社，2015年。
宋春艳：《网络意见领袖公信力的批判与重建》，《湖南师范大学社会科学学报》2016年第4期，第5-9页。
[美]塔尔科特·帕森斯：《社会行动的结构》，张明德、夏遇南、彭刚译，南京：译林出版社，2012年。
谭铁涵：《微博意见领袖的舆论引导作用探究》，《传媒》2019年第14期，第88-91页。
田世海、孙美琪、张家毓：《基于改进SIR模型的网络舆情情绪演变研究》，《情报科学》2019年第2期，第52-57，64页。
[法]涂尔干：《社会分工论》，渠东译，北京：生活·读书·新知三联书店，2000年。
王晰巍、贾若男、韦雅楠等：《社交网络舆情事件主题图谱构建及可视化研究：以校园突发事件话题为例》，《情报理论与实践》2020年第3期，第17-23页。
王晰巍、张柳、韦雅楠等：《社交网络舆情中意见领袖主题图谱构建及关系路径研究：基于网络谣言话题的分析》，《情报资料工作》2020年第2期，第47-55页。
王新才、郭熠程、王宁：《政府公信力视域下的政务微信公众平台发展策略研究：维度解析、现状透视与路径探索》，《信息资源管理学报》2019年第2期，第94-102页。
王中杰:《网络场域中城管舆论的风险特征及治理路径》，《领导科学》2017年第23期，第28-30页。
魏昕、博阳：《诚信危机：透视中国一个严重的社会问题》，北京：中国社会科学出版社，2003年。
[美]沃尔特·李普曼：《公共舆论》，阎克文、江红译，上海：上海人民出版社，2006年。
[德]乌尔里希·贝克：《风险社会：新的现代性之路》，张文杰、何博闻译，南京：译林出版社，2018年。

[德]乌尔里希·贝克、[英]安东尼·吉登斯、[英]斯科特·拉什：《自反性现代化：现代社会秩序中的政治、传统与美学》，赵文书译，北京：商务印书馆，2014 年。
吴隆文、傅慧芳：《虚拟社会中地方政府公信力流变机理与建构策略：基于微传播时代背景的分析》，《求实》2019 年第 4 期，第 44-53，110 页。
[德]西美尔：《货币哲学》，陈戎女、耿开君、文聘元译，北京：华夏出版社，2007 年。
[美]希伦·A. 洛厄里、[美]梅尔文·L. 德弗勒：《大众传播效果研究的里程碑》，刘海龙译，北京：中国人民大学出版社，2009 年。
杨静娴：《网络时代马克思主义意识形态有效传播的路径分析》，《新闻爱好者》2019 年第 7 期，第 20-25 页。
姚磊：《场域视野下民族传统文化传承的实践逻辑》，北京：人民出版社，2016 年。
[美]伊莱休·卡茨、[美]保罗·F. 拉扎斯菲尔德：《人际影响：个人在大众传播中的作用》，张宁译，北京：中国人民大学出版社，2016 年。
[德]伊曼努尔·康德：《判断力批判》，邓晓芒译，北京：人民出版社，2002 年。
[德]伊曼努尔·康德：《纯粹理性批判》，王玖兴主译，北京：商务印书馆，2018 年。
于江：《论当下主流意识形态网络场域主导权的构建》，《江南论坛》2015 年第 10 期，第 21-23 页。
[英]约翰·齐曼：《元科学导论》，刘珺珺、张平、孟建伟译，长沙：湖南人民出版社，1988 年。
[美]詹姆斯·S. 科尔曼：《社会理论的基础》，邓方译，北京：社会科学文献出版社，1999 年。
展江：《中国社会转型的守望者：新世纪新闻舆论监督的语境与实践》，北京：中国海关出版社，2002 年。
张国良：《新闻媒介与社会》，上海：上海人民出版社，2001 年。
张昆：《大众媒介的政治社会化功能》，武汉：武汉大学出版社，2003 年。
张维迎：《博弈论与信息经济学》，上海：上海人民出版社，1996 年。
张维迎：《信息、信任与法律》，北京：生活·读书·新知三联书店，2003 年。
郑也夫：《信任论》，北京：中国广播电视出版社，2001 年。
郑也夫：《信任：合作关系的建立与破坏》，北京：中国城市出版社，2003 年。
郑也夫、彭泗清：《中国社会中的信任》，北京：中国城市出版社，2003 年。
中国社会科学院新闻与传播研究所：《中国新闻年鉴：2003》，北京：中国新闻年鉴社，2003 年。
中国社会科学院语言研究所词典编辑室：《现代汉语词典》，5 版，北京：商务印书馆，2006 年。
钟瑛：《网络传播管理研究》，北京：中国社会科学出版社，2014 年。
周彬：《网络场域：网络语言、符号暴力与话语权掌控》，《东岳论丛》2018 年第 8 期，第 48-54 页。
周晶晶：《网络意见领袖的分类、形成与反思》，《今传媒》2019 年第 5 期，第 42-44 页。
朱智贤：《心理学大词典》，北京：北京师范大学出版社，1989 年。
AlKhatib M, AleAhmad A, Barachi M E, et al., "Analysing the Sentiments of Opinion Leaders in Relation to Smart Cities' Major Events", *2019 4th International Conference on Smart and*

Sustainable Technologies (Splitech), 2019, Split, Croatia, IEEE: 1-6.

Anderson B, Böhmelt T, Ward H, "Public Opinion and Environmental Policy Output: A Cross-National Analysis of Energy Policies in Europe", *Environmental Research Letters*, 2017, 12(11): 114011.

dos Santos C R P, Famaey J, Schoenwaelder J, et al., "Taxonomy for the Network and Service Management Research Field", *Journal of Network and Systems Management*, 2016(24): 764-787.

Edo-Osagie O, de La Iglesia B, Lake I, et al., "A Scoping Review of the Use of Twitter for Public Health Research", *Computers in Biology and Medicine*, 2020, 122: 103770.

Golder S, Scantlebury A, Christmas H, "Understanding Public Attitudes Toward Researchers Using Social Media for Detecting and Monitoring Adverse Events Data: Multi Methods Study", *Journal of Medical Internet Research*, 2019, 21(8): e7081.

Goldsmith R E, Hofacker C F, "Measuring Consumer Innovativeness", *Public Opinion Quarterly*, 1991(3): 209-221.

Hamilton H, "Dimensions of Self-Designated Opinion Leadership and Their Correlates", *Public Opinion Quarterly*, 1971, 35(2): 266-274 .

Han X H, Wang J L, Zhang M, et al., "Using Social Media to Mine and Analyze Public Opinion Related to COVID-19 in China", *International Journal of Environmental Research and Public Health*, 2020, 17(8): 2788.

Hou J D, Yu T, Xiao R, "Structure Reversal of Online Public Opinion for the Heterogeneous Health Concerns under NIMBY Conflict Environmental Mass Events in China", *Healthcare*, 2020, 8(3): 324.

Jenkins E L, Ilicic J, Barklamb A M, et al., "Assessing the Credibility and Authenticity of Social Media Content for Applications in Health Communication: Scoping Review", *Journal of Medical Internet Research*, 2020, 22(7): e17296.

Jenkins H, *Convergence Culture: Where Old and New Media Collide*, New York: New York University Press, 2006.

Kapoor K K, Tamilmani K, Rana N P, et al., "Advances in Social Media Research: Past, Present and Future", *Information Systems Frontiers*, 2018(20): 531-558 .

Katz E, "The Two-Step Flow of Communication: An Up-To-Date Report on a Hypotjesis", *Public Opinion Quarterly*, 1957, 21(1): 61-78.

Lee S, Son Y J, "Extended Decision Field Theory with Social-Learning for Long-Term Decision-Making Processes in Social Networks", *Information Sciences*, 2020, 512: 1293-1307 .

Li J, Zhu Y, Feng J N, et al., "A Comparative Study of International and Chinese Public Health Emergency Management from the Perspective of Knowledge Domains Mapping", *Environmental Health and Preventive Medicine*, 2020(25): 1-15 .

Lim J Y, Moon K K, "Examining the Moderation Effect of Political Trust on the Linkage Between Civic Morality and Support for Environmental Taxation", *International Journal of Environmental Research and Public Health*, 2020, 17(12): 4476.

Maltseva D, Batagelj V, "Towards a Systematic Description of the Field Using Keywords Analysis:

Main Topics in Social Networks", *Scientometrics*, 2020, 123(1): 357-382.

Montgomery D B, Silk A J, "Clusters of Consumer Interests and Opinion Leaders' Spheres of Influence", *Journal of Marketing Research*, 1971, 8(3): 317-321.

Rogers E M, Cartano D G, "Methods of Measuring Opinion Leadership", *Public Opinion Quarterly*, 1962, 26(3): 435-441.

Rogers E, Shoemaker F, *Diffusion of Innovations*, New York: Free Press, 1962.

Sun G X, Bin S, "A New Opinion Leaders Detecting Algorithm in Multi-Relationship Online Social Networks", *Multimedia Tools And Applications*, 2018, 77(4): 4295-4307.

Sun Z G, Cheng X, Zhang R L, et al., "Factors Influencing Rumour Re-Spreading in a Public Health Crisis by the Middle-Aged and Elderly Populations", *International Journal of Environmental Research and Public Health*, 2020, 17(18): 6542.

Turnbull S M, Locke K, Vanholsbeeck F, et al., "Bourdieu, Networks, and Movements: Using the Concepts of Habitus, Field and Capital to Understand a Network Analysis of Gender Differences in Undergraduate Physics", *PloS One*, 2019, 14(9): e0222357 .

Weymouth R, Hartz-Karp J, Marinova D, "Repairing Political Trust for Practical Sustainability", *Sustainability*, 2020, 12(17): 7055.

Wright C R, Cantor M, "The Opinion Seeker and Avoider: Steps beyond the Opinion Leader Concept", *The Pacific Sociological Review*, 1967, 10(1): 33-43.

Yang L, Qiao Y F, Liu Z H, et al., "Identifying Opinion Leader Nodes in Online Social Networks with a New Closeness Evaluation Algorithm", *Soft Computing*, 2018, 22(2): 453-464.

Zhang Z K, Liu C, Zhan X X, et al., "Dynamics of Information Diffusion and its Applications on Complex Networks", *Physics Report*, 2016(651): 1-34.

Zhao Y Y, Zhang L B, Tang M F, et al., "Bounded Confidence Opinion Dynamics with Opinion Leaders and Environmental Noises", *Computers & Operations Research*, 2016, 74: 205-213.

Zhao Y Y, Kou G, Peng, Y, et al., "Understanding Influence Power of Opinion Leaders in Ecommerce Networks: An Opinion Dynamics Theory Perspective", *Information Sciences*, 2018, 426: 131-147.

Mass Nodes in Social Networks," Scientometrics, 2020, 124(1): 357-381.

Montgomery D. B., Silk A. J., "Clusters of Consumer Interests and Opinion Leaders' Spheres of Influence," Journal of Marketing Research, 1971, 8(3): 317-321.

Rogers E. M., Cartano D. G., "Methods of Measuring Opinion Leadership," Public Opinion Quarterly, 1962, 26(3): 435-441.

Rogers E., Shoemaker F. Diffusion of Innovations, New York: Free Press, 1962.

Sun G., Bin S., "A New Opinion Leaders Detecting Algorithm in Multi-Relationship Online Social Networks," Multimedia Tools And Applications, 2018, 77(4): 4295-4307.

Sun Z., Cheng X., Zhang R., et al., "Factors Influencing Rumour Re-Spreading in a Public Health Crisis by the Middle-Aged and Elderly Populations," International Journal of Environmental Research and Public Health, 2020, 17(18): 6542.

Turnbull S. M., Locke K., Vanholsbeeck F., et al., "Bourdieu, Networks, and Movements: Using the Concepts of Habitus, Field and Capital to Understand a Network Analysis of Gender Differences in Undergraduate Physics," Plos One, 2019, 14(9): e0222357.

Weymouth R., Hartz-Karp J., Marinova D., "Repairing Political Trust for Practical Sustainability," Sustainability, 2020, 12(17): 7055.

Wright C. R., Cantor M., "The Opinion Seeker and Avoider: Steps beyond the Opinion Leader Concept," The Pacific Sociological Review, 1967, 10(1): 33-43.

Yang J., Qiao Y. F., Liu Z. H., et al., "Identifying Opinion Leader Nodes in Online Social Networks with a New Closeness Evaluation Algorithm," Soft Computing, 2018, 22(2): 453-464.

Zhang Z. K., Liu C., Zhan X. X., et al., "Dynamics of Information Diffusion and its Applications on Complex Networks," Physics Reports, 2016, 651: 1-34.

Zhao Y. Y., Zhang L. B., Tang M., et al., "Bounded Confidence Opinion Dynamics with Opinion Leaders and Environmental Noises," Computers & Operations Research, 2016, 74: 205-213.

Zhao Y. Y., Kou G., Peng Y., et al., "Understanding Influence Power of Opinion Leaders in E-commerce Networks: An Opinion Dynamics Theory Perspective," Information Sciences, 2018, 426: 131-147.